D1705549

Lisa Tambornino

Schmerz

Studien zu Wissenschaft und Ethik

Im Auftrag des

Instituts für Wissenschaft und Ethik

herausgegeben von

Ludwig Siep und Dieter Sturma

Band 6

De Gruyter

Lisa Tambornino

Schmerz

Über die Beziehung physischer und mentaler Zustände

De Gruyter

ISBN 978-3-11-031479-3
e-ISBN 978-3-11-031511-0
ISSN 1862-2364

Library of Congress Cataloging-in-Publication Data

A CIP catalog record for this book has been applied for at the Library of Congress.

Bibliografische Information der Deutschen Nationalbibliothek

Die Deutsche Nationalbibliothek verzeichnet diese Publikation in der Deutschen Nationalbibliografie; detaillierte bibliografische Daten sind im Internet über http://dnb.dnb.de abrufbar.

Druck: Hubert & Co. GmbH & Co. KG, Göttingen
♾ Gedruckt auf säurefreiem Papier

Printed in Germany

www.degruyter.com

Für
Detti & Wö

Vorwort

Die vorliegende Arbeit ist im Sommersemester 2012 als Dissertation von der *Philosophischen Fakultät* der *Rheinischen Friedrich-Wilhelms-Universität Bonn* angenommen worden. Zahlreichen Menschen danke ich für ihre Unterstützung. An erster Stelle gilt mein Dank meinem Betreuer Prof. Dr. Dieter Sturma für die hilfreichen Anregungen, kritischen Diskurse und die vielfältige Förderung meiner Arbeit. Ferner danke ich Herrn Prof. Dr. Dr. Kai Vogeley, der als Zweitgutachter und Herrn Prof. Dr. Andreas Bartels sowie Herrn Prof. Dr. Joachim Pieper, die als weitere Mitglieder der Prüfungskommission fungiert haben. Darüber hinaus danke ich den *Freunden und Förderern* des *Instituts für Wissenschaft und Ethik*, die die Drucklegung dieser Arbeit, durch einen großzügigen Zuschuss, möglich gemacht haben, der *Australian National University*, für die freundliche Aufnahme während meines Forschungsaufenthaltes in Canberra und der *Nordrhein-Westfälischen Akademie der Wissenschaften und der Künste* für die Förderung in der Abschlussphase meiner Promotion.

Dankbar bin ich auch für die großartige Unterstützung, die ich als wissenschaftliche Mitarbeiterin des *Deutschen Referenzzentrums für Ethik in den Biowissenschaften*, des *Instituts für Wissenschaft und Ethik* und des *Instituts für Ethik in den Neurowissenschaften* im *Forschungszentrum Jülich* erhalten habe. Allen meinen Kolleginnen und Kollegen danke ich für die vielen wertvollen Gespräche und Anmerkungen.

Ganz besonders danke ich Pascal Kohse, Johannes, Julius und Theresa Tambornino, Kathrin Rottländer, Andrea Wille und Marie-Kathrin Schmetz, die maßgeblich dazu beigetragen haben, dass die Promotionszeit eine sehr schöne Zeit war. Gewidmet ist diese Arbeit in unendlicher Dankbarkeit und Verbundenheit meinen wunderbaren Eltern, Bernadette und Wolfgang Tambornino.

Bonn, im Februar 2013 Lisa Tambornino

Vorbemerkung

Die vorliegende Arbeit ist im Sommersemester 2012 als Dissertation von der Philosophischen Fakultät der Rheinischen Friedrich-Wilhelms-Universität Bonn angenommen worden. Zahlreichen Menschen danke ich für ihre Unterstützung. An erster Stelle gilt mein Dank meinem Betreuer Prof. Dr. [illegible] für die hilfreichen Anregungen, kritischen Diskussionen und die vielfältige Förderung meiner Arbeit. Ferner danke ich Herrn Prof. Dr. [illegible], der als Zweitgutachter und Herrn Prof. Dr. Andreas Bartels sowie Herrn Prof. Dr. [illegible], die als weitere Mitglieder der Promotionskommission fungiert haben. Darüber hinaus danke ich dem [illegible] und [illegible], die die Drucklegung dieser Arbeit durch einen großzügigen Zuschuss ermöglicht haben. [illegible] für die finanzielle Unterstützung während meines Forschungsaufenthaltes in [illegible] für die Förderung in der Abschlussphase meiner Promotion.

Dankbar bin ich auch für die großzügige Unterstützung, die ich als wissenschaftliche Mitarbeiterin [illegible] erfahren habe. Allen meinen Kolleginnen und Kollegen danke ich für die vielen wertvollen Gespräche und Anmerkungen.

Ganz besonders danke ich [illegible] Pascal, [illegible], Johannes, Julius und Theresa Lambertino, [illegible], Andrea [illegible] und [illegible], die maßgeblich dazu beigetragen haben, dass die Promotionszeit eine sehr schöne Zeit war. Gewidmet ist diese Arbeit in unendlicher Dankbarkeit und Verbundenheit meinen wunderbaren Eltern [illegible] und Wolfgang Lambertino.

Bonn, im [illegible] 20[illegible] [illegible] Lambertino

Inhaltsverzeichnis

I. Einleitung

Im Mittelpunkt dieser Arbeit steht ein gleichermaßen komplexes wie bekanntes Phänomen: der Schmerz. Ziel ist eine umfassende Phänomenbeschreibung unter Berücksichtigung aktueller neurowissenschaftlicher Erkenntnisse. Wenngleich Menschen und auch die meisten Tiere gewöhnlich zu Beginn ihres Daseins erfahren, *wie* es ist Schmerzen zu empfinden, besteht in vielerlei Hinsicht Unklarheit darüber, *was* Schmerzen eigentlich sind. Vor allem die Einordnung des Phänomens als *physisch* oder *psychisch*, *körperlich* oder *mental*, stellt eine Herausforderung dar.[1] Schmerzen werden einerseits immer irgendwo im Körper empfunden und gehen häufig mit körperlichen Schädigungen einher. So betrachtet sind Schmerzen physische Phänomene. Andererseits handelt es sich bei Schmerzempfindungen um mentale Zustände, die einen spezifischen Erlebnisgehalt haben. Dieser phänomenale Gehalt, mit welchem jede Schmerzempfindung einhergeht, muss einer psychischen beziehungsweise mentalen Ebene zugeordnet werden. Unklar ist nun, warum bestimmte physische Zustände als schmerzhaft erlebt werden, andere hingegen nicht. Dass Schmerzempfindungen nicht nur durch Schädigungen des Gewebes, der Knochen oder der inneren Organe, sondern eben auch durch zahlreiche andere mentale Zustände, beispielsweise durch Gefühle, wie Angst, Trauer oder Verzweiflung, ausgelöst oder verstärkt werden können, erschwert eine klare Zuordnung des Phänomens. Die körperliche und die mentale beziehungsweise die physische und die psychische Ebene scheinen auf komplexe Art und Weise zu verschmelzen. Wenn auch mentale Prozesse mit neuralen Zuständen korrelieren, wie es neurowissenschaftliche Studien eindeutig belegen oder sogar mit diesen identifiziert werden können, dann bleibt zu fragen, ob eine Unterscheidung dieser beiden Ebenen überhaupt möglich beziehungsweise sinnvoll ist. Um diese und andere das Schmerzphänomen betreffende Fragen analysieren zu können, muss primär geklärt werden, was die Begriffe „physisch" und „psychisch" beziehungsweise „körperlich" und „mental" in diesem Kontext überhaupt bedeuten. Diese und andere Herausforderungen, die sich bei einer genaueren Betrachtung des Schmerzphänomens auftun, stehen im Mittelpunkt der folgenden Untersuchung.

1. Fragestellung und Zielsetzung

Da Schmerzen in der Regel negativ bewertet oder im Sinne Epikurs sogar als *das größte Übel*[2] klassifiziert werden, ist es nicht verwunderlich, dass Auseinandersetzun-

---

[1] Die Begriffe „physisch" und „körperlich" werden in dieser Arbeit synonym verwendet. Gleiches gilt für die Begriffe „psychisch" und „mental".

[2] Siehe EPIKUR *Brief an Menoikeus*, 128.

gen mit dem Thema fast durchweg die Schmerzbekämpfung zum Ziel haben: Schmerzmechanismen müssen verstanden und Schmerzursachen identifiziert werden, um Schmerzen verhindern oder beseitigen zu können, so die verbreitete Meinung. Diese dem Schmerz anhaftende *Negativität* ist jedoch nicht immer begründet, denn Schmerzen können durchaus auch einen positiven Wert haben, was vor allem dann deutlich wird, wenn man sich die Fälle ansieht, in denen Menschen aufgrund eines Gendefektes keinen Schmerz empfinden können. Solche Personen, die an einer *kongenitalen Analgesie* leiden, einer krankhaften Schmerzunempfindlichkeit, haben eine sehr niedrige Lebenserwartung, weil Schädigungen und dem Grunde nach harmlose Erkrankungen häufig unentdeckt bleiben und so zum Tode führen können. Positiv am Schmerz ist aber nicht nur diese, bereits von René Descartes akzentuierte,[3] Warn- und Belehrungsfunktion, sondern fernerhin auch die Bedeutung, die Schmerzempfindungen für intersubjektive Verbindungen beziehungsweise menschliches Miteinander haben, denn wer selbst weiß, wie es ist, Schmerzen zu empfinden, wird seine Mitmenschen ganz anders behandeln als jemand, der dieser Erfahrung entbehrt. Die Schmerzempfindungsfähigkeit nimmt, so betrachtet, eine wichtige Rolle im gesellschaftlichen Leben ein.

Diese Überlegungen dürfen allerdings nicht über das unermessliche Leid, das Schmerzen mit sich bringen können, hinwegtäuschen. Personen, die chronisch Schmerzen empfinden, sind in ihrer Selbstbestimmung, das heißt in dem Vermögen ihr eigenes Leben und das Zusammenleben mit anderen aktiv gestalten zu können, derart eingeschränkt, dass sie sich nichts sehnlicher wünschen als die Linderung ihrer Schmerzen. Eine Möglichkeit trotz chronischer Schmerzen ein selbstbestimmtes, das heißt in diesem Sinne also vor allem ein nicht vom Schmerz bestimmtes, Leben führen zu können, besteht darin, den Schmerz zu akzeptieren. Gerade dies ist aber alles andere als einfach, denn Schmerzen drängen sich in den Vordergrund, erfordern die volle Aufmerksamkeit, sind ständig präsent beziehungsweise geraten nur selten in Vergessenheit und können die schmerzempfindende Person in tiefe Verzweiflung und depressive Zustände stürzen. Problematisch ist, dass die damit einhergehenden Gedanken und Gefühle das Schmerzempfinden selbst wiederum verstärken können. Wie eingangs bereits angedeutet, ist allgemein bekannt, dass Schmerzempfindungen nicht nur durch Schädigungen, beispielsweise Entzündungen, Knochenbrüche oder Prellungen, sondern eben auch durch mentale Zustände, die mit Stress, Angst und Sorge einhergehen, verstärkt oder sogar verursacht werden können. Da in der gegenwärtigen Gesellschaft sehr viele Menschen irgendwann im Laufe ihres Lebens an solchen *psychosomatisch* bedingten Schmerzen leiden, ist die Beantwortung der Frage, was Schmerz eigentlich ist, dringend notwendig. Nur wenn wir verstehen, welche physischen und psychischen Faktoren bei der Schmerzentstehung und -verarbeitung interagieren, kann Personen, die dauerhaft Schmerzen empfinden, geholfen werden.

---

[3] Siehe DESCARTES *Über den Menschen*, 68 f.

Ursprünglich sollte die Frage, ob und inwiefern Schmerzempfindungen *gemessen* oder *begutachtet* werden können, im Mittelpunkt dieser Arbeit stehen. Chronische Schmerzen gehen oft mit starken individuellen Beeinträchtigungen einher, die hohen finanziellen Aufwand fordern. Die im Gesundheitssystem zur Verfügung stehenden Mittel sind allerdings knapp, sodass nicht allen Personen, die an chronischen Schmerzen leiden, gleichermaßen Unterstützung zukommen kann. Da Schmerzempfindungen grundsätzlich subjektiv erlebt werden, ist es sehr schwierig, sie zu messen beziehungsweise zu begutachten. In einer Zeit, in der viele Menschen arbeitsunfähig sind, weil sie ständig unter Schmerzen leiden, deren Ursache in vielen Fällen nicht ausgemacht werden kann, ist eine Lösung dieses Begutachtungsproblems zweifelsohne wünschenswert.[4] Der neurowissenschaftliche Fortschritt lässt hoffen, dass die neuralen Mechanismen, die der Schmerzentstehung und -verarbeitung zugrunde liegen, zunehmend besser verstanden werden. Auf diesem Wege können sich nicht nur neue Möglichkeiten der Schmerztherapie, sondern eben auch der Schmerzbegutachtung eröffnen. Es hat sich jedoch gezeigt, dass eine Untersuchung der Begutachtungsfrage nur durchführbar ist, wenn Einigkeit darüber besteht, was Schmerzen eigentlich sind. Gerade dies ist bislang jedoch nur unzureichend geklärt. Zwar lernt der Mensch – von den eingangs erwähnten pathologischen Fällen abgesehen – Schmerzen schon sehr früh kennen und wird sein Leben lang immer wieder Schmerzen empfinden. Eine befriedigende Definition des Phänomens existiert indessen nicht. Um das Begutachtungsproblem überhaupt untersuchen zu können bedarf es allerdings einer solchen Definition. Es muss daher in erster Linie eine Phänomenbeschreibung vorgenommen und darauf aufbauend eine Schmerzdefinition erarbeitet werden.

Eine solche Phänomenbeschreibung muss unterschiedliche Felder abdecken: Zum einen muss sie Ausführungen über die Unterscheidung zwischen körperlichem oder physischem Schmerz auf der einen und mentalem oder psychischem Schmerz auf der anderen Seite enthalten. Es scheint eine weit verbreitete und wenig hinterfragte Vorstellung zu sein, dass eine solche Differenzierung möglich und sinnvoll ist. Sie ist aber, wie ich noch zeigen werde, aus semantischer Perspektive defizitär und führt schnell zu Verwirrungen. Thema dieser Arbeit ist ausschließlich „körperlicher" Schmerz, der, wie oben bereits ausgeführt, grundsätzlich einen phänomenalen Gehalt und damit eine mentale Komponente hat. „Seelischen" oder „rein psychischen" Schmerz gibt es nicht.

Ferner ist es auch in einer philosophischen Untersuchung angebracht, knapp darzustellen, wie Schmerz im Körper entsteht und welche unterschiedlichen Schmerzarten sowie Schmerzkomponenten in der Medizin differenziert werden. Hierbei müssen die bereits angesprochenen neurowissenschaftlichen Untersuchungsmethoden und Studien Beachtung finden.

---

4 Studien zufolge ist jeder zehnte Erwachsene wegen chronischer Schmerzen in seinem Alltag stark beeinträchtigt; vgl. SCHMIDT / FAHLAND / KOHLMANN 2011, 16.

In den Blick genommen werden muss schließlich besonders der subjektive Charakter der Schmerzempfindung und damit einhergehend das Verhältnis von Schmerz und Sprache, Schmerz und Bewusstsein, Schmerz und Lokalisation. Im Mittelpunkt dieser Analyse steht die Frage, welches Wissen wir von den Schmerzzuständen anderer Personen haben können beziehungsweise wie wir feststellen können, ob andere Personen Schmerzen empfinden. Unterschiedliche Theorien über die *epistemische Asymmetrie*, über die Unterscheidung zwischen einer *Innen-* und einer *Außenperspektive* und über den *privilegierten Zugang* zu den eigenen mentalen Zuständen werden kritisch untersucht. Hierbei darf die Theorie Ludwig Wittgensteins, mit welcher er sich gegen einen privaten Charakter von Empfindungen ausspricht, nicht außer Acht gelassen werden. Außerdem müssen Überlegungen über verschiedene Arten von Bewusstsein sowie den *intentionalen* beziehungsweise *repräsentationalen*[5] Gehalt mentaler Zustände in die Untersuchung einfließen.

2. Eingrenzung der Thematik

Eine Eingrenzung der Thematik beziehungsweise des zu untersuchenden Feldes ist notwendig: Im Mittelpunkt der Analyse steht der Schmerz des Menschen und nicht der des Tieres. Dies wird damit begründet, dass sich das menschliche Schmerzerleben durch eine kognitive Komponente auszeichnet, die das tierische Schmerzerleben nicht beinhaltet.[6] Tiere *sind*, mit Helmuth Plessner gesprochen, ihr Leib. Menschen *haben* einen Körper.[7] Tiere gehen im Erleben auf, Menschen können sich zusätzlich auf ihr Erleben beziehen – sich beim *Erleben erleben.* Menschen sind selbstbewusste Wesen, Tiere nicht. Gerade dadurch aber haben Schmerzen für Menschen eine andere Bedeutung als für Tiere. Dies äußert sich beispielsweise darin, dass *psychosomatisch bedingte Schmerzen* beim Menschen sehr oft auftreten, während sie im Tierreich mit großer Wahrscheinlichkeit nicht zu finden sind. Der Mensch erleidet häufiger Schmerzen als das Tier, denn nicht nur physische Verletzungen, sondern auch mentale Zustände können Schmerzen auslösen und diese hat der Mensch in ganz anderem Ausmaß als das Tier. Andererseits hat er, im Gegensatz zum Tier, die Möglichkeit, überlegt in den Körper einzugreifen. Mit therapeutischen Maßnahmen gelingt es ihm teilweise, den Schmerz zu kontrollieren, beispielsweise durch Operationen unter Narkose, die Einnahme von Schmerzmitteln oder auch mittels der Durchführung von Verhaltenstherapien. Wenn die Schmerzursache jedoch unbekannt bleibt oder wenn der körperliche Defekt so schwer wiegt, dass keine thera-

---

[5] Unterschiedliche Verwendungsweisen des Begriffes „Repräsentation" werden zu Beginn des Kapitels III.6. expliziert, verwiesen sei aber schon jetzt auf zwei Artikel von Kai Vogeley und Andreas Bartels über die Verwendung des Repräsentationsbegriffes in den Neurowissenschaften; siehe VOGELEY / BARTELS 2006 und VOGELEY / BARTELS 2011.

[6] Argumente für diese These finden sich in Kapitel IV.1.

[7] Siehe PLESSNER 1975, 288.

peutischen Maßnahmen zur Verfügung stehen, dann ist der Mensch dem Schmerz hilflos ausgeliefert.

Mediziner, Neurowissenschaftler und Vertreter anderer naturwissenschaftlicher Disziplinen berichten fortlaufend über neue Erkenntnisse in der Erforschung der Schmerzentstehung, -verarbeitung und -bekämpfung. Ihre Ergebnisse veröffentlichen sie vornehmlich in einschlägigen Zeitschriften (zum Beispiel *Science, Nature, Pain, Der Schmerz*), aber auch in Fach- oder Lehrbüchern. Philosophische Publikationen zum Thema Schmerz scheint es auf den ersten Blick hingegen kaum zu geben. Jedenfalls ergibt die Suche nach von Philosophen verfassten beziehungsweise herausgegebenen Monographien, Sammelbänden und Aufsätzen, die das Wort „Schmerz" beziehungsweise „pain" im Titel tragen, nur wenige Treffer. Hieraus dürfen allerdings keine voreiligen Schlüsse gezogen werden. Eine detaillierte Recherche, die auch den Inhalt der Veröffentlichungen und nicht nur deren Titel einbezieht, ergibt ein anderes Bild: Letztlich gibt es doch einen nicht kleinen Bestand an philosophischer Literatur, in der das Schmerzphänomen thematisiert wird. Oft steht die Untersuchung des Schmerzes dabei allerdings nicht im Vordergrund, sondern dient eher dazu, generelle philosophische Probleme und Fragestellungen zu erörtern, weshalb das Wort „Schmerz" selbst dann meistens auch nicht in den Titel aufgenommen wird. So zeigt eine detaillierte Recherche, dass das Schmerzphänomen ein in der Ethik und der Philosophie des Geistes viel diskutiertes Thema ist.[8]

In der *Ethik* spielt Schmerz nicht zuletzt bei der Beantwortung moralphilosophischer Fragen eine wichtige Rolle, wie beispielsweise ‚Welche moralischen Rechte haben Tiere, Pflanzen und andere Lebewesen?', ‚Welche Lebewesen müssen moralisch berücksichtigt werden?', ‚Was sind Lebewesen?'. Die Fähigkeit, Schmerzen empfinden zu können, wird als ein Kriterium für die Zuschreibung moralischer Rechte oder auch moralisch relevanter Interessen diskutiert. So gehen Vertreter des *Pathozentrismus* davon aus, dass Tieren und anderen leidensfähigen Wesen ein moralischer Wert zugesprochen werden muss. Steinen, die keine Schmerzen empfinden können, hingegen nicht. Als Begründer des Pathozentrismus gilt Jeremy Bentham. Die Theorie Benthams wird bei der Erörterung der Frage, ob Schmerzen grundsätzlich unangenehm sind, genauer betrachtet.[9] Außerdem wird an anderer Stelle ausführlich dargelegt, warum Schmerzen für den Menschen eine spezifische Bedeutung

---

[8] Eine weitere philosophische Teildisziplin, in der das Schmerzphänomen diskutiert wird, ist die Phänomenologie. Eine gute Einführung in die dort geführte Debatte bietet das Buch „Zerstörte Erfahrung. Eine Phänomenologie des Schmerzes" von Christian Grüny; siehe GRÜNY 2004. Grüny bezieht sich in seinen Ausführungen auf Maurice Merleau-Ponty, Max Scheler, Jean-Paul Sartre und andere Phänomenologen. Er versucht Schmerz als besondere Erfahrung zu erfassen, wobei die Begriffe „Flucht", „Zerstörung" und „Materialisierung" eine zentrale Rolle einnehmen. Im Rahmen dieser Arbeit können die Theorien Merleau-Pontys, Schelers und anderer klassischer Phänomenologen keine Beachtung finden.

[9] Siehe Kapitel III.3.3.

haben.[10] Die Zuschreibung moralischer Rechte aufgrund von Schmerzempfindungsfähigkeit wird in dieser Arbeit hingegen keine Berücksichtigung finden, da es sich um eine Untersuchung handelt, die primär auf eine Bestimmung des Schmerzphänomens selbst ausgerichtet ist und eben nicht auf die Entwicklung einer auf Leidensfähigkeit begründeten, speziesübergreifenden Moraltheorie.

Die *Philosophie des Geistes* beschäftigt sich mit den Ursachen, Wirkungen und dem ontologischen Status mentaler Zustände. Im Mittelpunkt der in dieser philosophischen Spielart geführten Debatten stehen u. a. das Selbstbewusstsein, das phänomenale Bewusstsein, die so genannten *Qualia* und Fragen, die die mentale Verursachung betreffen. Das Schmerzphänomen fließt vielfältig in diese Debatten ein. So ist es nicht verwunderlich, dass sich in fast allen Publikationen, die von Vertretern der Philosophie des Geistes verfasst wurden, im Register das Wort „Schmerz" beziehungsweise „pain" findet, wobei in der Regel nicht nur auf ein spezifisches Kapitel, sondern auf viele unterschiedliche Textstellen verwiesen wird. Dies mag daran liegen, dass das Schmerzphänomen nicht nur in einer, sondern in sehr vielen Debatten, die in der Philosophie des Geistes geführt werden, als Beispiel herangezogen wird – dies in der Regel, um bestimmte Sachverhalte zu verdeutlichen sowie Argumente zu verstärken beziehungsweise zu widerlegen. Besonders häufig erörtert wird das Schmerzphänomen in der Bewusstseinsdebatte. Dementsprechend schreibt David Chalmers: „Pain is a paradigm example of consciousness experience, beloved by philosophers."[11]

Aber wie genau gestaltet sich die Diskussion zum Schmerzphänomen in dieser philosophischen Teildisziplin? Wenngleich viele Fragen, die das Schmerzphänomen betreffen, unbeantwortet sind, so können wir eines doch mit Sicherheit sagen: Schmerzempfindungen sind mentale Zustände, die sich auf eine bestimmte Art und Weise anfühlen. Gerade solche phänomenalen Zustände sind genuine Themen der Philosophie des Geistes. Diskutiert werden Fragen wie ‚Was sind mentale Zustände?', ‚Was können wir über die mentalen Zustände anderer Personen wissen?', ‚Wie entstehen mentale Zustände?', ‚Sind mentale Zustände physikalisch erklärbar?' oder allgemeiner gefragt: ‚Was ist Bewusstsein?' beziehungsweise ‚Wie entsteht Bewusstsein?'. Das Schmerzphänomen spielt bei der Erörterung solcher Fragen eine wichtige Rolle. Vertreter des *Funktionalismus*, des *Eliminativismus*, des *Eigenschaftsdualismus*, der *Identitätstheorie* und anderer Spielarten der Philosophie des Geistes, deren Thesen an dieser Stelle nicht näher ausgeführt werden können, beziehen sich häufig auf das Schmerzphänomen. Ihre Theorien werden teilweise in das Kapitel III.5. (Schmerz und Bewusstsein) sowie in das Kapitel III.6. (Die Lokalisation von Schmerzempfindungen) einfließen. Festgehalten werden kann aber schon jetzt, dass Schmerzen in diesem Kontext in der Regel als Phänomene diskutiert werden, welche stets subjektiv erlebt werden und nur erstpersonell unmittelbar zugänglich sind. Neben Schmerzempfindungen werden häufig auch Farbwahrnehmungen, Gesch-

---

[10] Siehe Kapitel IV.1.

[11] CHALMERS 1996, 9; vgl. dazu auch CHALMERS 2010.

macksempfindungen und andere Zustände, denen ein phänomenaler Gehalt zugesprochen wird – so genannte *Qualia* –, behandelt. Im Rahmen dieser Arbeit wird auch der Frage nachgegangen, ob Schmerzen gegenüber anderen Empfindungen und Wahrnehmungen eine Sonderrolle einnehmen.

Schmerzempfindungen werden also vor allem in der Ethik und in der Philosophie des Geistes diskutiert beziehungsweise beispielhaft verwendet. In beiden Bereichen finden sich wenige Monographien und Aufsätze, die explizit das Thema Schmerz zum Gegenstand haben, wohl aber eine Vielzahl von Publikationen, in denen die Schmerzempfindungsfähigkeit als Merkmal moralisch zu berücksichtigender Wesen oder Schmerzerlebnisse als Beispiele für phänomenal bewusste Zustände diskutiert werden. Während moralphilosophische Fragen nach dem angemessenen Umgang mit schmerzempfindungsfähigen Wesen nicht Thema dieser Arbeit sind, werden die in der Philosophie des Geistes geführten Debatten, in denen Schmerz als ein mentaler Zustand behandelt wird, für den es zu klären gilt, was er ist, wie er zustande kommt und was wir überhaupt über ihn wissen können, dargestellt und die hervorgebrachten Theorien analysiert.

3. Verlauf der Untersuchung

In einem ersten Kapitel wird dargestellt, wie das Thema Schmerz historisch behandelt wurde (II. Historische Problemhinführung). Im Laufe der Geschichte sind immer wieder neue Theorien darüber entwickelt worden, was Schmerzen sind, wie sie entstehen und verarbeitet werden. Vorgestellt werden zum einen Theorien von Philosophen, die sich mit dem Thema Schmerz beschäftigt haben, zum anderen aber auch naturwissenschaftlich-empirische Schmerzmodelle.

Schließlich wird eine ausführliche Phänomenbeschreibung des Begriffes „Schmerz" vorgenommen (III. Phänomenbeschreibung), was sich, wie eingangs bereits erwähnt, schließlich doch als das Hauptziel dieser Arbeit herauskristallisiert hat. Zunächst wird expliziert, woher das Wort „Schmerz" stammt, wie es in Alltagssprachen gebraucht wird und welche Verwendungsweisen im Rahmen dieser Untersuchung relevant sind (1. Der Begriff „Schmerz"). Kritisiert wird die Verwendung des Terminus „seelischer Schmerz", da die Meinung vertreten wird, dass es erstens keine Seele gibt und dass Schmerzen zweitens grundsätzlich *irgendwo* im Körper, also in einem Körperteil oder einer Körperregion, empfunden werden. Gefühle, wie Trauer, Angst oder Enttäuschung beziehungsweise Zustände, die mit Verlust, Stress und Unzufriedenheit einhergehen, sind *per se* keine Schmerzen. Schließlich wird aus medizinischer Perspektive beleuchtet, was Schmerzen sind, welche unterschiedlichen Schmerzarten und Schmerzkomponenten es gibt und wie Schmerzen im Körper entstehen (2. Schmerz aus medizinischer und neurowissenschaftlicher Perspektive). Beachtung finden in diesem Unterkapitel außerdem neurowissenschaftliche Studien, im Besonderen fMRT- und PET-Studien, mit denen Korrelationen zwischen neuralen Mechanismen und Schmerzempfindungen aufgezeigt werden. Im Anschluss daran werden Schmerzerlebnisse, die mit den *normalen* Vorstellungen über

Schmerzempfindungen intuitiv unvereinbar scheinen und so gesehen *anormal* sind, beleuchtet (3. Anormale Schmerzerlebnisse). Diskutiert werden in diesem Zusammenhang unterschiedliche Fallgruppen: Erstens Personen, die keine Schmerzen empfinden, obwohl eine Schädigung vorliegt, die normalerweise schmerzhaft sein müsste. Zweitens Personen, die dauerhaft Schmerzen empfinden, welche aber trotz umfangreicher Untersuchungen mit keiner Schädigung in Verbindung gebracht werden können. Drittens Personen, die sich selbst verletzen und dabei von einem angenehmen Erlebnis berichten. In einem nächsten Unterkapitel wird das Verhältnis von Schmerzausdruck, Schmerzverhalten und Schmerzempfindung und damit einhergehend der subjektive Charakter von Schmerzen näher in den Blick genommen (4. Schmerz und Sprache). Zur Frage steht, ob der *epistemischen Asymmetrie* zwischen dem Wissen über die eigenen mentalen Zustände und dem Wissen über die mentalen Zustände anderer Personen eine *semantische Symmetrie* gegenübergestellt werden kann, wie Ludwig Wittgenstein es vorgeschlagen hat. Untersucht wird in diesem Kontext, wie privat Schmerzen eigentlich sind und inwiefern mit Hilfe sprachlicher Kommunikation eine Auflösung der Subjektivität möglich ist. Es folgt eine Analyse über das Verhältnis von Schmerz und Bewusstsein (5. Schmerz und Bewusstsein). Besondere Beachtung finden hierbei die von Ned Block eingeführten Begriffe *phänomenales Bewusstsein* und *Zugriffsbewusstsein*. Außerdem werden Schmerzempfindungen von Wachkoma-Patienten und schlafenden Personen erörtert. Abgerundet wird die Phänomenbeschreibung schließlich mit Überlegungen erstens über die Lokalisation von Schmerzempfindungen (6. Die Lokalisation von Schmerzempfindungen) und zweitens zur Erklärungslücke (7. Die Erklärungslücke). Das III. Kapitel nimmt insgesamt den größten Teil der Arbeit ein.

In einem nächsten Hauptabschnitt wird die anthropologische Bedeutung des Schmerzphänomens explizit untersucht (IV. Die anthropologische Bedeutung des Schmerzphänomens). Dargelegt wird zunächst, dass Menschen und Tiere zwar gleichermaßen Schmerzempfindungen haben können, dass sie sich im Schmerzerleben aber doch stark unterscheiden, weil der Mensch kognitive Fähigkeiten besitzt, die von denen des Tieres abweichen (1. Unterschiede im Schmerzerleben zwischen Mensch und Tier). Ferner wird untersucht, inwiefern Schmerzerlebnisse Auswirkungen auf die Selbstbestimmung haben können (2. Schmerz und Selbstbestimmung). Personen, die an chronischen Schmerzen leiden, erfahren ihr Leben häufig nicht mehr als selbst-, sondern vielmehr als vom Schmerz bestimmt. Zur klären ist, welche psychologischen Schmerztherapien die Selbstbestimmung des chronisch Schmerzkranken fördern können. Ferner wird erörtert, welchen Sinn beziehungsweise welchen Zweck Schmerzen haben, wobei besonders die Unterscheidung zwischen akuten und chronischen Schmerzen eine wichtige Rolle spielt (3. Schmerz und Sinn).

Da das Schmerzproblem nicht nur mit theoretischen, sondern auch mit weitreichenden praktischen Problemen verbunden ist, wäre eine formale Analyse allein nicht ausreichend. Zur Debatte steht daher, wie mit der epistemischen Asymmetrie in praktischer Sicht zu verfahren ist beziehungsweise ob Schmerzempfindungen begutachtet werden können, obwohl eine epistemische Asymmetrie besteht. Erörtert wird diese Problematik in dem nachfolgenden Kapitel (V. Das Begutachtungsproblem). Da die im Gesundheitswesen zur Verfügung stehenden Mittel so verteilt werden sollten, dass diejenigen, die durch ihren Schmerz am meisten beeinträchtigt sind, die größte Hilfeleistung erfahren, ist eine Begutachtung der Schmerzzustände anderer Personen, wie eingangs skizziert, dringend erforderlich. Fraglich ist, mit Hilfe welcher Methoden Schmerzen objektiv begutachtet werden können. Eine Möglichkeit ist die Beurteilung anhand des Schmerzverhaltens einer Person. Untersucht werden muss, mit Blick auf die vorangegangenen Überlegungen über das Verhältnis von Schmerzempfindung und Schmerzausdruck, wie valide solche Begutachtungen sein können. Wenn Personen allerdings kein äußerliches Verhalten mehr zeigen, weil sie sich im Koma oder im so genannten Locked-in-Syndrom befinden, können Aussagen über ihre Empfindungen, wenn überhaupt, nur noch mit Hilfe bildgebender Verfahren, mit welchen neurale Aktivitätsmuster dargestellt werden, getroffen werden. Wie aussagekräftig solche Methoden sind, wird ebenfalls überprüft.

In einem abschließenden Kapitel wird der wissenschaftliche Ertrag der Untersuchung bestimmt (VI. Ergebnis). Wenn feststeht, welche anthropologische Bedeutung Schmerzen haben und wie privat Schmerzempfindungen, trotz des technischen Fortschritts, sind, kann eine Theorie über die psychophysische Schmerzentstehung, -verarbeitung und -bewältigung aufgestellt und eine Schmerzdefinition formuliert werden. Insgesamt wird die Untersuchung zeigen, welche Aufgabe die Philosophie und welche Aufgabe die Neurowissenschaft bei der Analyse des Schmerzphänomens hat und welche Probleme nur in wechselseitiger Überprüfung[12] gelöst werden können.

[12] Vgl. STURMA 2006.

II. Historische Problemhinführung

Bevor mit der eigentlichen Untersuchung begonnen werden kann, wird dargestellt, welche Philosophen sich maßgebend mit dem Thema Schmerz befasst haben, welche Ergebnisse sie in ihren Studien erzielen konnten und inwiefern ihre Theorien das Verständnis und den Umgang mit diesem Phänomen geprägt haben. Grundsätzlich zu bedenken ist, dass sich die Rolle der Philosophie im Laufe der Jahrhunderte stark gewandelt hat und dass dementsprechend auch die Aufgabe, die ihr bei der Untersuchung des Schmerzphänomens zukommen kann beziehungsweise muss, variiert. Während die Philosophie von der Antike bis weit in die Neuzeit als eine Disziplin verstanden wurde, die sich nicht nur mit geisteswissenschaftlichen, sondern durchaus auch mit naturwissenschaftlichen Fragestellungen beschäftigt, so verfassten Aristoteles, Descartes und andere bekannte Philosophen wichtige Schriften über die Physik, die Mathematik und die Biologie, wird sie heute überwiegend den Geisteswissenschaften zugeordnet – vorausgesetzt eine Aufteilung in Natur- und Geisteswissenschaften wird für sinnvoll erachtet. So betrachtet fiel es früher zweifellos auch in den Tätigkeitsbereich der Philosophie zu untersuchen, wie Schmerz im Körper entsteht und wie er therapiert werden kann. Gegenwärtig ist es hingegen Aufgabe der Mediziner, Neurologen und immer mehr auch der Psychologen festzustellen, welche physiologischen Mechanismen der Schmerzentstehung und -verarbeitung zugrunde liegen – in diesem experimentellen Untersuchungsfeld können die Philosophen offensichtlich wenig beitragen. Im Zuge des medizinischen und im Besonderen des neurowissenschaftlichen Fortschritts haben sich jedoch neue Aufgabenbereiche eröffnet, in denen die Mitarbeit von Philosophen wiederum unverzichtbar ist: Neurowissenschaftliche Studien, medizinische Versuchsreihen und psychologische Testverfahren, mit denen die Ursachen von Schmerzen untersucht und mit Hilfe derer neue Therapiemöglichkeiten entwickelt werden, können nur dann sinnvoll durchgeführt und interpretiert werden, wenn Einigkeit darüber besteht, was Schmerz eigentlich ist – eine eindeutige Definition steht aber, wie noch dargelegt wird, aus. Neben einer solchen Phänomenbestimmung ist es Aufgabe der Philosophie, ethische Implikationen ebenso wie anthropologische und erkenntnistheoretische Folgen falscher Vorstellungen über den Schmerz aufzuzeigen.

Aufbauend auf diesen grundsätzlichen Überlegungen zu den Aufgaben der Philosophie wird im Folgenden in eine Philosophiegeschichte des Schmerzes, von der Antike über das Mittelalter und die Neuzeit bis in die Gegenwart, eingeführt.[1] Dabei können selbstverständlich nicht alle Philosophen, die sich mit dem Thema beschäftigt haben, berücksichtigt werden. Aufgegriffen werden nur die Überlegungen

---

[1] Die folgenden Informationen sind vor allem den Publikationen von Dietrich von Engelhardt, Hans Christof Müller-Busch und David Morris entnommen; siehe ENGELHARDT 1999, 2000; MÜLLER-BUSCH 2004, 2011; MORRIS 1996.

der Philosophen, die den Schmerz konstitutiv in ihre Theorien eingebunden und das Schmerzverständnis maßgebend bestimmt haben. Zum Ende des Kapitels werden von Medizinern und Psychologen verfasste Theorien über die Schmerzentstehung vorgestellt, die basierend auf den zuvor skizzierten von Philosophen entwickelten Annahmen erstellt wurden.

Es gibt kaum eine Epoche, in der keine Überlegungen darüber angestellt wurden, was Schmerz ist, wie er entsteht, wie er therapiert und wodurch sein Erleben beeinflusst werden kann. Menschen waren schon immer daran interessiert Schmerzmechanismen und -ursachen zu verstehen. Viele Methoden und Instrumente, mit denen Schmerzempfindungen untersucht werden, sind allerdings erst im Laufe des 20. Jahrhunderts entwickelt worden. Aber auch ohne ein solches Spektrum an Diagnose- und Therapiemöglichkeiten wie es den Medizinern gegenwärtig zur Verfügung steht, konnte das Wissen über Schmerzen stetig erweitert werden. Dass Schmerzempfindungen durch Schädigungen des Körpers, beispielsweise durch den Biss eines Tieres oder einen Dornenstich, verursacht werden können, haben die Menschen vermutlich sehr früh erkannt.[2] Schmerzen, die rein äußerlich nicht beobachtbar sind, wie Kopfschmerzen, Zahnschmerzen und rheumatische Beschwerden, können ohne diagnostische Hilfsmittel allerdings nicht ohne weiteres physiologisch erklärt werden. Zu Beginn der Menschheit wurden solche Schmerzen daher mit dem Wirken übernatürlicher Kräfte in Verbindung gebracht.[3] So war die Annahme verbreitet, dass schmerzhafte Zustände durch das Eindringen von Dämonen in den menschlichen Körper verursacht werden.[4] Eine Methode, mit der versucht wurde, Schmerzen zu lindern, war dieser Vorstellung entsprechend die so genannte *Trepanation.* Bei diesem Verfahren wurden kleine Löcher in die Schädeldecke des Patienten gebohrt, damit die *bösen Geister* entweichen konnten – erstaunlicherweise überlebten manche Patienten diesen Eingriff.[5] Auch in der Archaik wurde Schmerz noch mit übernatürlichen Kräften assoziiert. Weit verbreitet war die Annahme, dass Schmerzen nicht durch körperliche Schädigungen, sondern von Göttern verursacht werden. In dieser Zeit fanden sich erstmals Spezialisten, die für die Behandlung von Krankheiten und Schmerzempfindungen zuständig waren. Als solche wurden nicht nur Ärzte, sondern, aufbauend auf den religiösen Annahmen, häufig auch Priester angesehen.[6] So genannte *Priesterärzte* gab es in allen archaischen Hochkulturen, in Mesopotamien, Ägypten und China.

In der Antike fand schließlich eine Abkehr von magisch-religiösen Sinndeutungen des Schmerzphänomens statt.[7] Eine entscheidende Veränderung trat mit den

---

2 Vgl. MÜLLER-BUSCH 2004, 2011.

3 Vgl. MÜLLER-BUSCH 2004, 150.

4 Vgl. MÜLLER-BUSCH 2004, 150.

5 Vgl. MORRIS 1996, 70. In einigen Teilen Afrikas wird die *Trepanation* auch heute noch praktiziert. Ausführungen dazu finden sich in MÜLLER-BUSCH 2004, 152.

6 Vgl. MORRIS 1996, 52.

7 Vgl. MORRIS 1996, 50 ff.

Schriften des Hippokrates von Cos ein, welche zunächst einen „klaren Bruch mit der primitiven Medizin der Geister und Götter“[8] kennzeichneten. Seinem Modell zufolge resultiert der Schmerz aus einem Ungleichgewicht der vier im Körper befindlichen Säfte – gelbe und schwarze Galle, Blut und Schleim.[9] Auch in den Schriften von Platon und Aristoteles finden sich Theorien über den Schmerz. Sie beschäftigten sich, genau wie Hippokrates, weniger mit der Frage, welchen Sinn Schmerzen haben, sondern vielmehr mit den körperlichen Mechanismen, die der Schmerzentstehung zugrunde liegen. Außerdem entwickeln sie Theorien über das Verhältnis von Schmerz und anderen Empfindungen. So betont Platon, dass Schmerz und Lust untrennbar miteinander verbunden sind. Sokrates, dessen Gelenke schmerzen, nachdem seine Fesseln gelöst worden sind, denkt im Dialog *Phaidon* über das eigenartige Verhältnis von Lust und Schmerz nach, die immer nacheinander auftauchen würden. Er erklärt,

> „[...] daß nämlich beide zu gleicher Zeit zwar nie in dem Menschen sein wollen, doch aber, wenn einer dem einen nachgeht und es erlangt, er fast immer genötigt ist, auch das andere mitzunehmen, als ob sie zwei an einer Spitze zusammengeknüpft wären [...].“[10]

Nach Platons Auffassung sind Empfindungen wie Schmerz, Freude und Berührung Eigenschaften des im Herz lokalisierten Seelenteils.[11] Sie werden durch das Eindringen atomarer Teile der Elemente Feuer, Erde, Luft und Wasser in das sterbliche Soma ausgelöst, wodurch Erregungen der unsterblichen Seele entstehen. Platon postuliert eine Einheit körperlicher und seelischer Schmerzkomponenten:

> „So wie, wenn einem unter uns der Finger verwundet ist, die gesamte, dem in der Seele Herrschenden als eins zu Gebote stehende, über den ganzen Leib sich erstreckende Gemeinschaft desselben mit der Seele es zu fühlen pflegt und insgesamt zugleich mitzuleiden mit einem einzelnen schmerzenden Teil, sie, die ganze, und wir sodann sagen, daß der Mensch Schmerzen hat am Finger.“[12]

Schmerz ist für ihn ein Gefühl, das der Körper in der Seele entstehen lässt. Die Trennung zwischen einem rein körperlichen und einem seelischen Schmerz, wie sie

---

8 MORRIS 1996, 52.

9 Siehe HIPPOKRATES *Die Natur des Menschen*, Kapitel 2, Ablehnung medizinischer Einheitslehren über die menschliche Natur, 202.

10 PLATON *Phaidon*, 60 b.

11 Siehe PLATON *Timaios*, 64 d. In seinem Werk *Timaios* unterscheidet Platon drei Seelenteile, den „erkennenden“, den „mutigen“ und den „begierigen“; vgl. *Timaios*, 69 d. Der im Herzen lokalisierte Seelenteil ist der mutige; vgl. hierzu auch die Ausführungen in OESER 2002, 25.

12 PLATON *Politeia*, 462 c–d.

heute oft vorgenommen wird, ist ihm vollkommen fremd.[13] Platon beschäftigt sich auch mit Fragen, die den Umgang mit Schmerzen beziehungsweise das Schmerzverhalten betreffen. In der *Poilteia* fragt er, ob jemand gegen den Schmerz heftiger ankämpfen und ihm mehr widerstreben wird, „wenn von seinesgleichen gesehen, oder dann, wenn er in der Einsamkeit es nur mit sich selbst zu tun hat?"[14]. Seinen Erfahrungen zufolge wird er vielmehr gegen den Schmerz ankämpfen, wenn er gesehen wird, denn, so erklärt er, „[i]n der Einsamkeit [...] wird er vielerlei vorbringen, worüber er sich schämen würde, wenn ihn einer hörte, und vielerlei tun, wobei er nicht von einem gesehen werden möchte"[15].

Aristoteles geht wie Platon davon aus, dass das Herz Empfindungszentrum für Schmerzen und andere Gefühle sei.[16] Auch dem Gehirn schreibt er eine Funktion zu, allerdings nur eine indirekte: Es produziere eine Flüssigkeit, mit Hilfe derer das heiße, aus dem Herz kommende Blut abgekühlt werden könne.[17] Aristoteles erwähnt außerdem erstmalig die Existenz von fünf Sinnen, wobei er einen Schmerzsinn allerdings ausschließt:

> „Daß es außer den fünf Sinnen – ich verstehe unter diesen Gesicht, Gehör, Geruch, Geschmack und Tastsinn – keinen anderen gibt, davon kann man sich aus folgendem überzeugen: Wenn wir nämlich von allem, wofür der Tastsinn das Wahrnehmungsvermögen ist, Wahrnehmung haben – denn alle Eigenschaften des Tastbaren als solchen sind durch den Tastsinn wahrnehmbar [...]."[18]

Die Schmerzwahrnehmung selbst, so erklärt er weiter, sei zwar keine Sinneswahrnehmung, entstehe gleichwohl als Folge übermächtiger Wahrnehmungsimpulse der Sinnesorgane. So könnten Wärme und Kälte mit Hilfe des Tastsinns wahrgenommen werden und das Übermaß dieser Wahrnehmung sei schmerzhaft.[19] Aristoteles beschäftigt sich schließlich, genau wie Platon, mit der Frage, wie die Empfindungen der Sinnesorgane zu der im Herzen lokalisierten Seele gelangen. Im Gegensatz zu seinen Vorgängern geht er nicht davon aus, dass das Blut Träger von Empfindungen ist, da dieses selbst nicht empfinde, wie man deutlich feststellen könne,

---

[13] Vgl. UNSCHULD 1996, 103. Vgl. dazu auch unten Kapitel III.1. Dort wird zu der Aufteilung in „seelischen" beziehungsweise „psychischen" Schmerz auf der einen und „körperlichen" beziehungsweise „physischen" Schmerz auf der anderen Seite explizit Stellung bezogen.

[14] PLATON *Politeia*, 604 a.

[15] PLATON *Politeia*, 604 a. Vgl. hierzu auch die Ausführungen in Kapitel III.4.4.

[16] ARISTOTELES *Über die Seele*.

[17] Vgl. OESER 2002.

[18] ARISTOTELES *Über die Seele*, 424 b.

[19] Siehe ARISTOTELES *Über die Seele*, 426 a.

wenn man es berühre.[20] Er entwickelt eine eigene Theorie, die so genannte *Pneuma-Lehre*, welche schließlich bis weit in die Neuzeit starken Einfluss ausübt. Als *Pneuma* bezeichnet er eine Substanz, die sich in den Gängen des Geruchs und Gehörs, die mit der äußeren Luft in Verbindung stehen, befindet.[21]

Ein weiterer antiker Philosoph, der sich mit dem Schmerzphänomen beschäftigt hat, ist Epikur. Im Gegensatz zu Platon und Aristoteles entwickelt er keine Theorien darüber, wie Schmerz entsteht. Seine Überlegungen, die er hauptsächlich in dem *Brief an Menoikeus* vorstellt, zielen vielmehr auf eine Beantwortung der Frage, welchen *Wert* Schmerzen für den Menschen haben.[22] Aufbauend auf den Theorien von Eudoxos von Knidos und dem Sokrates-Schüler Aristipp, bestimmt er den Menschen als ein primär empfindungsfähiges Einzelwesen. Die Vernunft des Einzelnen und seine soziale Eingebundenheit betrachtet er nicht als Wesensbestimmungen des Menschen, sondern ausschließlich als Mittel zum Erreichen individueller Lustempfindungen. Die Lust bestimmt er als das höchste Gut des Menschen.[23] Lust darf im Sinne Epikurs jedoch keineswegs als eine Art Genusssucht verstanden werden. Epikur definiert Lust als die Abwesenheit von Schmerz. Den Schmerz versteht er als das größte Übel, auf das alle übrige Unlust letztlich zurückgeführt werden könne, so schreibt er:

> „Denn nur dann haben wir ein Bedürfnis nach Lust, wenn wir deswegen weil uns die Lust fehlt, Schmerz empfinden; [wenn wir aber keinen Schmerz empfinden], bedürfen wir auch der Lust nicht mehr. Gerade deshalb ist die Lust, wie wir sagen, Ursprung und Ziel des glückseligen Lebens. Denn sie haben wir als erstes und angeborenes Gut erkannt, und von ihr aus beginnen wir mit jedem Wählen und Meiden."[24]

Jeder bewusste Zustand des Menschen könne entweder lustvoll oder aber schmerzvoll, angenehm oder unangenehm sein. Eine Art mittleren, neutralen Zustand gibt es Epikur zufolge nicht. Die Abwesenheit von Schmerz fällt für ihn grundsätzlich mit der Anwesenheit von Lust zusammen und umgekehrt. Dementsprechend sind Schmerzen seiner Meinung nach niemals neutral oder angenehm. Allerdings geht er davon aus, dass es Fälle gibt, in denen es besser ist, Schmerzen freiwillig in Kauf zu

---

[20] Diesen Gedanken entwickelt Aristoteles hauptsächlich in seinem Werk *Über die Entstehung der Tiere*; siehe ARISTOTELES *De generatione animalium*, 779 b.

[21] Erhard Oeser betont, dass „Pneuma" im aristotelischen Sinne nicht mit „Luft" gleichzusetzen ist, da diese erst durch die Atmung in den Körper eindringe; siehe OESER 2002, 33.

[22] EPIKUR *Brief an Menoikeus*. Vgl. hierzu auch HOSSENFELDER 1991 sowie weiter unten Kapitel III.3.3.

[23] Abgeleitet von dem griechischen Wort „hedoné" bezeichnet man diese Auffassung als „Hedonismus".

[24] EPIKUR *Brief an Menoikeus*, 128.

nehmen, um so letztlich einen lustvollen Zustand erleben zu können. Die Wahl der richtigen Handlung müsse grundsätzlich daran bemessen werden, ob sie im Ganzen mehr Lust oder Unlust bereite.

> „Und gerade weil dies das erste und in uns angelegte Gut ist, deswegen wählen wir auch nicht jede Lust, sondern bisweilen übergehen wir zahlreiche Lustempfindungen, so oft uns ein übermäßiges Unbehagen daraus erwächst. Sogar zahlreiche Schmerzen halten wir für wichtiger als Lustempfindungen, wenn uns eine größere Lust darauf folgt, daß wir lange Zeit die Schmerzen ertragen haben. Jede Lust also ist, weil sie eine verwandte Anlage hat, ein Gut, jedoch nicht jede ist wählenswert; wie ja auch jeder Schmerz ein Übel ist, aber nicht jeder ist in sich so angelegt, daß er immer vermeidenswert wäre."[25]

Der Schmerz bleibt somit zwar das eigentliche Übel, aber sofern er Mittel zur Erreichung der Lust sein kann, kommt ihm relativ gesehen auch ein positiver Wert zu, so Epikur. Obwohl das angeführte Zitat vermuten lässt, dass er dem Schmerz einen instrumentellen Wert zuschreibt – oft sind Schmerzen als Mittel zum Zweck wertvoll –, zeigen seine Gesamtausführungen, dass er ihn grundsätzlich als ein Übel begreift.

Die Überlegungen Epikurs über das Schmerzphänomen werden weiter unten noch einmal ausführlicher behandelt.[26] An dieser Stelle ist es sinnvoll die Frage, ob Schmerzen grundsätzlich unangenehm und damit schlecht sind oder vielmehr auch angenehm und damit gut sein können, zunächst nicht weiter zu berücksichtigen, sondern an die von Platon und Aristoteles aufgeworfenen Theorien über die Entstehung des Schmerzes anzuknüpfen: Wenige Jahre nachdem Aristoteles seine Pneuma-Lehre entwickelt, werden erste Theorien über das Vorhandensein von Nerven im menschlichen Körper vorgestellt; Diokles von Karystos und Proxagoras von Kos tragen maßgeblich dazu bei, indem sie die hippokratischen Lehren mit der aristotelischen Pneuma-Lehre verknüpfen und diese erweitern.[27] Das Herz wird immer noch als Zentralorgan betrachtet. Zusätzlich wird nun zwischen Arterien und Venen unterschieden, was rückblickend als erster Schritt zur Entdeckung der Nerven betrachtet wird.[28] Durch solche Kenntnisse über anatomische Strukturen werden Schmerzempfindungen, die mit keiner äußerlich beobachtbaren Schädigung in Verbindung gebracht werden können, zunehmend als Symptome von Erkrankungen innerer Organe verstanden. Der griechische Arzt und Anatom Galen lokalisiert die Schmerzempfindung schließlich im zentralen Nervensystem und unterscheidet neben motorischen und sensiblen Nerven solche, die der Weiterleitung von schmerzhaften Reizen zugeordnet sind. Er nimmt an, dass deren Hohlräume mit dem be-

---

[25] EPIKUR *Brief an Menoikeus*, 129.
[26] Vgl. dazu die Ausführungen zu Borderline-Patienten am Ende des Kapitels III.3.3.
[27] Vgl. OESER 2002, 34.
[28] Vgl. OESER 2002, 34.

reits von Aristoteles postulierten *Seelenpneuma* gefüllt sind. Seine physiologischen Theorien entwickelt Galen mit Hilfe von Sektionstechniken an lebenden Tieren.[29]

Von Vertretern der frühen christlichen Lehre werden die in der Antike entwickelten Theorien über die Entstehung des Schmerzes als heidnisch qualifiziert und infolgedessen abgelehnt. Schmerzempfindungen werden erneut, wie in Zeiten der Naturvölker und der Archaik, aus religiöser Perspektive interpretiert: „Hinter bzw. über allem Geschehen steht der Wille Gottes, wenn auch der Himmel der griechischen Götter durch den Himmel des einen – des christlichen Gottes – ausgetauscht worden ist."[30] Eine solche religiöse Wesensbestimmung von Schmerzempfindungen findet sich vornehmlich in den Schriften Thomas von Aquins.[31] Schmerz und Freude betrachtet er als Eigenschaften der Seele. Er bezeichnet sie als Leidenschaften, die durch den menschlichen Willen allerdings beherrscht werden können. Schmerzen entstehen seiner Meinung nach in zwei Phasen: Zunächst wird der Schmerz im Leib ausgelöst und erst in einer zweiten Phase wird er in der Seele empfunden. Der Schmerz gelte als leiblich, weil die Ursache des Schmerzes im Körper liege. Die Schmerzempfindung selbst jedoch sei immer in der Seele zu verorten. In diesem Zusammenhang erklärt er auch, dass sich Schmerzen einerseits durch die Betrachtung der Größe Gottes und andererseits durch Freude sowie durch Zuwendung von Freunden und Mitmenschen stark verringern lassen würden. Märtyrer, die ganz in die Liebe Gottes versunken seien, könnten Schmerzen seiner Meinung nach viel besser ertragen. Engelhardt weist darauf hin, dass basierend auf solchen religiösen Deutungen im Mittelalter bei Operationen häufig biblische Texte vorgelesen oder Bilder des gekreuzigten Christus gezeigt worden seien.[32]

Während des gesamten Mittelalters bis in die Neuzeit werden Schmerzen derart religiös interpretiert beziehungsweise als von Gott verursacht betrachtet. Dementsprechend wird denjenigen, die Substanzen zur Schmerzlinderung anbieten oder einnehmen, vorgeworfen, sie seien mit dem Teufel verbündet. Versuche, Schmerzen zu lindern, werden zudem als Widersetzung gegen den Willen Gottes aufgefasst.[33] In dieser Zeit werden daher nur selten schmerzlindernde Behandlungen vorgenommen und kaum neue Therapien entwickelt. Zu Beginn der Aufklärung wird zunächst an einer solchen religiösen Deutung des Schmerzes festgehalten. Zunehmend werden aber Bedenken laut. Kritische Einwände werden vorgebracht und es wird gefragt, wie es sein kann, dass Gott Schmerzen und das Leiden in der Welt überhaupt zulässt.[34]

---

[29] Vgl. MÜLLER-BUSCH 2004, 2011; Oeser 2002, 38.

[30] FREDE 2007, 19.

[31] Vgl. hierzu die Ausführungen in EGLE 2003.

[32] Vgl. ENGELHARDT 1999, 2000.

[33] Vgl. hier und im Folgenden: ENGELHARDT 1999, 2000; MORRIS 1996; MÜLLER-BUSCH 2004.

[34] Vgl. EGLE 2003.

Vor allem durch René Descartes, der ein weitgehend mechanistisches Weltbild geprägt hat, findet in der Neuzeit eine Neubewertung des Schmerzphänomens statt. In seinen *Meditationen über die erste Philosophie* kommt er zu dem Ergebnis, dass *res extensa* und *res cogitans* zwar substanziell verschieden sind, dass sie aber unverkennbar eine Einheit bilden. So betont er in der sechsten Meditation, dass das Verhältnis von Körper und Geist nicht so verstanden werden dürfe, wie das des Schiffers auf seinem Schiff. Vielmehr sei von einer *körperlich-geistigen Einheit* beider Substanzen auszugehen, durch die Schmerz- und andere Empfindungen überhaupt erst möglich seien. So schreibt er in der sechsten Meditation:

> „Weiter lehrt mich die Natur durch die Empfindungen des Schmerzes, des Hungers, Durstes usw., ich sei meinem Leibe nicht nur zugestellt wie ein Schiffer dem Schiff, sondern ich sei aufs innigste mit ihm vereint, durchdringe ihn gleichsam und bilde mit ihm ein einheitliches Ganzes. Wie könnte sonst Ich, ein lediglich denkendes Ding, bei einer Verletzung des Körpers Schmerzen empfinden? Ich würde jene Verletzung rein geistig wahrnehmen, wie das Auge des Schiffers es wahrnimmt, wenn am Schiff etwas zerbricht […].“[35]

Im Gegensatz zu Platon, Aristoteles und Thomas von Aquin geht Descartes davon aus, dass Schmerz nicht nur seelisch, sondern auch körperlich empfunden wird. Es findet, so beschreibt es Matthias Kross, eine „Somatisierung des Schmerzphänomens“[36] statt. Der Schmerz ist nicht mehr nur eine *seelische* Erscheinung; dem Körper kommt nun eine zentrale Rolle bei der Schmerzentstehung und somit auch beim Schmerzerleben zu.[37] Seinem mechanistischen Weltbild folgend, versteht Descartes den Körper als eine Art Maschine.[38] Den Schmerz deutet er dementsprechend als etwas, das durchaus nützlich sein kann: Schmerzen haben eine Warnfunktion, sie signalisieren Fehlfunktionen der Maschine beziehungsweise des Körpers.[39] Descartes erklärt schließlich als einer der ersten, dass Schmerz und alle anderen Affekte der Seele ausdrücklich gut seien.[40] Der körperliche Schmerz ist, so schreibt er in dem 1664 erschienenen Werk *Über den Menschen*, wichtiger Schutzreflex und nützliche Abwehrfunktion zugleich.[41] Er geht davon aus, dass Reize, die von außen auf den menschlichen Körper treffen, über die Erregung von Sensoren in Schmerzbahnen weitergeleitet werden, um am Ende im Gehirn als schmerzhafte Empfindungen wahrgenommen zu werden. Descartes erklärt warum ein Mensch Schmerzen empfindet, wenn er mit Feuer in Berührung kommt:

---

35 DESCARTES *Meditationen*, 6. Meditation, Punkt 13.

36 KROSS 1992.

37 Vgl. UNSCHULD 1996, 104.

38 Vgl. dazu auch unten Kapitel IV.1.

39 Siehe DESCARTES *Über den Menschen*, 68. Vgl. auch FREDE 2007, 19.

40 Vgl. auch BRODNIEWICZ 1994, 75.

41 Siehe DESCARTES *Über den Menschen*, 68.

> „Befindet sich [...] das Feuer A in der Nähe des Fußes B, dann haben die kleinen, bekanntlich schnell bewegten Teilchen dieses Feuers aus sich heraus die Kraft, die betroffene Stelle der Haut dieses Fußes in Bewegung zu versetzen. Indem sie dadurch an der kleinen (Mark-) Faser c c ziehen, die [...] dort befestigt ist, öffnen sie im gleichen Augenblick den Eingang der Pore d e, an der diese kleine Faser endet, ebenso wie man in dem Augenblick, in dem man an dem Ende eines Seilzugs zieht, die Glocke zum Klingen bringt, die an dem anderen Ende hängt.“[42]

Schmerz versteht Descartes, wie hier deutlich wird, als Folge einer inneren Mechanik, die durch ein Signal ausgelöst und zum Gehirn gesendet wird. Dieses *Seilzugmodell* kann als Vorläufer des im 19. Jahrhundert entwickelten physiologischen Schmerzmodells gesehen werden,[43] und war für die Entwicklung psychologischer, pharmakologischer und chirurgischer Behandlungsmethoden in den nächsten Jahrhunderten von großer Bedeutung.[44] Seit Descartes wird Schmerz nicht mehr nur als Phänomen der Seele, sondern gleichermaßen als körperliche Empfindung verstanden. Ferner hat er maßgebend dazu beigetragen, dass Schmerz nicht mehr als schicksalhaftes Übel, sondern als etwas Nützliches, Gutes angesehen wurde, dessen biologisch-funktionelle Bedeutung es zu erkennen galt.[45]

Auch Spinoza beschäftigt sich mit der Frage, was Schmerz ist beziehungsweise wie er entsteht.[46] Er versteht Körper und Seele als verschiedene Anteile einer von Gott geschaffenen Substanz. Seinem monistischen Ansatz folgend entwickelt er, im Gegensatz zu Descartes, keine Theorien über die Wechselwirkung von Körper und Seele. Seelische Zustände können den Körper nicht beeinflussen und der Körper kann nicht auf die Seele einwirken. Schmerz entsteht daher entweder durch den Körper oder durch die Seele, aber niemals als Wechselwirkung aus beiden.

Auch in der Neuzeit und sogar bis in das 19. Jahrhundert hinein sind religiöse Interpretationen des Schmerzes vorherrschend, weshalb die Einnahme von Substanzen zur Schmerzlinderung noch lange Zeit als Missachtung des Willens Gottes gewertet wird.[47] Gottfried Wilhelm Leibniz versucht schließlich die in der Neuzeit entwickelten mechanistischen Theorien mit den religiösen Sinndeutungen zu vereinen.[48] In seiner *Theodicee* betont er, wie zuvor Descartes, dass Schmerzen eine positive Warnfunktion haben können. Er geht allerdings davon aus, dass es sich hierbei um einen von Gott gesteuerten Mechanismus handelt. Seinem „psychophysischen Parallelismus“ folgend sind Körper und Seele getrennte Einheiten, die aber im

---

[42] DESCARTES *Über den Menschen*, 69.
[43] Vgl. MORRIS 1996, 375.
[44] Vgl. MÜLLER-BUSCH 2004, 156.
[45] Vgl. MÜLLER-BUSCH 2004, 156.
[46] Vgl. SIMONIS 2001, 190 ff.
[47] Vgl. ENGELHARDT 1999, 2000; MORRIS 1996; MÜLLER-BUSCH 2004.
[48] Vgl. SIMONIS 2001, 210 ff.; EGLE 2003.

Rahmen einer von Gott festgelegten Harmonie aufs engste miteinander verknüpft sind. Er nimmt eine *Eins-zu-eins-Beziehung* zwischen körperlichen Empfindungen und der seelischen Wahrnehmung dieser Empfindungen an, wonach körperliche Empfindungen und seelische Wahrnehmungen immer in Korrelation auftreten. Dementsprechend wird Schmerz immer physisch und psychisch zugleich erlebt.

Für eine historische Aufarbeitung des Schmerzproblems sind auch die Schriften von Arthur Schopenhauer und Friedrich Nietzsche relevant. Schopenhauer, der laut Angaben von Müller-Busch selbst immer wieder unter starken Schmerzen litt, stuft den Schmerz als letztlich sinnloses Phänomen ein.[49] Ferner vertritt er die Ansicht, dass eine Abhängigkeit zwischen der Intensität der Schmerzempfindung und dem Grad der Gelehrtheit des betroffenen Individuums bestehe, denn mit wachsender Bildung steige auch die Schmerzempfindlichkeit. Während Pflanzen keine Schmerzen empfänden, sei die Fähigkeit zu leiden bei Tieren bereits entwickelt. Beim Menschen sei diese Fähigkeit besonders gut ausgebildet. Der intelligente Mensch schließlich leide am schlimmsten.[50] Nietzsche hingegen stellt wiederum, wie Descartes, die positive Warnfunktion des Schmerzes in den Vordergrund.[51] Wir Menschen müssen, so erklärt er, auch mit verminderter Energie zu leben wissen:

> „[S]obald der Schmerz sein Sicherheitssignal gibt, ist es an der Zeit, sie zu vermindern, – irgend eine große Gefahr, ein Sturm ist im Anzuge, und wir tun gut, uns so wenig als möglich aufzubauschen."[52]

Ende des 19. Jahrhunderts bis weit in das 20. Jahrhundert werden schließlich immer wieder neue Theorien entwickelt, die sich hauptsächlich auf physiologische Entstehungsmechanismen des Schmerzes beziehen. Hierbei handelt es sich allerdings weniger um von Philosophen, sondern primär von Medizinern entwickelte Theorien – mittlerweile hat sich die Medizin als eigener Forschungsbereich etablieren können. Der Vollständigkeit halber sollen neben den philosophischen Theorien auch die bedeutendsten medizinischen und psychologischen Schmerzmodelle kurz skizziert werden: Festgestellt wird, dass es so genannte Nozizeptoren im menschlichen Körper gibt, die potenziell schmerzhafte Reize aufnehmen und diese zum Rückenmark weiterleiten können. Die unterschiedlichen Mechanismen, die bei der Übertragung von nozizeptiven Reizen beteiligt sind, werden nach und nach erforscht. Auf diese Weise, so erklärt es Fabian Overlach, „wurden auch im Bereich der Schmerzunterdrückung große Fortschritte gemacht: angefangen von der Entwicklung der Anästhesie über die Entdeckung der Opiat- bzw. Endorphinrezeptoren im Gehirn bis hin zur Durchführung neurochirurgischer Eingriffe an peripheren schmerzlei-

[49] Siehe SCHOPENHAUER 1998. Vgl. zu den Ausführungen über Schopenhauer MÜLLER-BUSCH 2004; BRODNIEWICZ 1994.

[50] Siehe SCHOPENHAUER 1998.

[51] Siehe NIETZSCHE *Die fröhliche Wissenschaft*, Abschnitt ‚Weisheit im Schmerz'.

[52] NIETZSCHE *Die fröhliche Wissenschaft*, Abschnitt ‚Weisheit im Schmerz'.

tenden Fasern oder an zentralen Schaltstellen der Schmerzübertragung“[53]. Als ein Meilenstein in der Erforschung des Schmerzes wird schließlich die von Max von Frey entwickelte *Spezifitätstheorie* betrachtet. Von Frey geht von dem Vorhandensein spezifischer Rezeptortypen für jede der verschiedenen Hautsensationen aus, durch die Schmerzimpulse über spezifische Nervenbahnen zu einem speziellen Schmerzzentrum im Gehirn gelangen. Vergleichbar ist diese Theorie mit dem bereits von Descartes entwickelten *Seilzugmodell.* Besonders bekannt ist zudem die die von Alfred Goldscheider entwickelte *Pattern-Theorie*, gemäß derer Schmerzen erst dann als solche empfunden werden, wenn die Summe der im Hinterhorn des Rückenmarks einlaufenden peripheren Reize eine bestimmte Schwelle überschreitet.

Im Jahr 1965 entwickelten Ronald Melzack und Patrick Wall schließlich die so genannte *Gate-Control-Theorie.*[54] Neu an der *Gate-Control-Theorie* war die erstmalige Verlagerung des Interesses der Schmerzforschung von der Peripherie in das zentrale Nervensystem (ZNS). Melzack und Wall konnten zeigen, dass das ZNS kein passives, sondern ein ausgesprochen aktives System ist, welches im Stande ist eintreffende Informationen zu filtern, zu modulieren und zu selektieren: Wird ein von den Nozizeptoren ausgehender Reiz an das Gehirn weitergeleitet, so wird er als schmerzhaft empfunden. Tritt hingegen eine Blockade im Rückenmark auf, so entsteht kein Schmerzerlebnis. Aufbauend auf dieser Theorie konnten schließlich Modelle darüber entwickelt werden, wie Neurotransmitter und andere körpereigene Stoffe sowie schmerzstillende Medikamente wirken.[55]

Dass Schmerzempfindungen nicht ausschließlich durch das Ausmaß einer körperlichen Schädigung, sondern immer auch durch *motivationale* und *emotive Komponenten* beeinflusst werden, gilt mittlerweile als unumstößliche Annahme.[56] Geprägt wurde in diesem Zusammenhang die Annahme eines „multifaktoriellen“ beziehungsweise „multidimensionalen“ Schmerzmodells.[57] Wie genau physische und psychische Faktoren bei der Schmerzentstehung und -verarbeitung interagieren und welche Prozesse der Chronifizierung von Schmerzen zugrunde liegen, wird im Kapitel III.2.1 (Schmerzarten und -ursachen) noch ausführlich dargestellt.

***

[53] Vgl. OVERLACH 2008, 2.

[54] Siehe vor allem MELZACK 1978; vgl. hierzu auch GEISSNER 1990.

[55] Vgl. NOPPER 2003, 5. Typische Neurotransmitter, die eine schmerzhemmende Wirkung haben können, sind Serotonin, Noradrenalin, GABA und Glyzin. Sie werden beispielsweise durch Stress und Angst, aber auch durch Glücksgefühle ausgelöst. Eine ähnliche Wirkung wie Neurotransmitter haben Opiate und chemisch hergestellte Analgetika. Für weitere Informationen siehe FREYE 2009.

[56] Für die unterschiedlichen Schmerzkomponenten siehe unten Kapitel IV.1.

[57] Vgl. GEISSNER 1990.

Festgehalten werden kann: Philosophische Theorien darüber, was Schmerz ist, wie er entsteht und welchen Sinn er hat, werden nicht erst seit der Antike, sondern bereits seit Beginn der Menschheit entwickelt. Lange Zeit waren solche Theorien von religiösen Annahmen geprägt, weshalb Schmerzen in der Regel als von Göttern beziehungsweise von Gott verursacht angesehen wurden. Besonders bedeutsam ist rückblickend die von Descartes aufgestellte Schmerztheorie. Als Erster begreift er den Schmerz, aufgrund der ihm anhaftenden Warnfunktion, als positives Phänomen. Hervorzuheben ist außerdem das von ihm entwickelte *Seilzugmodell.* Von allen zuvor entwickelten Theorien unterscheidet es sich dadurch, dass Schmerzen als Empfindungen verstanden werden, die im Körper entstehen und auch von diesem wahrgenommen werden. Zuvor wurde durchweg die Annahme vertreten, dass Schmerzen zwar im Körper entstehen können, dass es sich bei diesen aber letztlich um seelische Empfindungen handelt. Laut Platon, Aristoteles, Thomas von Aquin und anderen empfindet nicht der Körper, sondern die Seele.

Da sich die Vorstellungen über das so genannte *Leib-Seele-Problem*[58] radikal verändert haben – derzeit geht kaum noch ein Philosoph davon aus, dass es eine Seele gibt – sind auch die Fragen, die Philosophen in der Debatte über das Schmerzphänomen erörtern, andere. Während Philosophen in der Antike, im Mittelalter und auch in der Neuzeit Theorien darüber entwickelt haben, ob Schmerzen im Körper oder in der Seele wahrgenommen werden, welches Organ als Schnittstelle zwischen Körper und Seele fungiert und welche religiösen Deutungen erlaubt sind, wird heute vornehmlich darüber diskutiert, wie das phänomenale Schmerzerleben zustande kommt und inwiefern Schmerzen einerseits als körperliche, andererseits als mentale Zustände verstanden werden müssen, wobei Kenntnisse über neurale Korrelate von Schmerzempfindungen einfließen. In seinem Seilzugmodell hat Descartes bereits dargelegt, dass das Gehirn die zentrale Rolle bei der Schmerzentstehung und -verarbeitung einnimmt. Mittlerweile haben wir aber ein viel größeres Wissen darüber, welche neuralen Prozesse im Gehirn eines Menschen ablaufen, wenn er Schmerzen empfindet. Die Ergebnisse neurowissenschaftlicher Untersuchungen fließen in philosophische Analysen über Schmerzempfindungen und andere mentale Zustände ein. Die Aufgabe der Philosophie besteht nun darin, solche Ergebnisse in einem weiten Kontext zu betrachten und Überlegungen darüber anzustellen, ob die Begrifflichkeiten ausreichend geklärt und die jeweiligen Studien angemessen interpretiert worden sind.

Sowohl in der Einleitung als auch in diesem Kapitel sollte deutlich geworden sein, dass ein *Substanzdualismus*, wie ihn Platon und Descartes vertreten haben, überholt und falsch ist. Es wird stattdessen davon ausgegangen, dass es keine vom Körper losgelöste Seele gibt. Die Theorie, die in dieser Arbeit vertreten wird, ist naturalistisch, weil angenommen wird, dass bewusstes Erleben nur entstehen kann, wenn

---

[58] Während in Anlehnung an Descartes noch über das „Leib-Seele-Problem" beziehungsweise das „Körper-Geist-Problem" diskutiert wurde, wird gegenwärtig vermehrt die Bezeichnung „psychophysisches Problem" verwendet; vgl. STURMA 2005.

ein Wesen ein ausreichend entwickeltes und funktionierendes ZNS hat. Es wird aber nicht beansprucht phänomenales Erleben mit Mitteln der Naturwissenschaften gänzlich erklären zu können. Angenommen wird, dass eine Erklärungslücke bestehen bleiben wird, weil wir nicht wissen und vermutlich niemals wissen werden, wie die spezifische Erlebnisqualität von mentalen Zuständen erzeugt wird. Die in der Philosophie des Geistes viel diskutierte ontologische Frage, ob mentale Eigenschaften über die physikalischen Eigenschaften hinausgehen oder auf diese reduziert werden müssen, kann und muss in dieser Arbeit nicht abschließend beantwortet werden. Zur Diskussion steht vielmehr, ob und mit welcher Methode es möglich ist, Wissen über die Schmerzempfindungen anderer Personen zu erlangen. Dass Schmerzempfindungen und andere mentale Zustände immer in Korrelation mit physikalischen Zuständen auftreten kann nicht sinnvoll geleugnet werden. Dies bedeutet allerdings nicht zwangsläufig, dass ein kausaler Zusammenhang zwischen beiden besteht. *Korrelation* ist hier nicht im Sinne von Identität, sondern vielmehr in Form eines *Bikonditionals* zu verstehen: Eine Veränderung der neuralen Zustände impliziert immer auch eine Veränderung der mentalen Zustände und umgekehrt. Auf Grundlage dieser Annahme wird das Schmerzphänomen im Folgenden analysiert.

III. Phänomenbeschreibung

Ziel des folgenden Kapitels ist eine umfassende Analyse des Begriffes „Schmerz". Aufbauend auf dieser Phänomenbeschreibung und den nachfolgenden Analysen kann im Schlusskapitel eine Theorie darüber aufgestellt werden, was Schmerzen sind. Zunächst wird untersucht, wie der Begriff „Schmerz" in unterschiedlichen Sprachen und Kulturen, aber auch in unterschiedlichen Kontexten verwendet wird (1. Der Begriff „Schmerz"). Die vor allem in Alltags-, aber auch in Fachsprachen häufig gebrauchten Termini „körperlicher Schmerz", „psychischer Schmerz", „seelischer Schmerz" und „psychosomatisch verursachter Schmerz" werden hierzu analysiert. Zudem werden bestehende Schmerzdefinitionen erörtert.

Anschließend wird das Schmerzphänomen aus einem medizinischen beziehungsweise neurowissenschaftlichen Blickwinkel beleuchtet (2. Schmerz aus medizinischer und neurowissenschaftlicher Perspektive). In Grundzügen wird dargestellt, welche Arten von Schmerzen es aus medizinischer Perspektive gibt und wie diese jeweils im Körper entstehen und verarbeitet werden. Es zeigt sich, dass das nozizeptive System, das Rückenmark und das Gehirn maßgeblich bei der Schmerzentstehung und -verarbeitung beteiligt sind. Um nachvollziehen zu können, wie Informationen über die neurale Verarbeitung von Schmerzreizen zusammengetragen werden, wird die funktionelle Bildgebung, mit der in den letzten Jahren erstaunliche Ergebnisse über den Aufbau und die Funktionsweise des menschlichen Gehirns erzielt werden konnten, näher betrachtet. Nachgegangen wird in dieser Arbeit insgesamt der Frage, ob eine *Visualisierung von Schmerzempfindungen* oder nur eine Visualisierung der neuralen Korrelate jener, mittels der funktionellen Bildgebung oder anderer neurowissenschaftlicher Untersuchungsmethoden, möglich ist. Dazu wird in diesem Kapitel zum einen in die Methode der funktionellen Bildgebung eingeführt, zum anderen werden fMRT- und PET-Studien, die zum Schmerz durchgeführt worden sind, analysiert.

Sodann werden die schon skizzierten anormalen Schmerzerlebnisse und deren Bedeutung für die Phänomenbeschreibung beleuchtet (3. Anormale Schmerzerlebnisse). Es gibt drei Fallgruppen, im Rahmen derer *anormale Schmerzerlebnisse* diskutiert werden müssen: Erstens Personen, die keine Schmerzen empfinden, obwohl ihr Körper Schädigungen aufweist, die normalerweise Schmerzen verursachen müssten. Zweitens Personen, die Schmerzen empfinden, welche trotz sorgfältiger physiologischer Untersuchungen mit keiner Schädigung in Verbindung gebracht werden können sowie drittens Personen, die von angenehmen Schmerzerlebnissen berichten, wenn sie sich selbst verletzen.

Basierend auf diesen Überlegungen wird das Verhältnis von Schmerz und Sprache und damit einhergehend der subjektive Charakter von Schmerzempfindungen fokussiert (4. Schmerz und Sprache). Untersucht wird, wie privat Schmerzen eigentlich sind und inwiefern sie verbalisiert werden können. Im Mittelpunkt der Analyse steht somit die Frage, inwieweit es möglich ist anderen mitzuteilen, wie sich die empfundenen Schmerzen anfühlen. Dass eine *epistemische Asymmetrie* zwischen den eigenen mentalen Zuständen und den mentalen Zuständen anderer Personen besteht, wird selten bezweifelt. Diskutiert wird aber darüber, ob auch eine *semantische Asymmetrie* angenommen werden muss. Vor allem die zueinander konträren Theorien Ludwig Wittgensteins und Elaine Scarrys werden hierzu analysiert und gegenübergestellt. Untersucht wird zudem, wie sich das Reden über Schmerzen auf den phänomenalen Gehalt des Schmerzerlebens auswirken kann.

Schließlich wird das Verhältnis von Schmerz und Bewusstsein erforscht (5. Schmerz und Bewusstsein) und damit eindeutig das Feld der Philosophie des Geistes betreten. Zunächst werden unterschiedliche Bewusstseinsarten spezifiziert. Aufbauend auf den Theorien von Ned Block wird eine These darüber entwickelt, welche Bewusstseinsarten vorliegen, wenn jemand Schmerzen empfindet. Hierbei ist insbesondere die Unterscheidung zwischen *phänomenalem Bewusstsein* und *Zugriffsbewusstsein* bedeutsam. Schließlich werden die Bewusstseinszustände und Schmerzerlebnisse komatöser Patienten untersucht. Da diese Patienten häufig kein beobachtbares Verhalten mehr zeigen, ist es generell sehr schwierig Aussagen über ihre mentalen Zustände zu treffen. Inwieweit die funktionelle Bildgebung hier Abhilfe schaffen kann, gilt es zu klären. Ferner wird der Schlaf als ein Zustand verminderten Bewusstseins analysiert. In dieser Arbeit wird die These vertreten, dass Schmerzerlebnisse derart an eine Bewertung gebunden sind, dass sie nicht unbewusst wahrgenommen werden können. Im Gegensatz zu einem Gefühl, welches einer Person bisweilen erst dann bewusst wird, wenn es vergeht, wird der Schmerz immer als *schmerzhaft* empfunden und deswegen nicht erlebt ohne der Person, die ihn erlebt, gewahr zu sein. Hier deutet sich ein Problem an: Wie kann es sein, dass wir von einem uns unbewussten Zustand wach werden, der uns dann unmittelbar bewusst ist? Auch dieser Frage wird nachgegangen.

Es folgen Überlegungen darüber, ob Schmerzempfindungen lokalisiert werden können, das heißt ob es einen Ort des Schmerzes gibt (6. Die Lokalisation von Schmerzempfindungen). Schmerzempfindungen werden so empfunden als wären sie im Körper – so klagt jemand über Schmerzen „im Finger“, „im Kopf“ oder „im ganzen Körper“. Zur Frage steht aber, wo der Schmerz nun wirklich zu verorten ist beziehungsweise ob er überhaupt lokalisiert werden kann. Wird beispielsweise eine Schmerzempfindung im Finger erlebt, nachdem dieser starker Hitze ausgesetzt wurde, so scheint eine Lokalisation des Schmerzes im Finger naheliegend zu sein. Unklar ist allerdings, ob projizierte Schmerzen, beispielsweise Phantomschmerzen, verortet werden können. Zwar werden diese Schmerzen als Schmerzen in einem bestimmten Glied wahrgenommen, dieses Glied existiert aber nicht mehr.

Abgerundet wird die Phänomenbeschreibung schließlich mit Überlegungen über die Erklärungslücke (7. Die Erklärungslücke). Im Zuge des medizinischen und vor allem neurowissenschaftlichen Fortschritts konnten erstaunliche neue Erkenntnisse über die Mechanismen, die der Schmerzentstehung und -verarbeitung zugrunde liegen, gewonnen werden. Ob im Rahmen solcher Untersuchungen aber vollständiges Wissen über den phänomenalen Gehalt des Schmerzerlebens generiert werden kann oder ob diesbezüglich eine Erklärungslücke bestehen bleiben wird, dies gilt es zu klären, bevor die Ergebnisse des Kapitels in einem Zwischenfazit zusammengetragen werden können (8. Zwischenfazit).

1. Der Begriff „Schmerz"

Es ist eine weit verbreitete und wenig hinterfragte Vorstellung, dass es zumindest zwei Arten von Schmerzen gibt: *physische* beziehungsweise *körperliche* Schmerzen auf der einen und *psychische* beziehungsweise *mentale* Schmerzen auf der anderen Seite. Eine solche Differenzierung scheint zwar intuitiv plausibel zu sein, sie ist aber, wie im Folgenden gezeigt wird, problematisch.

Was ist gemeint mit „körperlichem Schmerz" und „psychischem Schmerz"? Auf welche Zustände bezieht sich jemand, wenn er einen der beiden Termini verwendet? Als „körperlicher Schmerz" wird in der Regel eben das bezeichnet, was auch ich unter die Kategorie „Schmerz" fasse: eine unangenehme Empfindung, die so erlebt wird als wäre sie im Körper und die häufig mit Gewebe- oder anderen physiologischen Schädigungen einhergeht.[1] Jemand der körperlichen und psychischen Schmerz getrennt voneinander betrachtet, versteht „psychische Schmerzen" gewöhnlich als Gefühle, die mit Trauer, Verlust, Niedergeschlagenheit, Angst, Enttäuschung, Verzweiflung oder Misserfolg auftreten und eben nicht im Körper verortet werden können. Gelegentlich werden in diesem Kontext auch die Termini „Seelenschmerz" und „Herzschmerz" verwendet, wobei mit letzterem nicht auf Schmerzen in dem Organ „Herz" verwiesen wird, sondern auf Gefühle, die beispielsweise mit Liebeskummer, Verlust oder Heimweh in Verbindung stehen. Dass eine Person Gefühle, die mit solchen *Metaphern* umschrieben werden, als genauso schlimm und unerträglich erlebt wie Schmerzempfindungen oder sogar als weit unangenehmer, kann und darf natürlich nicht bezweifelt werden. Die Verwendung des Wortes „Schmerz" für solche Zustände ist aus semantischer Perspektive aber problematisch, denn dann müssten wohl alle negativen Gefühle letztlich als Schmerzen klassifiziert werden. Unklar wäre dann aber, welchen Grad an Negativität ein mentaler Zustand erfüllen müsste, um schmerzhaft zu sein. Wie verhält es sich beispielsweise mit dem negativen Gefühl, welches jemand hat, der aufstehen muss und viel lieber noch weiterschlafen würde; mit dem Gefühl, welches jemand hat, wenn er beim Poker viel Geld verliert; mit dem Gefühl, welches jemand hat, wenn er eine Prüfung nicht besteht; mit dem Gefühl, welches jemand hat, wenn er enttäuscht wird; mit dem Gefühl, welches jemand hat, wenn eine geliebte Person stirbt? Welche dieser

[1] Dies sind notwendige, allerdings noch keine hinreichenden Kriterien für das Vorliegen einer Schmerzempfindung, denn auch andere Zustände werden als unangenehm empfunden und so als wären sie *im* Körper, beispielsweise der Juckreiz oder der Hunger. Was genau Schmerzen von solchen Empfindungen unterscheidet beziehungsweise wie genau das Verhältnis von Schmerzen und anderen Empfindungen verstanden werden muss, wird im Laufe der Untersuchung erarbeitet.

negativen Gefühle sind *psychische* beziehungsweise *mentale* Schmerzen und welche nicht? Diese Überlegungen verdeutlichen, dass eine klare Grenze zwischen *negativen Gefühlen* und *negativen schmerzhaften Gefühlen* eigentlich nicht gezogen werden kann. Um diesem Problem zu entgehen, werden negative Gefühle, die nicht im Körper empfunden werden und somit nicht *interozeptiv* sind, in dieser Arbeit nicht als Schmerzen verstanden. Vielmehr wird die These vertreten, dass sich Schmerzen grundsätzlich dadurch auszeichnen, dass sie im Körper empfunden werden und somit *Interozeptionen* sind. Schmerzen haben, wie ich weiter unten noch ausführlich darlegen werde, einen repräsentationalen Gehalt. Sie repräsentieren den Zustand eines Körperteiles oder einer Körperregion und werden deswegen so empfunden als wären sie in dem schmerzenden Körperteil.[2] Dies bedeutet allerdings nicht, wie noch deutlich werden wird, dass sie in diesen Körperregionen verortet werden können.

Die soeben aufgestellte Theorie, dass Gefühle, die beispielsweise mit Trauer, Angst oder Verzweiflung einhergehen, keine Schmerzen sind, wird häufig vorschnell abgelehnt. Zwei Einwände werden gewöhnlich hervorgebracht:

Erstens wird häufig betont, dass es doch auch Fälle gibt, in denen jemand unfähig ist, den Schmerz genau im Körper zu verorten, beispielsweise dann, wenn er sich einfach nur krank oder schlecht fühlt. Deswegen sei es falsch anzunehmen, Schmerzen würden immer im Körper empfunden beziehungsweise so, als wären sie in diesem. Dieser Einwand hält einer Prüfung jedoch nicht stand: Es kann durchaus sein, dass sich jemand schlecht, schwach und krank fühlt, ohne angeben zu können, wo genau es weh tut. Aber ein solcher Zustand muss auch nicht zwangsläufig mit Schmerzen einhergehen. Solche Verwendungsweisen zeigen, dass der Begriff „Schmerz" häufig vorschnell mit dem Begriff „Krankheit" in Verbindung gebracht beziehungsweise dass *Schmerzen haben* oft mit *krank sein* gleichgesetzt wird. *Schmerzen haben* und *krank sein* kann, muss aber nicht zusammenfallen. Jemand kann krank sein, ohne Schmerzen zu empfinden und umgekehrt kann jemand auch Schmerzen empfinden, ohne krank zu sein. So ist einerseits jemand, in dessen Leber ein Tumor wächst, krank, er muss aber deswegen nicht unbedingt Schmerzen empfinden; im Gegenteil: Tumore lösen in der Regel erst dann Schmerzen aus, wenn sie das sie umgebende Gewebe verdrängen. Andererseits ist jemand, der Schmerzen empfindet, infolgedessen noch lange nicht krank; ein Sportler beispielsweise empfindet vermutlich Schmerzen in den Knochen und Gelenken, nachdem er einen Marathon gelaufen ist. Deswegen ist er aber keineswegs krank. Dass sich jemand schlecht oder krank fühlen kann, ohne dabei einen Ort des Schmerzes angeben zu können, ist für die oben aufgestellte Theorie folglich unproblematisch. Die Zustände *Schmerzen haben* und *krank sein*, so sei noch einmal betont, dürfen nicht verwechselt werden.[3]

---

[2] Vgl. hierzu Kapitel III.6.

[3] Die Debatte über den Begriff „Krankheit" kann im Rahmen dieser Arbeit nicht dargestellt werden. Verwiesen sei auf die Dissertation zum Krankheitsbegriff von Dirk

Zweitens wird im Rahmen der Kritik an der oben aufgestellten Theorie häufig auf Phantomschmerzen verwiesen. Diese, so der Einwand, werden zwar so empfunden, als wären sie in einem Körperteil. Das entsprechende Körperteil gibt es aber nicht mehr. ‚Inwiefern kann der Schmerz dann im Körper sein?', so die kritische Frage. Ob das Körperteil, in welchem der Schmerz empfunden wird, noch existiert oder ob es sich nur um ein Phantomglied handelt, ist für die bislang aufgestellten Kriterien des Schmerzes jedoch vollkommen unerheblich. Charakteristisch für Schmerzen ist, dass sie so empfunden werden, als wären sie irgendwo im Körper. Jemand der Schmerzen in einem Phantomglied empfindet kann genau angeben, wo es weh tut. Er empfindet nicht nur in dem real existierenden Körper, sondern eben auch in dem fehlenden Körperteil. Erstpersonell betrachtet ist das Phantomglied Teil des Körpers. Maßgebend für das Körperverständnis einer Person sollte in dieser Arbeit sein, wie sie selbst ihren Körper erlebt. Empfindet eine Person Schmerzen in einem Phantomglied, so wäre es natürlich falsch ihr diese abzusprechen, nur weil dieses Körperteil nicht mehr existiert; dies sollten die angestellten Überlegungen hinreichend gezeigt haben. Phantomschmerzen stellen kein Problem für die oben skizzierte Theorie dar.

Das bedeutet: Schmerzen werden, aus der Perspektive der schmerzempfindenden Person betrachtet, immer *im Körper* empfunden. Bislang ungeklärt ist, wie genau dieses „in" verstanden werden muss. Diese Frage wird weiter unten noch ausführlich diskutiert. Um Missverständnissen und weiteren kritischen Einwänden vorzubeugen, muss das Verhältnis von Schmerzen und anderen mentalen Zuständen zunächst etwas genauer betrachtet werden. Gewiss können die oben benannten Gefühle das Auftreten von Schmerzen begünstigen und umgekehrt können auch Schmerzen mit Verzweiflung, Wut und anderen negativen Gefühle einhergehen. Schmerzen und andere mentale Zustände stehen also in enger Interaktion. So leiden Personen, bei denen eine Angststörung, eine Depression oder eine posttraumatische Belastungsstörung diagnostiziert wurde, häufig an chronischen Schmerzen, beispielsweise an Kopfschmerzen, Rückenschmerzen oder immer wiederkehrenden Bauchschmerzen. Diese scheinen eindeutig mit der psychischen Erkrankung in Verbindung zu stehen und werden dementsprechend gewöhnlich als *psychosomatisch bedingte Schmerzen* bezeichnet. Umgekehrt treten psychische Störungen nicht selten als Folge chronischer Schmerzen auf. Menschen, die dauerhaft Schmerzen empfinden sind beispielsweise häufig schwer depressiv. Die Frage, wie Schmerzen und andere mentale Zustände im Detail interagieren, kann noch nicht beantwortet werden, wird im Rahmen dieser Arbeit aber untersucht.

„Psychische" oder „seelische" Schmerzen gibt es nicht. Eine plausible Erklärung dafür, dass die Verwendung dieser Termini gleichwohl sehr verbreitet ist, könnte die folgende sein: Menschen, denen etwas Schlimmes widerfährt, beispielsweise der Verlust einer geliebten Person, versuchen ihre Gefühle mit Worten auszudrücken.

Lanzerath; siehe LANZERATH 2000. Vgl. außerdem LANZERATH 1998, 2007; ENGELHARDT 1999; HUCKLENBROICH 2007; SCHRAMME 2000.

Da Schmerzen in der Regel als etwas sehr Negatives oder mit Epikur gesprochen sogar als *das größte Übel*[4] verstanden werden, scheint es angemessen, die erlebten Gefühle als „schmerzhaft" zu bezeichnen. Der Schmerz dient hier also als *Metapher*. Die Redewendungen ‚Es ist so schmerzhaft' oder ‚Es tut so weh' scheinen, genau wie der Ausdruck „psychischer Schmerz" beziehungsweise „seelischer Schmerz", geeignet, um die negative Gefühlslage verbalisieren zu können. Schmerzen und andere negative mentale Zustände können mit großem Leid für den Betroffenen einhergehen. Deswegen werden die Begrifflichkeiten häufig vermischt. Ähnlich formulieren dies auch Maxwell R. Bennett und Peter M.S. Hacker, auf deren Thesen ich im Kapitel über Schmerz und Sprache (III.4.) noch einmal näher eingehen werde. Sie schreiben:

> „Es ist kein Zufall, dass wir von körperlichem Schmerz sprechen (weil er einen Ort im Körper hat) und ihn von geistigem Leiden unterscheiden. Das geistige Leiden ist jedoch kein brennender oder bohrender Schmerz im Geist – so etwas gibt es nicht. Es handelt sich bei ihm vielmehr um Angst oder Trauer, Demütigungsgefühle oder den Verlust des Respekts vor sich selbst […]."[5]

Wie Bennett und Hacker es bereits andeuten, kommt dem Begriff des *Leides* in diesem Kontext große Bedeutung zu. Schmerzen und andere Gefühle können in gleichem Maße Leid erzeugen. Jemand kann leiden, weil er Schmerzen empfindet und jemand kann leiden, weil er Liebeskummer hat. Hier besteht also die Gemeinsamkeit zwischen Schmerzen und Gefühlen: Beide müssen als Anwendungsfälle des Leides verstanden werden.[6]

Mit der hier skizzierten Problematik, das heißt mit der Frage, ob Schmerz in körperlichen und psychisch erlebten aufgegliedert werden kann, hat sich auch David B. Morris beschäftigt. Er spricht von einem Mythos der zwei Schmerzen und schreibt:

> „Wir leben in einer Zeit, in der viele Menschen die unreflektierte Grundvorstellung haben, daß Schmerzen in zwei Arten auftreten: physisch und psychisch. Diese beiden Arten sind nach dem Mythos so verschieden wie Land und Meer. Bei einem gebrochenen Arm empfindet man physischen Schmerz; ein gebrochenes Herz erzeugt psychischen Schmerz. Zwischen diesen beiden Ereignissen scheint sich eine unüberwindliche Kluft aufzutun."[7]

---

4 Epikur *Brief an Menoikeus*, 128. Siehe dazu auch weiter unten Kapitel III.3.

5 BENNETT / HACKER 2010, 115.

6 Für weitere Ausführungen über das Verhältnis von Schmerz und Leid siehe Kapitel III.3.3.

7 MORRIS 1996, 19.

Morris vertritt die These, dass die Rede von psychischem Schmerz, beispielsweise von dem Schmerz der Trauer, zwar sinnvoll ist, dass die beiden Komponenten (physisch und psychisch) letztlich aber doch derart miteinander verbunden sind, dass sie nicht getrennt voneinander behandelt werden können.[8] Morris zufolge gibt es gute Gründe anzunehmen, dass der Schmerz stets eine „Interaktion von Körper und Geist“[9] beinhaltet. Psychischer Schmerz geht seiner Meinung nach immer mit körperlichem Schmerz einher, weshalb eine Differenzierung in zwei Arten des Schmerzes sinnlos sei. Gleiches gelte für den Begriff „Krankheit“. So schreibt er:

> „Nach der gegenwärtigen Forschung innerhalb und außerhalb des medizinischen Bereiches erscheint die starre Teilung in physische und psychische Erkrankungen als ein gigantischer kultureller Irrtum, vergleichbar vielleicht der Vorstellung von der Erde als Scheibe.“[10]

Dass die Bezeichnungen „psychischer Schmerz“ und „physischer Schmerz“ völlig aus unserem Sprachschatz verschwinden werden, hält er für wünschenswert, aber illusorisch.[11] Dies ist in der Tat unwahrscheinlich, allerdings auch nur bedingt notwendig. Solange die Begriffe „psychischer“ und „seelischer“ Schmerz nur als Metaphern gebraucht werden, ist die Verwendungsweise unproblematisch. Nicht in Vergessenheit geraten sollte allerdings, dass die damit angesprochenen Gefühle keine Schmerzen sind. Schmerzen werden nicht körperlich *oder* mental erlebt, sondern stellen stets ein Produkt der Interaktion physischer und psychischer Ereignisse und Zustände dar. Einen rein körperlichen Schmerz gibt es ebenso wenig wie einen rein psychischen.

Gezeigt wurde, dass Schmerzen immer irgendwo im Körper empfunden werden und dass zudem eine enge Verbindung zwischen Schmerzen und anderen mentalen Zuständen besteht. Dies ist jedoch bei weitem noch keine ausreichende Definition. Auch die historische Problemhinführung konnte eine solche nicht liefern.[12] Im *Wörterbuch der philosophischen Begriffe* wird „Schmerz“ beschrieben als eine „qualitativ bestimmte mit Unlust verbundene Empfindung, in welche jede Empfindung übergeht, sobald sie eine bestimmte Stärke erreicht“[13]. Jeder Schmerz, so heißt es dort, ist zunächst körperlich und kann aus der Gemeinempfindung oder aus der einzelnen Sinnesempfindung hervorgehen. Besonders interessant ist der Gedanke, dass jede Empfindung in Schmerzen übergehen kann. Fraglich ist allerdings, ob dies wirklich für alle Empfindungen oder zumindest für alle Interozeptionen zutreffend ist. Die Erfahrung zeigt, dass Kälte- und Wärmeempfindungen, ebenso wie der Juckreiz,

---

8 Siehe MORRIS 1996, 20 ff.

9 MORRIS 1996, 45.

10 MORRIS 1996, 23.

11 Siehe MORRIS 1996, 44.

12 Siehe oben Kapitel II.

13 REGENBOGEN / MEYER 1997, Begriff „Schmerz“.

durchaus schmerzhaft sein können, wenn sie an Intensität zunehmen und ein bestimmtes Maß überschreiten. Auch Hunger und Durst können schmerzhaft sein, wenn sie beispielsweise zu Bauchschmerzen oder Halsschmerzen führen. Hierbei muss allerdings beachtet werden, dass das Verlangen danach, dass eine Empfindung nachlässt, noch kein Indiz für das Vorliegen einer Schmerzempfindung ist. Erst wenn der Hunger so groß ist, dass sich der Magen zusammenkrampft und erst dann, wenn der Durst so stark ist, dass der Hals brennt und pocht, werden Schmerzen empfunden. Das Verlangen danach, unbedingt etwas essen oder trinken zu wollen, ist noch kein schmerzhaftes Erlebnis, egal wie unangenehm dieses Bedürfnis ist. Gleiches gilt für Geschmacks- und Geruchsempfindungen. Ein Lebensmittel kann so sauer oder so scharf sein, dass jemand Schmerzen im Mund, im Hals oder im Bauch empfindet. Besonders unangenehme Gerüche, die häufig als beißend, stechend oder brennend beschrieben werden, können Schmerzen in der Nase, im Kopf oder im Magen hervorrufen. Deutlich wird folglich, dass die meisten Empfindungen tatsächlich in Schmerzen übergehen, wenn sie an Intensität zunehmen. Die im *Wörterbuch der philosophischen Begriffe* vorgeschlagene Umschreibung hilft also durchaus weiter. Sie stellt aber keine vollständige Phänomenbeschreibung dar und kann wohl kaum abschließend erklären, was Schmerzen nun eigentlich sind.

Die wohl bekannteste und meist zitierte Schmerzdefinition wurde von der *International Association for the Study of Pain* (IASP)[14] im Jahr 1986 formuliert. Sie ist mittlerweile weltweit bekannt. Die IASP definiert Schmerz als unangenehmes Sinnes- und Gefühlserlebnis, das mit aktueller oder potenzieller Gewebeschädigung einhergehen kann oder mit Begriffen einer solchen Schädigung umschrieben wird:

> „Pain: An unpleasant sensory and emotional experience associated with actual or potential tissue damage, or described in terms of such damage."[15]

Ergänzt wird die Definition durch die folgenden Bemerkungen:

> „Note: Pain is always subjective. Each individual learns the application of the word through experiences related to injury in early life […] Experiences which resemble pain, e.g., pricking, but are not unpleasant, should not be called pain. Unpleasant abnormal experiences (dysaesthesia) may also be pain but are not

[14] Die IASP wurde im Jahr 1973 in den USA gegründet. Mittlerweile zählt sie über 6.500 Mitglieder in 126 Ländern. Für weitere Informationen über Geschichte, Aktivitäten und Veröffentlichungen der IASP siehe die offizielle Website der Vereinigung: URL http://www.iasp-pain.org/ [27. Mai 2011]. Als deutsche Sektion der IASP wurde im Jahr 1975 die *Deutsche Gesellschaft zum Studium des Schmerzes e.V.* (DGSS) gegründet. Hauptziele der DGSS sind die Förderung der Schmerzforschung in Deutschland und die Verbesserung der schmerztherapeutischen Versorgung. Für weitere Informationen über die DGSS siehe: URL http://www.dgss.org/ [27. Mai 2011].

[15] IASP 1986, 250.

> necessarily so because, subjectively, they may not have the usual sensory qualities of pain. Many people report pain in the absence of tissue damage or any likely pathological cause; usually this happens for psychological reasons. There is no way to distinguish their experience from that due to tissue damage if we take the subjective report. If they regard their experience as pain and if they report it in the same ways as pain caused by tissue damage, it should be accepted as pain. This definition avoids tying pain to the stimulus. Activity induced in the nociceptor and nociceptive pathways by anoxious stimulus is not pain, which is always a psychological state, even so we may well appreciate that pain most often has a proximate cause."[16]

Die IASP greift viele wichtige Charakteristika, die Schmerzempfindungen auszeichnen, auf. Die Feststellung, dass Schmerzen mit einer Schädigung verknüpft sein können, aber nicht sein müssen, ist für ein umfassendes Schmerzverständnis essentiell; so können chronische Schmerzen häufig mit keiner physiologischen Schädigung in Verbindung gebracht werden. Schmerzempfindungen sind, wie es in der Definition der IASP bereits anklingt, unkorrigierbar. Wenn jemand überzeugt ist, Schmerzen zu haben, dann hat er diese auch. Interessant ist ferner, dass Schmerzen hier nicht als Empfindungen, sondern als unangenehme Sinnes- und Gefühlserlebnisse definiert werden. Dies wird an anderer Stelle näher in den Blick genommen.[17] Dass Schmerzen immer als unangenehm empfunden werden, ist vermutlich korrekt, bedarf aber einer ausführlichen Erläuterung. Erklärt werden muss vor allem, dass es Menschen gibt, die sich selbst Schmerzen zufügen und dabei von einem angenehmen Erlebnis berichten. Untersucht wird dieser Sachverhalt weiter unten im Kapitel III.3.3 (Können Schmerzen *angenehm* sein?). Deutlich geworden ist, dass die Definition der IASP viele wichtige Charakteristika, die den phänomenalen Gehalt von Schmerzempfindungen kennzeichnen, aufgreift. Deutlich geworden ist aber auch, dass viele der benannten Kriterien im Laufe der Untersuchung genauer analysiert werden müssen, weil sie jeweils einer ausführlichen Erklärung bedürfen.

Aufschlussreich für eine Phänomenbeschreibung könnte eine etymologische Herangehensweise sein. Alle Sprachen der Welt enthalten eine Vielzahl von Begriffen, mit denen Schmerzerlebnisse artikuliert werden können. Wenden wir uns hier spezifisch der deutschen Sprache und damit dem Wort „Schmerz" zu: Etymologisch ist das Wort Schmerz, so erklärt es Jakob Tanner, vom Stamm *Smerd* abgeleitet, was „aufreiben", „zerreiben", „zerdrücken" oder „zermalmen" bedeute.[18] Im deutschen Sprachraum taucht das Wort *smerza*, so führt er weiter aus, erstmals in der *Evangelienharmonie Otfrieds* auf. Darauf verweist auch Fabian Overlach in seinem Buch über die

---

[16] IASP 1986, 250. Die von der IASP angeführten Charakteristika des Schmerzes werden im Kapitel III.3. noch genauer analysiert.

[17] Siehe weiter unten in diesem Kapitel.

[18] Vgl. TANNER 2007, 56.

Sprache des Schmerzes – Sprechen über Schmerzen.[19] In einem Kapitel über die Etymologie von Schmerzausdrücken stellt Overlach zudem „Schmerz“ und „Weh“ beziehungsweise „schmerzen“ und „weh tun“ als primäre Schmerzausdrücke der deutschen Sprache dar, wobei „weh tun“ häufiger für nicht körperliche Empfindungen verwendet werde als „schmerzen“.[20] Er versucht unterschiedliche Ausdrücke, mit denen Schmerzen beschrieben werden, sinnvoll zu kategorisieren und beschäftigt sich deswegen mit Studien zu diesem Thema, die in der Medizin, der Psychologie, der Neurologie und der Linguistik durchgeführt worden sind.[21] Overlach skizziert verschiedene Ansätze, in denen eine sprachliche beziehungsweise grammatikalische Kategorisierung von Schmerzausdrücken versucht wird. Solche Ansätze können im Rahmen dieser Arbeit nicht explizit betrachtet werden, denn schließlich wird eine philosophische und keine linguistische Untersuchung vollzogen.

Termini, die in Verbindung mit dem Begriff „Schmerz“ gebraucht werden

Um das Schmerzphänomen untersuchen zu können, muss nicht nur die Verwendungsweise des Begriffes „Schmerz“ selbst, sondern auch die der Termini, die in Verbindung mit ihm sehr häufig gebraucht werden, festgelegt werden.[22] Die folgenden vier Begriffe werden im Zusammenhang mit dem Schmerzphänomen immer wieder verwendet und bedürfen daher einer genaueren Betrachtung:[23]

(1) Wahrnehmung

(2) Empfindung

(3) Gefühl

(4) Erlebnis

Alle vier Begriffe treten entweder gemeinsam mit dem Schmerz als substantivische Verbindung auf oder ergänzen ihn in Form eines Verbs. So sprechen wir von der *Schmerzwahrnehmung*, der *Schmerzempfindung*, dem *Schmerzgefühl* und dem *Schmerzerlebnis* oder wir äußern, dass wir Schmerzen *wahrnehmen*, *empfinden*, *fühlen* oder *erleben*. Zur Frage steht nun, wann welcher dieser Begriffe verwendet werden darf beziehungs-

---

[19] OVERLACH 2008, 12.

[20] Vgl. OVERLACH 2008, 15. Für weitere Informationen über die Etymologie des Begriffes „Schmerz“ siehe die Studie von Walter Hoffmann aus dem Jahre 1956. In dieser Studie untersucht Hoffmann, welche Worte bei der Charakterisierung von Schmerzerlebnissen in unterschiedlichen Regionen verwendet werden; HOFFMANN 1956. Auch Tanner und Overlach beziehen sich auf diese Studie; siehe TANNER 2007 und OVERLACH 2008.

[21] Vgl. OVERLACH 2008, 17 sowie die Studie von FÁBREGA / TYMA 1976.

[22] Ich beziehe mich hier nur auf die deutsche Sprache. Gleiches gilt aber letztlich für andere Sprachen.

[23] Die folgenden Begriffsbestimmungen sind im Rahmen dieser Arbeit sinnvoll, können gleichwohl keinen Anspruch auf Allgemeingültigkeit erheben.

weise welche Verwendungsweisen richtig und welche falsch sind. Die Termini „Wahrnehmung" und „Empfindung" beziehungsweise „wahrnehmen" und „empfinden" scheinen auf einen ersten Blick synonym gebraucht werden zu können, müssen aber doch differenziert betrachtet werden.

Zu (1): Wahrnehmung
Wahrnehmungen sind, so die in der Philosophie gängige Auffassung, mentale Zustände, die einen *intentionalen* oder auch *repräsentationalen* Gehalt haben, der sich auf eine außerhalb des Körpers liegende Entität richtet. Wahrnehmungen repräsentieren etwas, sie haben grundsätzlich einen spezifischen, von außen kommenden Gehalt beziehungsweise Inhalt. So bezieht sich eine Rotwahrnehmung auf die Röte eines Gegenstandes und eine Geruchswahrnehmung bezieht sich auf einen bestimmten, von außen kommenden Geruch. Ob sinnvoll von einer *Schmerzwahrnehmung* beziehungsweise von einem *wahrgenommenen Schmerz* gesprochen werden kann, hängt nun wesentlich davon ab, inwiefern Schmerzen als intentionale beziehungsweise repräsentationale Zustände verstanden werden. Ich werde dieser Frage im Kapitel III.6. über die Lokalisation von Schmerzempfindungen nachgehen. Bis dahin werde ich versuchen den Begriff „Schmerzwahrnehmung" weitestgehend zu vermeiden.[24]

Zu (2): Empfindung
Empfindungen sind durch eine bestimmte Empfindungsqualität gekennzeichnet, denn es fühlt sich grundsätzlich auf eine bestimmte Art und Weise an, sie zu haben. Auch Wahrnehmungen haben einen solchen spezifischen phänomenalen Gehalt. Empfindungen und Wahrnehmungen unterscheiden sich dadurch, dass erstere im Gegensatz zu letzteren Zustände des eigenen Körpers repräsentieren. Während sich Wahrnehmungen, wie soeben skizziert wurde, auf außerhalb des Körpers liegende Entitäten richten, beispielsweise auf das visuell wahrgenommene Objekt, repräsentieren Empfindungen den Zustand des eigenen Körpers, beispielsweise Hunger, Durst, Wärme oder Kälte.[25] Schmerzen sind, dies wurde bereits an unterschiedlichen Stellen dargelegt, definitiv Empfindungen. Schmerzempfindungen zeichnen sich durch eine bestimmte Intensität und durch ihre Form des Auftretens aus. So kann ein Schmerz als stark oder schwach, als ziehend, brennend, bohrend oder stechend empfunden werden. Kennzeichnend für Schmerzen ist aber doch, dass sie so empfunden werden als wären sie im Körper.

---

[24] Verwendet wird der Begriff allerdings dann, wenn die Gedanken und Theorien anderer Autoren wiedergegeben werden, die ihn gebrauchen. Die Diskussion über die Intentionalität von Schmerzempfindungen wird auch in das Kapitel über Schmerz und Sprache einfließen; vgl. Kapitel III.4.

[25] Empfindungen und auch Wahrnehmungen können entweder dadurch erzeugt werden, dass sensorische Reize über das Rückenmark an das Gehirn weitergeleitet werden. Sie können aber auch ausschließlich mit neuralen Prozessen in Verbindung stehen. Mehr dazu findet sich in Kapitel III.2.

Schmerzempfindungen werden häufig auch mit dem Begriff „spüren" ausgedrückt. Beispielsweise: ‚Ich spüre einen brennenden Schmerz in meinem linken Oberschenkel' oder ‚Ich spüre ein schmerzendes Kratzen im Hals'. ‚Etwas spüren' kann, in diesem Zusammenhang, mit ‚etwas empfinden' synonym gebraucht werden.

Für diese Untersuchung von besonderer Bedeutung ist die Frage, ob ein Wesen auch unbewusste Empfindungen haben kann.[26] Maßgeblich für die Beantwortung dieser Frage ist, welche Form von Bewusstsein zugrunde gelegt wird. Unbewusste Schmerzempfindungen kann es, so die in dieser Arbeit vertretene These, nicht geben. Dargelegt und erläutert wird diese Theorie im Kapitel III.5. (Schmerz und Bewusstsein). Die Verwendung des Begriffes „Schmerzempfindung" ist in jedem Fall sinnvoll und wird in dieser Untersuchung breite Anwendung finden.

Zu (3): Gefühl

Im Gegensatz zu der „Schmerzempfindung" ist das „Schmerzgefühl", genau wie die „Schmerzwahrnehmung", ein Begriff, für den es erst zu klären gilt, ob er sinnvoll verwendet werden kann. Schmerzen können, wie oben dargelegt, zwar Gefühle auslösen und beinhalten grundsätzlich eine Gefühlskomponente, treten aber grundsätzlich in Form von Empfindungen auf. Die Frage, ob Schmerzen Gefühle oder Empfindungen oder ein Produkt aus beidem sind, wird und wurde immer wieder in der Philosophie diskutiert. Vor allem in der Phänomenologie wurden heftige Debatten darüber geführt, ob Schmerzen nicht vielmehr ausschließlich Empfindungen und eben keine Gefühle sind.[27] Im alltäglichen Sprachgebrauch wird der Begriff „Gefühl" häufig synonym mit „Empfindung" gebraucht. So *fühlt* sich ein Gegenstand hart, weich oder glatt an oder jemand beschreibt ein unangenehmes Gefühl auf der Zunge.[28] Wilhelm Wundt hat darauf hingewiesen, dass diese begriffliche Unklarheit durch die Etablierung des Begriffes „Gefühlssinn" beziehungsweise „Gefühlsempfindung" zustande gekommen sei.[29] Geprägt wurden diese Begriffe vor allem von Carl Stumpf.[30] „Gefühlsempfindungen" versteht er, in Anlehnung an seinen Lehrer Franz Brentano, nicht als Empfindungen von Gefühlen, sondern als Empfindungen, die in nahen Beziehungen zu Gefühlen stehen. Stumpf entwickelt aufbauend auf diesen Annahmen den Begriff „Gefühlssinn", was die Problematik allerdings nicht auflösen kann: Schmerzen können durch Gefühle und Gefühle können durch Schmerzen verursacht werden, aber die Rede von einem Schmerzgefühl ist ebenso wie die Wortschöpfung „Gefühlsempfindung", so möchte ich in Anlehnung an meine oben dargelegte Theorie behaupten, sinnlos. Ich werde den Begriff „Schmerzgefühl" in dieser Arbeit vermeiden. Verwendung findet im Rah-

[26] Siehe Kapitel III.5.
[27] Siehe hierzu vor allem GRÜNY 2004.
[28] Vgl. SAUERBRUCH / WENKE 1961, 98 ff.
[29] Vgl. WUNDT 1913.
[30] Siehe STUMPF 1928, 57 und 68.

men dieser Untersuchung allerdings die Redeweise ‚Der Schmerz fühlt sich auf eine bestimmte Art und Weise an‘, denn eben dadurch wird der subjektive Charakter der Schmerzempfindung zum Ausdruck gebracht. Dieser ist als Bestandteil der Schmerzempfindung zu verstehen. Ob und inwiefern ein epistemischer Zugang zu dem subjektiven Charakter der Schmerzempfindung möglich ist, wird im Kapitel III.4. (Schmerz und Sprache) ausführlich diskutiert.

Zu (4): Erlebnis
Das Schmerzerlebnis, um nun den letzten der vier Begriffe einzuordnen, reicht weiter als die Schmerzempfindung.[31] Das Erlebnis schließt die Empfindung in sich ein, weshalb die Empfindung als eine Konstituente des Erlebnisses betrachtet werden kann. Der Begriff „Schmerzerlebnis“ ist aus semantischer Perspektive höchst sinnvoll und für diese Untersuchung sehr wichtig. Gelegentlich ist auch die Rede von der „Schmerzerfahrung“, dieser Begriff kann gleichbedeutend mit „Schmerzerlebnis“ gebraucht werden. Das Schmerzerlebnis muss als die Bewertung der Schmerzempfindung verstanden werden, wobei Erinnerungen (zum Beispiel ‚Diesen Schmerz habe ich schon einmal erlebt, er wird ewig andauern und immer schlimmer werden!‘), Persönlichkeitseigenschaften (zum Beispiel die Eigenschaft optimistisch oder pessimistisch veranlagt zu sein), aber auch die aktuelle Situation und Zukunftspläne (‚Wenn der Schmerz andauert, dann werde ich [...]‘) einfließen. Je nach Situation, Stimmung, Persönlichkeitseigenschaften oder anderen individuellen Merkmalen werden unterschiedliche Personen oder auch ein und dasselbe Individuum zu unterschiedlichen Zeitpunkten, eine Schmerzempfindung anders erleben. Das Schmerzerlebnis schließt die Schmerzempfindung und somit auch den subjektiven Gefühlscharakter ein.

Die Verwendung des Begriffes „Schmerzgefühl“ ist zwar intuitiv plausibel, in Anlehnung an die oben aufgestellte Theorie, aber problematisch. Ob Gleiches für den Terminus „Schmerzwahrnehmung“ gilt, muss im Rahmen dieser Arbeit noch untersucht werden. Die Verwendung der Begriffe „Schmerzempfindung“ und „Schmerzerleben“ hingegen ist korrekt. Die Unterscheidung zwischen letzteren beiden genannten Begriffen ist für die in dieser Arbeit zu entwickelnden Thesen essentiell und wird im Kapitel IV. (Die anthropologische Bedeutung des Schmerzphänomens) noch eine wichtige Rolle einnehmen.

***

Die semantische Analyse des Begriffes „Schmerz“ beziehungsweise der Begriffe, die häufig im Zusammenhang mit eben diesem Begriff verwendet werden, hat insge-

[31] Die Unterscheidung zwischen *Schmerzempfindung* und *Schmerzerlebnis* wird weiter unten noch eine wichtige Rolle spielen; siehe hierzu Kapitel IV.1. Ich vertrete die These, dass Menschen und Tiere zwar gleichermaßen Schmerzen *empfinden* können, dass sie sich in ihrem Schmerz*erleben* aber doch stark unterscheiden.

samt zu folgendem Ergebnis geführt: Schmerzen werden, aus der Perspektive der schmerzempfindenden Person betrachtet, immer irgendwo im Körper empfunden. Obwohl sich Schmerzempfindungen grundsätzlich durch eine spezifische Gefühlskomponente auszeichnen, ist die in Alltagssprachen verbreitete Verwendungsweise „psychischer Schmerz" beziehungsweise „mentaler Schmerz" aus semantischer Perspektive defizitär. Mentale Zustände, die sehr negativ erlebt werden, aber nicht im Körper lokalisiert werden können, beispielsweise Gefühle, die mit Trauer, Verlust oder Verzweiflung einhergehen, sind keine Schmerzen, denn ansonsten müssten wohl alle negativen Gefühle als mehr oder weniger schmerzhaft klassifiziert werden. Herausgearbeitet werden konnte ferner bereits ansatzweise die besondere Bedeutung des Begriffs des *Leides*: Schmerzen und andere negative mentale Zustände können gleichermaßen dazu führen, dass eine Person leidet. Zudem stehen Schmerzen und die skizzierten Gefühle in einem engen Verhältnis: Schmerzen können andere mentale Zustände und mentale Zustände können Schmerzen verursachen, wobei letztere gewöhnlich als *psychosomatisch bedingte Schmerzen* verstanden werden. Dargestellt werden konnte außerdem, dass es Definitionsversuche des Phänomens gibt, die gute Anhaltspunkte für eine Phänomenbeschreibung beinhalten. Im Folgenden wird nun aus medizinischer und neurowissenschaftlicher Perspektive in den Begriff „Schmerz" eingeführt.

2. Schmerz aus medizinischer und neurowissenschaftlicher Perspektive

Eine philosophische Untersuchung über den Schmerz kann nur dann sinnvoll erfolgen, wenn der medizinische und neurowissenschaftliche Stand zum Thema vorab skizziert wird. Im Folgenden wird daher zunächst dargestellt, welche Schmerzarten in der Medizin differenziert und welche Ursachen diesen jeweils zugeschrieben werden (2.1 Schmerzarten und -ursachen). Im Zentrum stehen die Nozizeptoren, das Rückenmark und die neurale Schmerzverarbeitung ebenso wie die Mechanismen, die der Chronifizierung von Schmerzen und dem Phantomschmerz zugrunde liegen. Wie nun schon an unterschiedlichen Stellen betont, fließen die Ergebnisse neurowissenschaftlicher Studien zum Schmerz in diese philosophische Arbeit ein, weil davon ausgegangen wird, dass das Gehirn die zentrale Rolle bei der Schmerzentstehung und -verarbeitung einnimmt. Um die Ergebnisse aktueller neurowissenschaftlicher Untersuchungen zum Schmerz angemessen reflektieren zu können, wird deswegen anschließend relativ ausführlich in die Grundlagen der funktionellen Bildgebung eingeführt (2.2 Neurale Korrelate von Schmerzempfindungen). Nur so kann eine umfassende Betrachtungsweise ermöglicht und eine solide Untersuchung durchgeführt werden. Abschließend werden zwei dieser Studien etwas genauer betrachtet.

2.1 Schmerzarten und -ursachen

Unterschieden werden muss in erster Linie zwischen *akuten* und *chronischen Schmerzen*. Akut sind Schmerzen dann, wenn sie unmittelbar als Folge einer Schädigung auftreten. Beispiele hierfür sind Schmerzempfindungen, die mit einer Entzündung, einer Prellung, einem Knochenbruch oder der Verletzung innerer Organe einhergehen. Akute Schmerzen treten zeitlich begrenzt auf. Wie zu Beginn der Untersuchung mit Verweis auf Descartes bereits angedeutet wurde, können akute Schmerzen durchaus sinnvoll sein, nämlich dann, wenn sie eine Warn- oder Belehrungsfunktion haben.[32] Menschen, die an einer *kongenitalen Analgesie* leiden und infolgedessen keine Schmerzen empfinden können, verdeutlichen dies sehr gut. Sie haben eine sehr niedrige Lebenserwartung, weil dem Grunde nach harmlose Verletzungen oder Erkrankungen häufig unentdeckt bleiben und so zum Tode führen können.

Eine solche Schutzfunktion erfüllen chronische Schmerzen im Gegensatz dazu nicht. Akute Schmerzen werden zu chronischen Schmerzen, wenn sie mindestens drei bis sechs Monate andauern.[33] Begleitsymptome chronischer Schmerzen können Schlafstörungen, Appetitmangel, gesteigerte Reizbarkeit, depressive Verstimmungen und auch starke Einschränkungen im Alltag, im Beruf und in der Freizeitgestaltung sein. In Deutschland leiden nach Einschätzung von Fachgesellschaften etwa 15 Millionen Menschen an chronischen oder immer wiederkehrenden Schmerzen.[34] Die chronischen Verläufe nehmen mit dem Alter zu: Von den 40- bis 60-Jährigen klagen 22,3% über andauernde Schmerzen. Bei den 75-Jährigen sind es bereits 47,1%.[35] Zu den häufigsten Schmerzformen, die chronisch auftreten zählen Rückenschmerzen, Muskelschmerzen, Gelenkschmerzen, Kopfschmerzen und Tumorschmerzen. Chronische Schmerzen gehen nicht nur mit großem Leid und erheblichen Einschränkungen für die Betroffenen einher, sie verursachen auch enorme volkswirtschaftliche Kosten. Die damit verbundenen Probleme werden im Kapitel V. (Die Begutachtung von Schmerzen) ausführlich erörtert.

Die Mechanismen, die der Chronifizierung von Schmerzen zugrunde liegen, waren lange Zeit unbekannt. Im Zuge des neurowissenschaftlichen Fortschritts konnten in den letzten beiden Jahrzehnten jedoch viele neue Kenntnisse auf diesem Gebiet gewonnen werden. So ist gegenwärtig allgemein bekannt, dass chronische Schmerzen nicht nur als Folge eines arthritischen Gelenkes oder einer schwer behandelbaren Krankheit, sondern auch in Verbindung mit so genannten *neuropathischen Schmerzen* auftreten können. Gezeigt werden konnte außerdem, dass ein *Schmerzgedächtnis* der Auslöser chronischer Schmerzen, zu denen auch Phantom-

---

[32] Siehe Kapitel I. und II. Vgl. auch Kapitel IV.3.

[33] Vgl. TÖLLE / FLOR 2006, 578; BUNDESMINISTERIUM FÜR BILDUNG UND FORSCHUNG 2001, 2.

[34] Siehe DEUTSCHE SCHMERZLIGA e.V. URL http://www.schmerzliga.de/dsl/ [07. Juni 2011].

[35] Siehe URL http://www.forum-schmerz.de/zahlen.html [01. Februar 2011].

schmerzen zählen, sein kann. Bevor wir uns den neuropathischen Schmerzen sowie dem Schmerzgedächtnis etwas genauer zuwenden, wird zunächst kurz dargestellt, warum Schädigungen der Haut, der Knochen, des Gewebes oder auch der inneren Organe in der Regel mit Schmerzen einhergehen. Erläutert wird beispielsweise, warum jemand normalerweise Schmerzen empfindet, wenn er mit einer heißen Herdplatte in Berührung kommt. Oft werden solche Schmerzen als *nozizeptive Schmerzen* bezeichnet, weil sie durch die Weiterleitung potenziell schmerzhafter Reize von den Nozizeptoren über das Rückenmark zum Gehirn verursacht werden.

Nozizeptive Schmerzen

Nozizeptive Schmerzempfindungen werden durch die Erregung von Nozizeptoren in der Peripherie initiiert und kommen durch die Verarbeitung dieses peripheren Inputs im Nervensystem zustande. Nozizeptive Schmerzen können, wie bereits skizziert, sowohl akut als auch chronisch auftreten. Typische Beispiele für Schädigungen, die mit nozizeptiven chronischen Schmerzen einhergehen, sind Arthrosen und andere Gelenkerkrankungen, chronische Entzündungen der inneren Organe sowie Schädigungen in der Rücken-, Kopf- oder Nackenmuskulatur. Nozizeptive Schmerzen treten in zwei Phasen auf, welche in der Medizin als *erster Schmerz* und *zweiter Schmerz* bezeichnet werden. Wird die Haut, beispielsweise durch einen spitzen Gegenstand, verletzt, so wird zunächst ein stechender Schmerz ausgelöst (erster Schmerz). Später schließlich stellt sich ein eher dumpfer und länger andauernder Schmerz ein (zweiter Schmerz). Unterschieden wird bei den nozizeptiven Schmerzen außerdem zwischen *somatischen* und *viszeralen.*[36] Der viszerale Schmerz wird von den Nozizeptoren der inneren Organe (Magen, Darm, Lunge etc.) ausgelöst. Der somatische Schmerz hingegen von Nozizeptoren, die sich auf der Haut, den Gelenken, den Muskeln oder dem Bindegewebe befinden.[37]

Diese Aufteilung in unterschiedliche Arten nozizeptiver Schmerzen lässt bereits erkennen, dass sich Nozizeptoren in großer Zahl im menschlichen Körper befinden. Häufig werden Nozizeptoren als „Schmerzrezeptoren" bezeichnet. Dies ist nicht unbedingt falsch, aus medizinischer Perspektive allerdings auch nicht ganz korrekt, weil eine solche Klassifizierung ihre Funktion zu undifferenziert beschreibt. Zwar nehmen die Nozizeptoren den potenziell schmerzhaften Reiz auf und leiten ihn

[36] Vgl. SCHMIDT / SCHAIBLE 2006.

[37] Somatischer Schmerz kann sehr viele Ursachen haben und wird noch einmal unterteilt in „Oberflächenschmerz" und „Tiefenschmerz". Der Oberflächenschmerz wird durch Nozizeptoren der Haut verursacht, der Tiefenschmerz durch Nozizeptoren der Gelenke, der Muskeln und des Bindegewebes. Dass Oberflächenschmerz im Gegensatz zu Tiefenschmerz in der Regel als gut lokalisierbar beschrieben wird, ist bei der Beantwortung der Frage, ob Schmerzen in dem schmerzenden Körperteil verortet werden können, wichtig. Erörtert wird diese Frage in Kapitel III.6.

weiter, eine Schmerzempfindung wird aber erst durch die neurale Verarbeitung der eingehenden Reize erzeugt.[38]

Ein Nozizeptor besteht aus einem Zellkörper, von dem ein Axon ausgeht, das sich in zwei Zweige teilt. Der eine Zweig läuft in den so genannten *sensorischen Endigungen* aus. Mit diesen freien Nervenendigungen können die Nozizeptoren mechanische, aber auch thermische Reize registrieren und in Aktionspotenziale umwandeln.[39] Die sensorischen Endigungen der Nozizeptoren liegen in der Haut, in den Gelenken, in den Muskeln und in bestimmten inneren Organen, beispielsweise im Magen und im Darm. Der andere Zweig des Axons führt zum Rückenmark.[40] Das nozizeptive Signal wird über dünn ummantelte *Aa-Fasern* und so genannte *C-Fasern* zum Rückenmark weitergeleitet. Dort wird schließlich der Neurotransmitter *Glutamat* ausgeschüttet, was dazu führt, dass Aktionspotenziale in Richtung Gehirn gesendet werden. Das Rückenmark dient also als Schaltstelle: Es leitet die von den Nozizeptoren kommenden Signale an das Gehirn weiter. Wichtig ist, dass der nozizeptive Schmerz, genau wie jeder andere Schmerz, erst durch die neurale Verarbeitung dieses Signals zustande kommt. Findet keine Weiterleitung statt, weil beispielsweise eine Blockade des Reizes durch Analgetika oder Narkotika bewirkt wird, so entsteht kein Schmerz.[41]

Neuropathische Schmerzen

Als neuropathische Schmerzen werden solche bezeichnet, die nicht mit einer Gewebeschädigung, sondern mit einer Schädigung der Nerven selbst einhergehen.[42] Die IASP definiert neuropathische Schmerzen als Schmerzen, die auf einer Läsion oder Dysfunktion des Nervensystems beruhen.[43] Zu einer solchen Dysfunktion führen können beispielsweise Verletzungen (zum Beispiel Nervendurchtrennungen, langanhaltender Luftdruck), die Einnahme giftiger Substanzen (dazu zählt auch übermäßiger Alkoholkonsum), Stoffwechselstörungen (zum Beispiel *Diabetes mellitus*) oder auch Virusinfektionen (zum Beispiel eine Gürtelrose). Neuropathische Schmerzen werden häufig als messerscharf oder brennend beschrieben, wobei der Schmerz einschießend, kurz und attackenförmig oder aber auch dumpf und andauernd auftreten kann. Zu den häufigsten neuropathisch verursachten chronischen Schmerzsyndromen zählen die diabetische Polyneuropathie, die Post-Zoster Neural-

[38] Vgl. NOPPER 2003, 3.

[39] Vgl. SCHMIDT / SCHAIBLE 2006.

[40] Nozizeptoren können nicht nur auf äußere, sondern auch auf innere Reize reagieren. So modifizieren sie ihre Eigenschaften, wenn sich das benachbarte Gewebe verändert; beispielsweise erhöht eine Entzündung die Empfindlichkeit der umliegenden Nozizeptoren für Schmerzreize.

[41] Wie genau diese ankommenden Reize neural verarbeitet werden, wird weiter unten noch ausführlich erklärt.

[42] Vgl. NIX 2003.

[43] Siehe IASP 1986.

gie, neuropathische Rückenschmerzen sowie die Trigeminusneuralgie. Bei der diabetischen Polyneuropathie werden durch Zuckerabbauprodukte im Blut die Nerven geschädigt, was zu Schmerzen, vor allem in den Beinen und Füßen, führen kann. Die Post-Zoster Neuralgie tritt häufig nach einer Gürtelrose oder nach einer Gesichtsrose (*Herpes zoster* genannt) als lokal begrenzter, aber dauerhafter Schmerz auf. Neuropathische Rückenschmerzen entstehen, wenn Nervenfasern des Rückenmarks geschädigt sind, beispielsweise nach einem Bandscheibenvorfall. Die Trigeminusneuralgie ist eine Krankheit, die nur relativ selten auftritt. Verantwortlich für den Schmerz ist die Schädigung des fünften Hirnnervs – der so genannte N. trigeminus –, der für die Berührungsempfindung im Gesicht verantwortlich ist. Menschen, die an dieser Krankheit leiden, empfinden immer wieder heftige Schmerzattacken im Gesicht, die Minuten oder auch Stunden andauern können und häufig von Tränenfluss, Gesichtsschweiß, Rötung der Haut und schmerzhaftem Zucken der betroffenen Gesichtsmuskulatur begleitet sind.

Die Behandlung neuropathischer Schmerzen ist kompliziert.[44] Zunächst wird versucht, die Grunderkrankung zu therapieren, zum Beispiel durch eine optimale Blutzuckereinstellung bei Patienten mit Diabetes melitus. Generell sollte die Schmerzbehandlung möglichst früh beginnen, damit kein Schmerzgedächtnis, auf welches im nächsten Abschnitt näher eingegangen wird, entsteht. Klassische Schmerzmedikamente, beispielsweise Aspirin oder Paracetamol, sind für die Behandlung neuropathischer Schmerzen ungeeignet. Sinnvoll ist vielmehr der Einsatz von Präparaten, die auch für die Behandlung epileptischer Anfälle, so genannte *Antileptika*, eingesetzt werden. Dies liegt daran, dass es bei neuropathischen Schmerzen, genau wie bei epileptischen Anfällen, zu einer Übererregung von Nervenzellen kommt. Die Antileptika stabilisieren die Nervenzellen und bewirken, dass sie weniger Signale aussenden.

Das Schmerzgedächtnis

Chronische Schmerzen werden, wie oben bereits angedeutet, häufig mit einem so genannten *Schmerzgedächtnis* in Verbindung gebracht. In den letzten Jahren konnten immer wieder neue Kenntnisse darüber zusammengetragen werden, wie genau ein solches Schmerzgedächtnis entsteht.[45] Angenommen wird, dass wiederholt auftretende Schmerzen mit Veränderungen im Gehirn einhergehen, die zur Folge haben

---

[44] Vgl. NIX 2003.

[45] Im Juli 2012 veröffentlichte eine Forschergruppe aus Chicago das Ergebnis einer Studie, in der sie die neuralen Mechanismen, die der Chronifizierung von Rückenschmerzen zugrunde liegen erforschten. 39 Probanden, die seit 4 bis 16 Wochen an akuten Rückenschmerzen litten wurden innerhalb eines Jahres vier Mal mit der fMRT untersucht. Von den 39 Probanden klagten 19 über anhaltende, d. h. chronische Rückenschmerzen. Als neurales Korrelat der Chronifizierung identifizierte die Forschergruppe den Rückgang der grauen Hirnsubstanz; siehe BALIKI / BODGAN / TORBEY et al. 2012. Vgl. auch KRZOVSKA 2009.

können, dass eine Person dauerhaft Schmerzen empfindet, obwohl die ursächliche Schädigung längst beseitigt wurde. Empfindet eine Person Schmerzen, dann wird, wie oben ausgeführt, über die *Aa-Fasern* und *C-Fasern* Glutamat in großen Mengen im Rückenmark freigesetzt. Dies kann Veränderungen im Nervensystem bewirken, beispielsweise kann es zu einem ausgeprägten Anstieg von Calcium in den Hinterhornneuronen kommen, was zu anhaltenden Veränderungen der Zelleigenschaften führen kann. Dies wiederum hat zur Folge, dass es insbesondere an Zellen im Rückenmark zu zellulären Umbauprozessen kommen kann.

Die genauen neuralen Mechanismen, die der Chronifizierung von Schmerzen zugrunde liegen, lassen sich noch nicht umfassend beschreiben. Einzelbefunde zeigen, dass Nervenzellen empfindlicher reagieren, dass in einigen Zellen die graue Nervenzellmasse schrumpft und dass sich im somatosensorischen Kortex die den Körperteilen zugeordneten Areale verschieben. Patienten, bei denen sich bereits ein Schmerzgedächtnis manifestiert hat, sind nur schwer therapierbar, denn keines der verfügbaren beziehungsweise zugelassenen Analgetika ist in der Lage, ein solches Gedächtnis buchstäblich wieder zu löschen. Sandkühler erklärt dies mit „zellulären Signaltransduktionswege[n], die der zentralen Sensibilisierung zugrunde liegen" und die „sich durch die Aktivierung von Opioidrezeptoren offenbar nicht mehr umkehren"[46] lassen.

Die Verschiebung kortikaler Areale wird auch als Ursache für Phantomschmerzen in Folge einer Amputation angenommen. Phantomschmerzen werden verstanden als Schmerzen in einem amputierten Körperteil. Melzack beschreibt den Phantomschmerz als „eines der schrecklichsten und zugleich faszinierendsten aller klinischen Schmerzsyndrome"[47]. Fast alle Menschen, denen ein Körperteil amputiert wurde, berichten von Wahrnehmungen in einem Phantomglied, 50 bis 80% berichten von Schmerzen.[48] Lange Zeit wurde eine Irritation durchtrennter Nerven als Ursache für Phantomschmerzen angenommen. Sie wurden also als neuropathische Schmerzen klassifiziert. Therapien, die auf dieser Theorie basierten, beispielsweise chirurgische Eingriffe am Stumpf selbst, mit dem Ziel die entzün-

---

[46] SANDKÜHLER 2001, A2729. Interessant ist die Frage, ob es ein solches Schmerzgedächtnis auch bei anderen Lebewesen gibt. Dafür sprechen die Ergebnisse einer tierexperimentellen Studie, die von Eric Kandel durchgeführt wurde. Er fand heraus, dass die Meeresschnecke Aplysia Mechanismen für die Entwicklung eines Kurzzeit- und Langzeitgedächtnisses für Schmerzempfindungen aufweist. Die Aplysia wählte er als Versuchstier für seine Untersuchungen über Gedächtnisleistungen, weil ihr Nervensystem mit nur 20.000 Neuronen relativ einfach und übersichtlich ist – das menschliche Gehirn enthält mehr als 100 Milliarden Neuronen. Die Neuronen der Aplysia sind zudem deutlich größer als die anderer Wesen, sodass elektrische Messungen wesentlich einfacher durchgeführt werden können; vgl. die Ausführungen von HEUER 2009, der sich auf die Kandel-Studie bezieht.

[47] MELZACK 1978, 46.

[48] Vgl. FLOR et al. 2006.

deten Teile des Nervs zu entfernen, waren jedoch kaum erfolgreich. Anfang der 1990er Jahre konnte mit Hilfe von Experimenten an Affen gezeigt werden, dass nach einer Amputation eine Reorganisation im Gehirn stattfindet. Nach der Amputation eines Fingers beispielsweise, wird die Hirnregion, die zuvor mit der Wahrnehmung und Steuerung dieses Fingers in Verbindung stand, neu besetzt. Nervenimpulse aus benachbarten Gebieten „wandern" in das Areal. Da Phantomschmerzen häufig den Schmerzen ähneln, die vor der Amputation im amputierten Körperteil empfunden wurden, wird angenommen, dass sich diese zuvor empfundenen Schmerzen auf die kortikale Reorganisation und den Phantomschmerz auswirken.[49]

Eine mittlerweile bewehrte Behandlungsmethode von Phantomschmerzen ist die so genannte *Spiegeltherapie*. Dabei wird ein Spiegel so platziert, dass es für den Betroffenen so aussieht, als sei das gespiegelte, gesunde Körperglied das amputierte. Dieser optische Eindruck setzt bestimmte neurale Prozesse in Gang: Die Hirnregion, die ursprünglich mit dem amputierten Körperteil in Verbindung stand, hört auf, die nicht mehr vorhandenen Eingangssignale aus den Nerven der betroffenen Extremität durch Schmerz zu ersetzen. Diese Methode funktioniert auch bei Schlaganfall-Patienten, die unter Lähmungen oder Wahrnehmungsstörungen leiden.

Die Rolle des Gehirns bei der Schmerzentstehung und -verarbeitung

Wie gezeigt werden konnte, entstehen Schmerzen entweder dann, wenn ein Reiz von den Nozizeptoren über das Rückenmark zum Gehirn weitergeleitet wird oder aber sie werden ausschließlich auf neuraler Ebene erzeugt. Nicht in Vergessenheit geraten darf, dass das Gehirn in beiden Fällen die zentrale Rolle einnimmt. Im Laufe der letzten Jahrzehnte konnte das Wissen darüber, wie genau diese, mit Schmerzempfindungen korrelierenden, neuralen Verarbeitungsprozesse aussehen, stetig vergrößert werden. Die Vorstellungen darüber, wie Schmerzen im menschlichen Gehirn entstehen und verarbeitet werden, basierten lange Zeit ausschließlich auf postmortalen Untersuchungen an Menschen.[50] Wesentlich neue Erkenntnisse auf dem Gebiet der Schmerzforschung konnten schließlich durch die Entwicklung funktionell bildgebender Verfahren erzielt werden.[51] Fragen, die die neurale Verarbeitung von Schmerzempfindungen betreffen, wurden und werden mit der funktionellen Magnetresonanztomographie (fMRT) und der Positronenemissionstomographie (PET), gelegentlich auch mit elektroenzephalographischen Mappingverfahren (EEG) und der Magnetenzephalographie (MEG), untersucht.

---

[49] Vgl. FLOR et al. 2006.

[50] Vgl. TÖLLE / FLOR 2006, 588.

[51] Eine detaillierte Darstellung der Grundlagen, Anwendungsbereiche, wichtigsten Erkenntnisse und jüngsten Entwicklungen der funktionellen Bildgebung in der Schmerzforschung findet sich in SOMBORSKI / BINGEL 2010. Siehe auch VALET / SPRENGER / TÖLLE 2010.

Der Einsatz der funktionellen Bildgebung hat zunächst gezeigt, dass es eine Art neurales Schmerzzentrum, wie es lange Zeit postuliert wurde, nicht gibt. Im Gegensatz zu der Sprachverarbeitung beispielsweise, die mit neuraler Aktivität in einer spezifischen Hirnregion, dem Sprachzentrum, in Verbindung steht, korrelieren Schmerzempfindungen mit Aktivitätsmustern in vielen verschiedenen Hirnregionen, die häufig als die so genannte „Schmerzmatrix" zusammengefasst werden. Bei der Schmerzverarbeitung sind vor allem das Mittelhirn, thalamische, limbische und kortikale Strukturen beteiligt.[52] Das Schmerzsignal wird zunächst an den Hirnstamm und von dort zum Thalamus geleitet. Der Thalamus fungiert als eine Art Filter oder Schaltstation. Er verteilt das Schmerzsignal an verschiedene Areale im Gehirn – an die Insula, den präfrontalen Kortex, den anterioren cingulären Kortex, den somatosensorischen Kortex und das limbische System.[53] Den unterschiedlichen Hirnregionen werden dabei in der Regel spezifische Funktionen zugesprochen: Die Insula steuert die Intensität des Schmerzerlebnisses von schwach bis stark. Im präfrontalen Kortex werden mit dem Schmerz verknüpfte Erwartungen und Überlegungen erzeugt, wodurch beispielsweise die Freisetzung körpereigener Opioide und damit das schmerzhemmende System aktiviert werden kann.[54] Der anteriore cinguläre Kortex steuert die Aufmerksamkeit, die dem Schmerz gewidmet wird. Der somatosensorische Kortex verortet den Schmerz und unterscheidet, ob eine Körperstelle eher brennt, sticht oder drückt, so erklären es Freye und Kollegen.[55] Aktivität im limbischen System wird laut Nopper und Kollegen mit der affektiv-emotionalen Bewertung des Schmerzes in Verbindung gebracht.[56]

Nach Melzack und Casey kann die Schmerzempfindung auf Grundlage dieser neuralen Mechanismen in mehrere Komponenten unterschieden werden:[57] Erstens die *sensorisch-diskriminative-Komponente*, welche für die Lokalisation von schmerzhaften Stimuli sowie die Intensitäts- und Qualitätsdiskrimination verantwortlich ist. Zweitens die *affektiv-motivationale-Komponente*, die für die Evaluation von Schmerzempfindungen und emotionalen Reaktionen auf Schmerzreize von entscheidender Bedeutung ist. Diese beiden Komponenten wiederum werden von einer dritten übergeordneten *kognitiv-evaluativen-Schmerzkomponente* moduliert, die an der schmerzbezogenen Aufmerksamkeit beteiligt ist. Der aktuell empfundene Schmerz wird auf Grundlage der im Kurz- und Langzeitgedächtnis gespeicherten Schmerzerfahrungen bewertet. Melzack und Casey weisen auch darauf hin, dass ein Schmerzerlebnis sehr stark durch emotionale und kognitive Faktoren wie Ängste, Erwartungen, Überzeugungen oder auch soziokulturelle Einflüsse bestimmt werden kann.[58]

---

[52] Vgl. TÖLLE / FLOR 2006, 589.

[53] Vgl. NOPPER 2003, 4.

[54] Vgl. FREYE 2009.

[55] Vgl. FREYE 2009.

[56] Vgl. NOPPER 2003, 5.

[57] Vgl. MELZACK / CASEY 1968.

[58] Vgl. Kapitel IV.1.

Die hier zusammengetragenen Vermutungen über die spezifischen Funktionen der einzelnen Hirnregionen beruhen größtenteils auf Untersuchungen mit der funktionellen Bildgebung. Vermutlich werden gerade in diesem Feld in den nächsten Jahrzehnten weitere eindrucksvolle Ergebnisse, nicht nur über den Aufbau, sondern auch über die Funktionsweise des menschlichen Gehirns, erzielt, wodurch voraussichtlich auch die Entstehung und Verarbeitung von Schmerzzuständen zunehmend besser verstanden werden wird. Untersucht werden muss aber, wie aussagekräftig die Ergebnisse von fMRT- und PET-Studien sind. Um dies angemessen reflektieren zu können, wird nun relativ ausführlich in die Grundlagen solcher Verfahren eingeführt. Darauf aufbauend werden zwei Studien, die mit der funktionellen Bildgebung zum Schmerzempfinden durchgeführt worden sind, beispielhaft skizziert.

2.2 Neurale Korrelate von Schmerzempfindungen

Mit bildgebenden Verfahren können die neuralen Mechanismen von lebenden Personen untersucht werden, ohne operativ in ihren Körper eingreifen zu müssen.[59] Es gibt unterschiedliche bildgebende Verfahren, welche alle auf dem Prinzip beruhen, dass aus gemessenen Daten mittels aufwändiger Berechnungen Bilder konstruiert werden. Die Bezeichnung „bildgebende Verfahren" ist etwas irreführend, denn schließlich handelt es sich bei den Aufnahmen nicht um „Bilder" im klassischen Sinne, sondern eigentlich nur um ein aus unterschiedlichen technischen Werten zusammengesetztes Konstrukt. Grob differenziert werden kann zwischen radiologischen, nuklearmedizinischen sowie kernspintomographischen Methoden zur Visualisierung des Körperinneren. Zu den radiologischen Methoden zählt beispielsweise die Computertomographie (CT), bei der die unterschiedliche Durchlässigkeit der Gewebearten für Röntgenstrahlen genutzt wird. Ein Beispiel für eine nuklearmedizinische Methode ist die PET, bei der es erforderlich ist, dass die zu untersuchende Person ein kurzlebiges Radionuklid, auch Tracer genannt, aufnimmt. Dies kann per Inhalation oder Injektion geschehen. Zu den kernspintomographischen Methoden zählt die Magnetresonanztomographie (MRT), beziehungsweise ihre Weiterentwicklung, die fMRT. Mittels bildgebender Verfahren ist es möglich, sowohl den Aufbau als auch die Funktionsweise des menschlichen Gehirns zu untersuchen. Methoden, mit deren Hilfe die Anatomie des Körperinneren dargestellt werden können, wie die CT oder die MRT, werden normalerweise im klinischen Bereich zur Abklärung bei Verdacht auf Tumore, Blutungen, Sehnen- oder Gewebeverletzungen eingesetzt. Funktionelle bildgebende Verfahren, die außerdem Aufschluss über Stoffwechselvorgänge im Gehirn geben, werden vor allem zu For-

---

[59] Die Informationen über die Grundlagen der funktionellen Bildgebung wurden basierend auf den folgenden einführenden Werken zusammengetragen: JÄNCKE 2005; SCHANDRY 2003; WALTER 2005; WETZKE / BEHRENS 2007.

schungszwecken eingesetzt. Neurowissenschaftliche Studien zum Thema Schmerz werden fast ausschließlich mit der fMRT, gelegentlich auch mit der PET, durchgeführt. Generell gilt die fMRT zum jetzigen Zeitpunkt als die Methode, mit welcher die Arbeitsweise des Gehirns am genauesten und am sichersten untersucht werden kann.[60] Die fMRT zeichnet sich gegenüber anderen funktionellen bildgebenden Verfahren, wie beispielsweise der PET oder der Single-Photon-Emissions-Computertomographie (SPECT), durch eine wesentlich bessere räumliche und zeitliche Auflösung, aber auch durch ihre Nicht-Invasivität[61] aus. Dies ist für Studien mit gesunden Probanden relevant, da sich diese für fMRT-Studien schneller finden lassen, wenn die Untersuchung für sie kein Risiko birgt. Im Folgenden wird hauptsächlich in die der fMRT zugrunde liegenden physikalischen und physiologischen Grundannahmen und in das Verfahren selbst eingeführt. Das Verfahren der PET hingegen wird nur knapp dargestellt.

Die funktionelle Magnetresonanztomographie (fMRT)

Die fMRT kann als eine Weiterentwicklung der MRT verstanden werden: Beide Messansätze nutzen den Kernspin und finden im Magnetresonanztomographen statt. Der Unterschied zwischen den beiden Verfahren liegt darin, dass die fMRT im Gegensatz zu der MRT nicht nur eine Momentaufnahme bestimmter Hirnstrukturen darstellt, sondern auch die neurale Aktivität erfasst. Bei der MRT liegt die zu untersuchende Person einfach nur im Tomographen. Bei der fMRT hingegen muss der Proband in bestimmten Perioden zusätzlich Aufgaben ausführen, wie zum Beispiel Bilder oder Wörter ansehen, einen Finger bewegen oder auch an etwas bestimmtes denken. Die fMRT stellt letztlich eine Aufeinanderfolge wechselnder Perioden der Ruhe und Phasen, innerhalb derer bestimmte Aufgaben ausgeführt werden, dar.

Bei der Untersuchung in einem Magnetresonanztomographen wird die zu untersuchende Person in ein starkes Magnetfeld gebracht und elektromagnetischen Wellen ausgesetzt. Die magnetischen Eigenschaften des Gewebes führen zu einem Echo, welches außerhalb des Kopfes empfangen werden kann und aus dem sich schließlich dreidimensionale Bilder des Gehirns konstruieren lassen. Die im Magnetresonanztomographen fest installierte zylinderförmige Spule erzeugt ein

[60] Vgl. beispielsweise ILLES et al. 2006, 150 f.

[61] Als „nicht-invasiv" werden in der Medizin diejenigen Methoden bezeichnet, mittels derer nicht in den Körper eingegriffen wird. Typische invasive Methoden sind, im Gegensatz dazu, Operationen oder auch der Einsatz von radioaktiven Substanzen. Dass die fMRT keinerlei Nebenwirkungen beziehungsweise Risiken für den Probanden / Patienten birgt, ist allerdings nicht unstrittig. So wird gelegentlich behauptet, dass nicht ausgeschlossen werden könne, dass die enorme magnetische Stärke, welcher der Proband / Patient ausgesetzt wird, schädlich sei.

Magnetfeld[62] von 1,5 bis 9,4 Tesla[63] – wobei 1 Tesla etwa die 25.000fache Stärke des Erdmagnetfeldes ausmacht. Damit dieser hohe Wert erreicht werden kann, muss durch die Spule ein Strom von 400 Ampere fließen. Kupferleitungen würden bei der Temperatur, die eine solche Stromstärke hervorruft, schmelzen. Deswegen werden supraleitende Materialien verwendet, die sich mittels flüssigen Heliums auf eine Temperatur von 4,2 Kelvin abkühlen lassen.[64]

Während die Aufnahme erstellt wird liegt die zu untersuchende Person im Magnetresonanztomographen, der Kopf befindet sich in einer mobilen Spule, der so genannten Kopfspule, welche einerseits die erregenden Impulse im Radiofrequenzbereich sendet und andererseits das elektromagnetische Echo empfängt. Das Magnetfeld muss den gesamten Körper des Probanden umschließen. Vor der Untersuchung im Magnetresonanztomographen müssen alle Gegenstände, die vom Magneten angezogen werden könnten, entfernt werden.[65] Von einem im Nebenraum installierten Terminal kann der Tomograph mittels eines Rechners bedient werden, zudem können dort die dreidimensionalen Bilder konstruiert werden.

Die Grundbausteine der Materie sind Atome sowie die aus Atomen aufgebauten Moleküle. Atome bestehen aus einem Atomkern und einer Elektronenhülle. Alle Atomkerne mit einer ungeraden Anzahl von Protonen haben ein magnetisches Moment, das aufgrund des kreiselähnlichen Eigendrehimpulses der Protonen, dem so genannten *Kernspin*, zustande kommt. Im Normalzustand sind diese magnetischen Felder der Protonen im menschlichen Körper zufällig ausgerichtet. Dadurch neutralisieren sie sich gegenseitig und das Gewebe weist deswegen keine messbaren magnetischen Eigenschaften auf.

Von besonderer Bedeutung für die fMRT ist das *Wasserstoffion*, da es in gebundener Form sehr häufig im Körper vorkommt.[66] Der Atomkern des Wasserstoffions besteht aus einem einzigen Proton und einem Neutron. Wichtig für die MRT beziehungsweise fMRT ist, dass die magnetischen Eigenschaften der Protonen nicht vollständig unabhängig von den Atomen in der Umgebung sind, also etwa davon, in

---

62 Wichtig ist, dass man hier ein *Gradientenfeld* nutzt, dessen Notwendigkeit weiter unten noch genauer erklärt wird.

63 Ein 9,4 Tesla-Gerät ist bislang nur im *Forschungszentrum Jülich* im Einsatz. Die Bau- und Arbeitsweise dieses Gerätes wird weiter unten noch näher beschrieben.

64 Vgl. WALTER 2005.

65 Aufgrund bestimmter körperlicher Eigenschaften, wenn eine Person beispielsweise metallische Implantate im oder am Körper trägt, dazu zählen auch metallhaltige Tätowierungen, bestimmte Arten von permanent Make-up und Herzschrittmacher, besteht für manche Personen beziehungsweise Personengruppen nicht die Möglichkeit, sich in einem MRT untersuchen zu lassen; vgl. SPRANGER 2007, 166.

66 Vgl. WETZKE 2007, 12 ff. Ähnliche physikalische Effekte können auch für andere Elemente mit ungerader Ladungszahl gefunden werden, der wichtigste in der Kernspintomographie genutzte Kern ist aber der des Wasserstoffions.

welcher Molekülstruktur oder in welchem Kristallgitter sie sich befinden.[67] Wenn es gelingt, die magnetischen Eigenschaften von Protonen genau zu identifizieren, dann kann so auch Aufschluss über die Art der umgebenden Moleküle gewonnen werden.

Die Magnetresonanztomographie wird in mehreren Schritten durchgeführt: Zunächst wird der Proband dem starken Magnetfeld ausgesetzt, wodurch die magnetischen Dipole der Protonen, welche zuvor beliebige Raumrichtungen einnahmen, parallel zu den Feldlinien des äußeren Magneten ausgerichtet werden – je stärker das äußere Magnetfeld, umso mehr *Protonenspins* richten sich parallel aus. Die dann entstehenden Spins erfolgen mit einer charakteristischen Frequenz – der *Lamorfrequenz*. Diese Frequenz verhält sich proportional zu der Feldstärke des äußeren Magneten und bestimmt, wie schnell sich ein Proton dreht.[68] Die Spins beruhigen sich wieder und streben einen stabilen Zustand an, in dem alle Spins mehr oder weniger entlang der magnetischen Achse ausgerichtet sind. In einem nächsten Schritt werden nun zusätzlich hochfrequente elektromagnetische Wellen eingestrahlt, deren Frequenz der Eigenrotation der Protonen entspricht, der so genannten *Lamorfrequenz*.[69] Infolgedessen werden die magnetischen Dipole der Kerne gekippt und in eine kreiselnde Bewegung um die Richtung des externen Feldes gebracht. Würde die hochfrequente elektromagnetische Welle nicht der Lamorfrequenz entsprechen, so könnten die Protonen nicht angeregt und folglich nicht aus ihrer Ausrichtung, entlang der Feldlinien des äußeren Magneten, gebracht werden. Werden dann, in einem dritten Schritt, die elektromagnetischen Wellen wieder abgeschaltet, so kippen die Protonen nach und nach und unter Abgabe von Energie, wieder in ihre Ausgangslage parallel zum äußeren Magnetfeld zurück. Diese *Relaxationssignale* können nun von Hochfrequenzdetektoren aufgefangen werden. Gemessen wird dabei die Zeit zwischen Abschalten des Hochfrequenzfeldes und Auftreten der Relaxationssignale, dabei unterscheidet man zwischen den Zeiten T_1 und T_2:[70]

- Die Zeit T_1 (Spin-Gitter-Relaxationszeit) macht eine Aussage über die Dauer, bis alle Protonen sich wieder parallel zum äußeren Magnetfeld ausgerichtet haben.
- Die Relaxationszeit T_2 (Spin-Spin-Relaxationszeit) bezieht sich auf die Geschwindigkeit, mit der die Drehbewegung um das äußere Magnetfeld, nach Abschalten des Hochfrequenzfeldes wieder zerfällt; gemessen wird also die Zeit, bis die kreiselnde Bewegung nachlässt.

Mit Hilfe der Zeiten T_1 und T_2 können Aussagen über die Umgebung der Protonen getroffen werden. Beispielsweise kann festgestellt werden, ob die Protonen von Fett, Myelin oder Cerebrospinalflüssigkeit umgeben sind, da sie sich in verschiedenen chemischen Umfeldern unterschiedlich schnell wieder dem Hauptmagnetfeld

[67] Vgl. SCHANDRY 2003, 581 ff.
[68] Vgl. JÄNCKE 2005, 24 ff.
[69] Vgl. WALTER 2005.
[70] Vgl. WALTER 2005.

entsprechend ausrichten. Aussagen werden hier auf der Grundlage empirischer Werte gemacht. Eine bestimmte Zeit T_1 und eine bestimmte Zeit T_2 verweisen erfahrungsgemäß auf eine entsprechende Umgebung x.

Mittels der MRT können also zunächst unterschiedliche Gewebetypen und -zustände auf der Grundlage ihres elektromagnetischen Echos identifiziert werden. Um die Konstruktion der dreidimensionalen Bilder zu ermöglichen, müssen zusätzlich die Ursprungsorte der verschiedenen Anteile des empfangenen elektromagnetischen Echos unterscheidbar gemacht werden.[71] In einem einheitlichen Magnetfeld könnten keine räumlichen Informationen gewonnen werden, da lediglich ein Mittelwert für die Resonanzsignale aller Spins errechnet würde. Um die Relaxationssignale der einzelnen Schichten räumlich zuordnen zu können, nutzt man so genannte Gradientenfelder[72], welche über das Hauptmagnetfeld gelegt werden.[73] Übertragen auf die MRT beziehungsweise fMRT bedeutet dies, dass ein magnetischer Feldgradient als eine Änderung des Magnetfeldes in einer bestimmten Richtung aufzufassen ist – das Hauptmagnetfeld ist beispielsweise am Kinn schwächer als an der Kopfspitze.[74] Jede Schicht liegt aufgrund der Gradienten in einem Magnetfeld mit unterschiedlicher Magnetfeldstärke und weist deshalb auch unterschiedliche Lamorfrequenzen auf, das heißt eine hochfrequente elektrische Welle mit einer bestimmten Frequenz bringt nur die Protonen der Schicht zum Kippen, die dieselbe Frequenz aufweisen. Bei der Untersuchung im Magnetresonanztomographen werden die Protonen jeder einzelnen Schicht nacheinander, in aufeinander folgenden Messsequenzen, zum Kippen gebracht. Dazu müssen elektromagnetische Wellen mit unterschiedlichen Frequenzen eingestrahlt werden. Nachdem Resonanzsignale aus allen Schichten durch Einstrahlung der unterschiedlichen Lamorfrequenzen gemessen wurden, kann jede dieser Schichten als zweidimensionales Bild zusammengesetzt werden.

Werden diese Daten zusammengerechnet, dann entsteht ein gitterförmiger Würfel, von dem alle einzelnen Punkte bekannt sind und von dem aus schließlich dreidimensionale Bilder in beliebigen Raumrichtungen konstruiert werden können. So lässt sich auf der Basis höchst komplexer Rechenoperationen eine räumliche Abbildung der unterschiedlichen Gewebeschichten gewinnen. Die dreidimensionalen Bilder werden gleichwohl nicht, wie man vermuten könnte, dadurch erzeugt, dass verschiedene Regionen unterschiedlich starke Signale senden. Rechengrundlage für die Konstruktion der Bilder sind vielmehr die Abklingzeiten des Signals, dargestellt durch die Relaxationszeiten T_1 und T_2, welche auf die Umgebung der Protonen schließen lassen.

Zwar beruhen die MRT und ihre Erweiterung die fMRT auf selbigen physikalischen Grundannahmen und werden auch in dem gleichen Gerät durchgeführt,

---

[71] Vgl. WALTER 2005.

[72] Unter einem „Gradienten" ist die Zunahme einer physikalischen Größe zu verstehen.

[73] Vgl. WETZKE 2007, 12 f.

[74] Vgl. JÄNCKE 2005, 37 ff.

letztlich gibt es bei den beiden Verfahren aber doch einen großen technischen Unterschied: Bei der MRT werden, wie dargestellt, die magnetischen Eigenschaften der Wasserstoffionen beobachtet. Bei der fMRT werden zusätzlich Messungen auf Grundlage der unterschiedlichen magnetischen Eigenschaften von sauerstoffarmem und sauerstoffreichem Hämoglobin durchgeführt. Es müssen daher auch noch die der fMRT zugrunde liegenden spezifischen physiologischen Grundlagen genauer betrachtet werden.[75]

Je mehr neurale Aktivität in einem Bereich des Gehirns stattfindet, desto mehr Energie wird benötigt. Die Neuronen werden über das Blut mit chemischer Energie in Form von Sauerstoff und Glukose versorgt. Sauerstoff ist im Blut an Hämoglobin gebunden. Dieser eisenhaltige, rote Blutfarbstoff transportiert den Sauerstoff, mit dem der Körper versorgt werden muss. Unterschieden wird zwischen sauerstoffreichem Hämoglobin, dem *Oxyhämoglobin* und sauerstoffarmen Hämoglobin, dem *Desoxyhämoglobin.* Hämoglobin besitzt, je nach Sauerstoffgehalt, unterschiedliche magnetische Eigenschaften, denn mit Sauerstoff beladenes Hämoglobin verhält sich magnetisch anders als unbeladenes. Oxyhämoglobin ist diamagnetisch, Desoxyhämoglobin hingegen ist paramagnetisch, das heißt es verursacht in seinem unmittelbaren Umfeld Magnetfeldinhomogenitäten. Die funktionelle MRT macht sich diese Tatsache zu Nutze, um dynamische Prozesse abzubilden. Seiji Ogawa konnte im Jahr 1990 zeigen, dass sich die magnetischen Eigenschaften des Hämoglobins als BOLD-Signal (Blood Oxygen Level Dependent) kernspintomographisch erfassen lassen.[76] Die BOLD-Messung beruht darauf, dass sich in aktivierten Hirnarealen die Durchblutung mit sauerstoffreichem Hämoglobin so stark erhöht, dass sie den Sauerstoffverbrauch des Gewebes sogar übersteigt – im Verhältnis dazu sinkt die Konzentration des sauerstoffarmen Hämoglobins. Durch die Erhöhung des regionalen Blutflusses während neuraler Aktivität wird folglich mehr Sauerstoff antransportiert als benötigt wird. Infolgedessen nimmt der hemmende Einfluss des Desoxyhämoglobins auf die Relaxationssignale ab und mithin führt das Überangebot von Oxyhämoglobin zu einem Signalanstieg während neuraler Aktivität.

Eine fMRT-Messung besteht aus dem Wechsel von Perioden, in denen entsprechende Hirnareale aktiviert werden (ON-Bedingungen) und so genannten Ruhephasen (OFF-Bedingungen). Die Aktivierung bestimmter Hirnareale kann durch unterschiedliche Parameter erreicht werden. Die Ruhephase, in welcher der Proband keine Aufgabe zu bewältigen hat, dient als Kontrollbedingung. Die Signaldifferenzen der beiden Messperioden können zu einer Aktivierungskarte des Kortex weiterverarbeitet werden. Die Unterteilung der Untersuchung in Aktivitäts- und Ruhephasen ermöglicht es, Störungen zu eliminieren. Allerdings sind die bei der fMRT gemessenen Effekte oft von Artefakten überlagert. Eine Verbesserung des Signal-Artefakt-Verhältnisses ist wünschenswert, um so die Untersuchungszeit in einem für

[75] Ausführliche Informationen über die BOLD-Messung finden sich in WALTER 2005; JÄNCKE 2005.

[76] Siehe OGAWA et al. 1990.

den Probanden vertretbaren Rahmen halten und valide Messergebnisse erzielen zu können. Als Quelle von Artefakten werden unterschiedliche Faktoren genannt: Neben regionalen Blutverlusten in der Nähe der Schädelhöhlen können auch kleinste Bewegungen des Probanden, beispielsweise durch Schlucken oder Pulsationen, Artefakte verursachen. Daher wird vor der Auswertung der Daten noch eine Bewegungskorrektur derjenigen Bilder durchgeführt, die sich gegenüber einem Referenzbild – oft das erste Bild einer Messreihe – aus ihrer ursprünglichen Position entfernt haben. Ziel ist es, alle Bilder mit dem Referenzbild in Übereinstimmung zu bringen. Durch die Kombination weiterer Untersuchungsparameter lassen sich noch andere Verbesserungen des Signal-Artefakt-Verhältnisses erzielen, auf welche an dieser Stelle allerdings nur hingewiesen sei.

In einem weiteren Schritt müssen die fMRT-Bilder so bearbeitet werden, dass eine anatomische Zuordnung zu den aktivierten Hirnarealen möglich ist. Dazu wird dem fMRT-Bild entweder ein anatomisches MRT-Bild unter- oder dem Gehirn ein spezielles Koordinatensystem zugrunde gelegt.[77] Auf Grundlage solcher Bilder können dann Aussagen über die neurale Aktivität gemacht werden. Unter Einbezug der Untersuchungsparameter (Welche Bilder oder Wörter wurden dem Probanden/Patienten gezeigt?, Welche Situationen sollte er sich vorstellen?, Welches Körperteil sollte er bewegen?, Welchen Reizen wurde er ausgesetzt?, Wurden ihm beispielsweise Schmerzen zugefügt?) wird dann versucht, Korrelationen zwischen neuralen Prozessen und mentalen Zuständen, wie Wahrnehmungen, Empfindungen, Gefühlen und Überzeugungen, auszumachen.

Die Positronenemissionstomographie (PET)

Da Untersuchungen zum Schmerz, wie eingangs erwähnt, nicht nur mit der fMRT, sondern auch mittels der PET durchgeführt werden, sei auch dieses Verfahren, zumindest knapp, dargestellt. Die PET wird, genau wie die fMRT, teilweise zur Abklärung von Verdachtsdiagnosen, häufig aber auch zu Forschungszwecken eingesetzt. Bei der PET wird der Patient beziehungsweise Proband genau wie bei der fMRT in einer so genannten „Röhre" liegend untersucht. Bei diesem bildgebenden Verfahren kommt keine Magnetkraft zum Einsatz. Das Verfahren basiert vielmehr darauf, dass der zu untersuchenden Person eine radioaktive Substanz, ein so genannter Tracer, per Inhalation oder Injektion verabreicht wird. Die PET ist daher grundsätzlich mit größeren Nebenwirkungen verbunden als die fMRT. Über die Blutbahn gelangt die radioaktive Substanz in das Gehirn und reichert sich dort an bestimmten Zellen an; Zuckermoleküle etwa dort, wo erhöhter Energiebedarf besteht, Botenstoffe an den entsprechenden Rezeptoren. Auf Grundlage der Zerfallsprodukte der radioaktiven

[77] Verwiesen sei hier auf das von Talairach und Tournux entwickelte *Normgehirn*, in welches jedes beliebige Gehirn transformiert werden kann; siehe TALAIRACH / TOURNUX 1988. Für weitere Informationen siehe JÄNCKE 2005, 99 ff.; WALTER 2005, 46 ff.; GAZZANIGA et al. 1998, 246 ff.

Substanz können schließlich PET-Bilder konstruiert werden. Beim spontanen Zerfall der radioaktiven Atome entstehen Positronen. Wenn diese auf Elektronen treffen, entsteht ein messbares Signal, welches sich in Form zweier Gamma-Strahlen zeigt. Mittels dieser Informationen kann festgestellt werden, wo der Tracer in molekulare Prozesse involviert war.

Ein bislang einzigartiges Gerät zur Messung neuraler Prozesse wird im *Forschungszentrum Jülich* eingesetzt. Das Gerät stellt eine Kombination aus einem MRT und einer PET dar, wobei der Magnet des MRT eine Feldstärke von 9,4 Tesla aufweist. Während mittels der MRT das Gewebe des Gehirns abgebildet wird, kann durch die gleichzeitige PET-Analyse der Stoffwechsel in den Zellen sichtbar gemacht werden.[78]

Studien zum Schmerz

Es gibt allein in Deutschland eine Vielzahl von medizinisch, neurowissenschaftlich und psychologisch ausgerichteten Instituten, in denen Arbeitsgruppen angesiedelt sind, deren Hauptziel es ist, die neuralen Mechanismen, die der Schmerzentstehung und -verarbeitung zugrunde liegen, besser zu verstehen. Natürlich ist es im Rahmen dieser Arbeit nicht möglich sämtliche Studien zum Schmerz aufzugreifen. Im Folgenden werden deswegen nur die Ergebnisse zweier interessanter Schmerzstudien, die mit der funktionellen Bildgebung durchgeführt wurden, exemplarisch vorgestellt und kritisch reflektiert, ohne dabei beanspruchen zu wollen, das Forschungsfeld abzudecken.[79] Ausgewählt wurden diese beiden Studien, weil sie beispielhaft zeigen, dass mit Hilfe der funktionellen Bildgebung zum einen durchaus Fortschritte auf dem Gebiet der Schmerzforschung erzielt, solche Ergebnisse aber zum anderen auch überinterpretiert werden können.

Hervorzuheben ist zunächst eine von Wissenschaftlern des Universitätsklinikums Hamburg im Jahr 2009 veröffentlichte fMRT-Studie zum Placeboeffekt.[80] Falk Eippert und seine Kollegen untersuchten 19 Probanden mit der fMRT und verfolgten dabei folgenden Versuchsaufbau: Vor der Untersuchung im fMRT wurde den Probanden auf die Innenfläche des einen Unterarmes eine Salbe aufgetragen, die angeblich stark schmerzlindernde Wirkung haben sollte, bei der es sich in Wirklichkeit aber um eine Placebosalbe handelte. Während der Untersuchung im fMRT wurden mit einem Laser Strahlen auf beide Arme der Versuchspersonen induziert, was Hitze und damit potenziell Schmerzempfindungen auslösen kann. Alle Studienteilnehmer unterzogen sich dem Experiment zweimal – beim ersten Durch-

---

[78] Weitere Informationen unter URL http://www.fz-juelich.de/portal/forschung/highlights/9komma4 [28. Mai 2011].

[79] Im Laufe der Untersuchung werden weitere Studien vorgestellt und analysiert; vgl. beispielsweise Kapitel III.3. und Kapitel III.4. Verwiesen sei ferner auf die erst kürzlich veröffentlichte Studie von Justin E. Brown und Kollegen; siehe BROWN et al. 2011.

[80] Siehe EIPPERT et al. 2009.

lauf wurde der linke, beim zweiten Durchlauf der rechte Arm mit der Placebosalbe eingecremt. Die Studienteilnehmer wurden bei beiden Untersuchungen aufgefordert, von ihrem Schmerzerleben zu berichten. Die Analyse der Gespräche zeigte, dass die eigentlich wirkstofffreie Salbe bei etwa der Hälfte der Untersuchungen Auswirkungen auf das Schmerzerleben hatte. An dem Arm, auf welchen die Creme aufgetragen wurde, empfanden fast alle Versuchspersonen weniger Schmerzen. Die Auswertung der fMRT-Daten ergab schließlich, dass der in diesen Studien beobachtete Placeboeffekt mit einer verringerten Nervenzellaktivität im Rückenmark korreliert. Dies wurde von den Forschern als überraschendes Ergebnis präsentiert, denn zuvor war die Annahme verbreitet, dass der Placeboeffekt allein durch die Ausschüttung körpereigener Opioide, vornehmlich Endorphine, im Gehirn zustande kommt.

Zur Frage steht nun, inwieweit solche Ergebnisse für die Entwicklung neuer Therapien zur Schmerzlinderung genutzt werden können. Wenn die Überzeugung, dass eine Behandlung schmerzlindernde Wirkung hat, schon Reaktionen im Rückenmark und nicht erst im Gehirn auslöst, dann müsste es doch sicherlich auch Therapien geben, mit denen eine solche Blockade der Schmerzweiterleitung im Rückenmark erreicht werden kann. Andererseits dürfen die Ergebnisse der Studie nicht überinterpretiert werden: Um solche Therapien entwickeln zu können, werden genaue Informationen darüber benötigt, wie neurale Prozesse und das Rückenmark interagieren. Zudem muss zunächst einmal untersucht werden, welche Auswirkungen der spezifische mentale Zustand, also hier die Überzeugung, dass die Salbe schmerzlindernd ist, auf neurale Prozesse hat. Letztlich stellt sich der Placeboeffekt also doch wieder als sehr rätselhaftes Phänomen dar. Dass schmerzlindernde Reaktionen im Rückenmark und im Gehirn ausgelöst werden können, wenn ein Placebo verabreicht wird, ist eine sehr wichtige Erkenntnis. Die genauen Mechanismen, die dem Placeboeffekt zugrunde liegen, sind aber, gerade mit Blick auf das Schmerzphänomen, nach wie vor weitgehend unbekannt.

Eine andere Studie wurde an der Universität Essen von Nina Theysohn und ihrer Forschergruppe zum Thema *Schmerzlinderung durch Akupunktur* durchgeführt und im Jahr 2010 veröffentlicht.[81] Untersucht wurden die Auswirkungen von Akupunktur auf die neurale Schmerzverarbeitung. 18 gesunden Probanden wurden, während sie sich im Magnetresonanztomographen befanden, über eine Elektrode am linken Knöchel leichte Stromschläge verabreicht. FMRT-Aufnahmen wurden vor und nach der Applizierung des potenziell schmerzhaften Reizes erstellt. Ein Vergleich dieser Aufnahmen zeigt, laut Angaben der Forschergruppe, welche Hirnregionen durch den Schmerzreiz aktiviert werden. Im zweiten Teil der Studie wurden die Probanden akupunktiert und zwar kontralateral, das heißt auf entgegengesetzten Körperseiten, um Auswirkungen von Schmerz und Nadelstichempfindung zu trennen. Punktiert wurde an drei Stellen: zwischen den Zehen, unterhalb des Knies und in der Nähe des Daumens. Die Nadelungen wurden von einem erfahrenen Akupunkteur vorge-

[81] Siehe THEYSOHN et al. 2010.

nommen. Danach wurde eine weitere Untersuchung mit der fMRT durchgeführt, bei der den Probanden elektrischer Strom von der gleichen Stärke appliziert wurde. Die Befragung der Probanden zu ihrem Schmerzempfinden ergab, dass die Akupunktur die Schmerzempfindung auf verschiedenen Stationen signifikant senkte oder modulierte, so Theysohn. Dies spiegele sich auch in den fMRT-Aufnahmen des zweiten Durchlaufes wider. Wenn die Probanden von einem reduzierten Schmerzerleben berichteten, dann konnte auch eine Abnahme der Aktivität in den spezifischen Hirnregionen gemessen werden.

Eine kritische Betrachtung dieser Studie zeigt wiederum: Zwar konnte gezeigt werden, dass die Akupunktur zu einer reduzierten Schmerzwahrnehmung führen kann, welche wiederum mit neuralen Prozessen korreliert. Das Wissen über solche Korrelationen scheint aber doch sehr grob zu sein.

In dieser Arbeit wird die Position vertreten, dass es keine vom Körper losgelöste Seele gibt und dass Schmerzempfindungen und andere mentale Zustände grundsätzlich mit neuralen Zuständen in Verbindung stehen. Beide Studien verdeutlichen, dass die funktionelle Bildgebung ein geeignetes Mittel ist, um solche Korrelationen aufzuzeigen. Werden Schmerzen weniger intensiv empfunden, so scheint dies auch mit verminderter neuraler Aktivität im Gehirn oder aber mit einer Blockade von Nervenleitungen im Rückenmark, wie in der ersten Studie gezeigt, einherzugehen. Wie aussagekräftig Informationen über solche und andere Korrelationen sind, muss allerdings noch untersucht werden.

3. Anormale Schmerzerlebnisse

Schmerzen, so die verbreitete Annahme, treten *normalerweise* dann auf, wenn eine Schädigung des Körpers vorliegt. Schmerzempfindungen, die mit keiner Schädigung korrelieren einerseits und Schädigungen, die ohne Schmerzen auftreten andererseits, sind diesem Verständnis nach nicht normal und können zunächst einmal als *anormale Schmerzerlebnisse* betrachtet werden. Ein weiteres Phänomen, welches mit dem gängigen Schmerzverständnis unvereinbar scheint, ist das der Selbstverletzung. Dass sich Menschen selbst tiefe Schnitte zufügen, beispielsweise Personen, die an einer Borderline-Persönlichkeitsstörung leiden und dabei von einem *angenehmen* Gefühl berichten, scheint der Theorie, dass Schmerzen „unangenehm“ sind, wie es die IASP formuliert hat und wie auch ich es für plausibel halte, zunächst einmal entgegen zu stehen.[82] Um Klarheit darüber gewinnen zu können, ob diese Phänomene nun wirklich anormal sind oder ob vielmehr das verbreitete Schmerzverständnis einer Revidierung bedarf, werden alle drei Fälle genauer in den Blick genommen. Untersucht werden also erstens Fälle, in denen jemand scheinbar keinen Schmerz empfindet, obwohl er eine Verletzung hat, die normalerweise mit starken Schmerzen einhergehen müsste (3.1 Schädigung, aber kein Schmerz). Paradigmatisch kön-

[82] Vgl. IASP 1986.

nen hierzu Patienten, die an einer kongenitalen Analgesie leiden, diskutiert werden. Thematisiert werden müssen zweitens Fälle, in denen Berührungen oder andere Reize, die eigentlich zu schwach sind, um eine Erregung der Nozizeptoren zu bewirken, als äußerst schmerzhaft erlebt werden oder in denen Schmerzen ohne irgendeinen erkennbaren Auslöser auftreten – wie es häufig bei Personen, die an einer somatoformen Störung leiden, beispielsweise bei Fibromyalgie-Patienten[83] oder Patienten mit anderen chronischen Schmerzerkrankungen, beobachtet werden kann (3.2 Schmerz, aber keine Schädigung). Diskutiert werden drittens Fälle, in denen Menschen sich selbst schwere Verletzungen zufügen und berichten, diese als angenehm zu erleben. Untersucht werden in diesem Zusammenhang primär Borderline-Patienten, die sich selbst verletzen (3.3 Können Schmerzen *angenehm* sein?).

3.1 Schädigung, aber kein Schmerz

Die Frage, ob sinnvoll von einem Schmerz gesprochen werden kann, wenn zwar eine Schädigung, die normalerweise Schmerzen verursachen müsste, aber keine Schmerzempfindung vorliegt, kann im Grunde recht einfach beantwortet werden und soll hier nur der Vollständigkeit wegen überhaupt erörtert werden. Von einem Schmerz kann man nur dann sinnvoll sprechen, wenn ein Schmerz bewusst empfunden wird und dementsprechend handelt es sich bei Schädigungen, die eigentlich schmerzhaft sein müssten, aber nicht als schmerzhaft empfunden werden, nicht um Schmerzen. Diese These ist nicht ganz unstrittig und wird später, im Kapitel über Schmerz und Bewusstsein (III.5.), noch ausführlich dargelegt.

Interessant ist nun zunächst einmal die Frage, wie es sein kann, dass eine starke Schädigung nicht automatisch mit einer Schmerzempfindung einhergeht. Warum werden körperliche Schädigungen, wie beispielsweise ein tiefer Schnitt, eine Schusswunde oder ein Knochenbruch, von manchen Menschen – grundsätzlich oder nur in bestimmten Situationen beziehungsweise dauerhaft oder temporär – als nicht schmerzhaft empfunden? Wie kann es beispielsweise sein, dass ein Soldat im Kampf ein Bein verliert und dies zunächst gar nicht realisiert? Sehen wir uns solche Fälle, in denen Menschen keinen Schmerz empfinden, obwohl eine Schädigung vorliegt, etwas genauer an: Schmerzempfindungen können zum einen durch eine Vollnarkose oder eine Lokalanästhesie ausgeschaltet werden, zum anderen können aber auch körpereigene Stoffe freigesetzt werden, die bewirken, dass eine Person potenziell schmerzhafte Reize nicht als schmerzhaft oder zumindest als weniger schmerzhaft empfindet. Schließlich gibt es Menschen, die an einer krankhaften Schmerzunempfindlichkeit leiden, der so genannten kongenitalen Analgesie. Die Schmerzunempfindlichkeit kann in allen diesen Fällen physiologisch erklärt werden: Bei der Nar-

[83] „Fibromyalgie" wird häufig übersetzt als „Faser-Muskel-Schmerz". Die Ursachen dieser Erkrankung sind bislang weitestgehend unbekannt.

kose wird die Schmerzweiterleitung durch die Injektion oder Inhalation bestimmter Medikamente blockiert. Die so genannten *Anästhetika* wirken an den Rezeptoren der Nervenzellen. Dadurch kommt es zu den vier Komponenten einer Vollnarkose: Schlaf, Verlust der Erinnerung, Dämpfung der vegetativen Funktionen (zum Beispiel Puls- und Blutdruckanstieg, Darmträgheit, Veränderungen der Körpertemperatur) und eben auch Schmerzfreiheit. Bei der Lokalanästhesie, bei der die Schmerzempfindlichkeit nur in den Körperregionen blockiert wird, an denen eine Behandlung vorgenommen werden soll, bleibt der Patient bei vollem Bewusstsein. Hierbei wird die Schmerzfreiheit dadurch erreicht, dass bestimmte Nerven in ihrer Funktion beschränkt werden und infolgedessen unfähig sind, den potenziell schmerzhaften Reiz weiterzuleiten. Auch die schmerzstillende Wirkung von körpereigenen Opioiden, beispielsweise von Endorphinen, die besonders in Extremsituationen, bei großer Aufregung, Freude oder Anspannung freigesetzt werden, ist gut erforscht und kann physiologisch erklärt werden.[84]

Eine Schmerzunempfindlichkeit kann nicht nur temporär, sondern auch dauerhaft auftreten. Dies in der Regel dann, wenn sie durch einen genetischen Defekt verursacht ist. Die kongenitale Analgesie ist eine sehr selten auftretende Erkrankung, die mittlerweile vergleichsweise gut erforscht ist. Menschen, die an dieser Krankheit leiden, können keine Schmerzen empfinden, weil sich die Nozizeptoren in der Entwicklungsphase aufgrund eines Gendefektes nicht korrekt ausbilden konnten. Schädigungen des Körpers können sich auf den Gesundheitszustand der Betroffenen zwar negativ auswirken oder sogar zum Tode führen, gehen aber nicht mit Schmerzempfindungen einher.

Schädigungen des Körpers müssen nicht grundsätzlich mit Schmerzen korrelieren. Liegt eine Schädigung vor, die Person empfindet aber keine Schmerzen, so kann wohl kaum sinnvoll von einem Schmerzerlebnis gesprochen werden. Im Einzelfall kann das Ausbleiben von Schmerzempfindungen physiologisch erklärt werden. Sehen wir uns nun den umgekehrten Fall an: Eine Person empfindet Schmerzen, eine Schädigung kann aber, trotz umfangreicher medizinischer Untersuchungen, nicht ausgemacht werden.

3.2 Schmerz, aber keine Schädigung

Dass der phänomenale Gehalt einer Schmerzempfindung nicht nur von der Schwere einer Verletzung abhängt, sondern immer multifaktoriell, das heißt auch durch bestimmte Gedanken, Gefühle, Stimmungen sowie durch Faktoren wie Aufmerksamkeit und Stress beeinflusst wird, ist weitgehend akzeptiert. Wenn eine Person aber dauerhaft von Schmerzempfindungen berichtet, denen kein körperlicher Defekt zu entsprechen scheint, dann wird dennoch häufig gefragt, ob sie denn wirk-

[84] Vgl. hierzu die fMRT-Studie zum Placeboeffekt, die weiter oben in Kapitel III.2.2 vorgestellt wurde.

lich Schmerzen empfinde oder sich diese vielleicht nur einbilde. Solche weit verbreiteten Gedankenmuster lassen die Frage aufkommen, ob entweder das gängige Schmerzverständnis einer Revidierung bedarf oder ob es sich in solchen Fällen wirklich nicht um Schmerzzustände handelt.

Letzteres ist nicht möglich, denn das Wissen darüber, selbst Schmerzen zu erleben ist, wie bereits angedeutet wurde und noch weiter ausgeführt wird, *unkorrigierbar.*[85] Ist eine Person überzeugt Schmerzen zu haben, dann hat sie diese auch. Annahmen über die eigenen Schmerzempfindungen sind *irrtumsimmun.* Allerdings – und dies ist eine für diese Untersuchung sehr wichtige Überlegung – könnte es auch sein, dass die Person selbst über ein unzureichendes oder falsches Verständnis des Begriffes „Schmerz" verfügt und die eigenen Empfindungen dementsprechend nicht korrekt zuordnen kann oder ihre Empfindungen zumindest nicht korrekt artikuliert. So ist es denkbar, dass jemand behauptet Schmerzen zu empfinden ohne genau zu wissen, was Schmerzen eigentlich sind. Dies ist häufig bei Kindern der Fall, die ihre Empfindungen und Gefühle lange Zeit noch nicht einwandfrei benennen und zuordnen können. So lernen sie erst relativ spät, dass ein Unterschied zwischen einem *Bauchschmerz* und einem *Hungergefühl* besteht und eine Aussage wie ‚Ich habe Bauchschmerzen im Hals' ist keine Seltenheit. Dies führt uns wiederum zu der eingangs gestellten Frage, wie der Begriff „Schmerz" denn eigentlich korrekt verwendet werden muss. Der Mensch erfährt zwar sehr früh, wahrscheinlich schon pränatal, wie es ist Schmerzen zu empfinden. Wie die Begriffe „Schmerz" und „schmerzhaft" verwendet werden, erlernt er aber erst im Laufe seines Lebens.

Es ist nun aber doch sehr wahrscheinlich, dass sich die Personen, die dauerhaft über Schmerzen klagen, in der Regel auch wirklich auf Schmerzen beziehen und nicht auf irgendeine andere Empfindung, denn entweder haben sie die richtige Verwendungsweise bereits erlernt oder es wird im Gespräch aufgeklärt werden können, auf welche Empfindungen oder Gefühle sie referieren. Wenn ein Kind Zustände als „schmerzhaft" bezeichnet, die eigentlich keine Schmerzen sind, so werden andere dies merken und ihm die korrekte Verwendungsweise des Begriffes „Schmerz" beibringen. Es gibt folglich Möglichkeiten, mit denen festgestellt werden kann, ob eine Person den Begriff „Schmerz" korrekt verwendet und dementsprechend, ob sie wirklich Schmerzen empfindet, wenn sie dies behauptet. Die oben aufgestellte Theorie bleibt also bestehen, muss allerdings durch eine Bedingung ergänzt werden: Wenn jemand überzeugt ist Schmerzen zu haben, dann hat er diese auch, vorausgesetzt er verwendet die Begriffe „Schmerz" und „schmerzhaft" korrekt.

Schmerzen, für die keine Schädigungen ausgemacht werden können, scheinen nicht normal zu sein, weshalb sie häufig weniger ernst genommen werden. Untersucht werden muss zunächst einmal, was genau hier eigentlich mit dem Begriff „Schädigung" gemeint ist und ob dieser Begriff vielleicht doch zu eng gefasst und deswegen irreführend ist. Entzündungen, Prellungen, Knochenbrüche und andere

---

[85] Natürlich gibt es auch Menschen, die Schmerzen nur vortäuschen. Probleme, die dadurch in gesellschaftspolitischer Perspektive entstehen, werden im Kapitel V. diskutiert.

Verletzungen werden grundsätzlich als Schädigungen verstanden. Bei neuropathischen Schmerzen liegt eine Schädigung des Nervensystems vor. Auch Symptome, die mit Stoffwechselerkrankungen, Herz-Kreislauf-Erkrankungen und neurodegenerativen Erkrankungen wie beispielsweise Parkinson, Demenz oder Multipler Sklerose einhergehen, werden als Schädigungen begriffen. Ebenso das oben bereits skizzierte Schmerzgedächtnis, welches als Folge von Reorganisationsprozessen im Gehirn auftreten kann. Es gibt also Schädigungen, die mit dem bloßen Auge erkennbar sind, Schädigungen, die beispielsweise mit Bluttests, Ultraschall oder Röntgen erfassbar sind und Schädigungen, die mit Hilfe der funktionellen Bildgebung *visualisiert* werden können. Wie aber beurteilen wir die Schmerzempfindungen eines Patienten, bei dem alle diese Untersuchungen durchgeführt worden sind, aber dennoch keine Schädigung ausgemacht werden konnte? Zwei Erklärungsmöglichkeiten sind denkbar:[86]

(1) Die Schädigung, die ursächlich für den Schmerz ist, liegt außerhalb des Körpers.[87]

(2) Die Schädigung, die ursächlich für den Schmerz ist, liegt im Körper, aber nicht unbedingt in dem schmerzenden Körperteil und kann aufgrund beschränkten Wissens und begrenzter diagnostischer Möglichkeiten nicht immer ausgemacht werden.

These (1) kann nur annehmen, wer einen Substanzdualismus vertritt und damit die Existenz einer „Seele" annimmt. Eine solche Theorie wird in dieser Arbeit aber entschieden abgelehnt. Eine Seele gibt es nicht. Natürlich können Umwelteinflüsse und mentale Zustände, die beispielsweise mit Stress, Angst, Hoffnung oder Enttäuschung einhergehen, auf das Schmerzerleben einwirken oder Schmerzempfindungen sogar hervorrufen. Dies müsste sich aber dann auch in einer physiologischen Veränderung zeigen, beispielsweise in Form der Ausschüttung spezifischer Botenstoffe, in einer trägen Darmtätigkeit oder einem zu hohem Blutdruck.

Hier deutet sich bereits an, dass ich These (2) verfechte. Wenngleich, Dank des medizinischen und neurowissenschaftlichen Fortschritts, erstaunliche Ergebnisse über den Aufbau und die Funktionsweise des menschlichen Körpers erzielt werden konnten, so wissen wir im Grunde doch nach wie vor sehr wenig darüber, wie Schmerzempfindungen und andere mentale Zustände entstehen und wodurch sie

[86] Die Frage, ob Schmerzen begutachtet werden können beziehungsweise wie zwischen einer Person mit einer somatoformen Störung und einer Person, die Schmerzen vortäuscht, differenziert werden kann, wird erst im Kapitel V. diskutiert. An dieser Stelle wird angenommen, dass Personen, die behaupten Schmerzen zu empfinden, diese auch wirklich empfinden.

[87] Betont sei an dieser Stelle, dass es nicht um die Ursache geht, die außerhalb des Körpers liegen soll, sondern um die Schädigung innerhalb des Körpers. Eine Ursache kann beispielsweise ein Sturz bzw. ein Unfall oder aber auch ein durch Stress oder Angst erzeugter negativer mentaler Zustand sein.

beeinflusst werden. Bekannt ist, dass Schmerzempfindungen mit neuralen Prozessen korrelieren und dass das Gehirn Schmerzen auslösen kann, ohne dass ein Reiz von den Nozizeptoren über das Rückenmark zum Gehirn weitergeleitet wird. Aber letztlich handelt es sich bei solchen Informationen um sehr grobes Wissen. Zumindest ist es keineswegs so, dass wir neurale Prozesse mit der funktionellen Bildgebung untersuchen und feststellen können, ob eine Person nun Schmerzen empfindet oder nicht. Auf neuraler Ebene und auch im gesamten Körper gibt es sicherlich sehr viele Formen von Schädigungen, die bislang noch nicht erforscht sind. Wären sie bekannt, so würden sie sicherlich, genauso wie ein Knochenbruch, eine Prellung oder eine Entzündung, als ausreichendes Indiz für das Vorliegen eines Schmerzes gedeutet. Schmerzen gehen mit spezifischen physiologischen Prozessen einher, die als Schädigungen verstanden werden können. Aber die physiologischen Prozesse, die wir kennen, bilden vermutlich nur einen Bruchteil derjenigen ab, die es gibt.

Schmerzen ohne erkennbare Schädigung gibt es. Dies kann aber auch daran liegen, dass wir zum jetzigen Zeitpunkt nur sehr wenig über das menschliche Gehirn wissen. Wird der Begriff der „Schädigung" derart verstanden, dass auch sämtliche Prozesse, die auf neuraler Ebene ablaufen, unter diesen Begriff subsumiert werden können, dann entsteht folgendes Bild: Da zum jetzigen Zeitpunkt nur ein Bruchteil der neuralen Prozesse, die im menschlichen Gehirn und auch in den Gehirnen anderer Wesen ablaufen, erforscht sind, kennen wir auch nur einen Bruchteil der Schädigungen, die potenziell schmerzhaft sein können. Es ist daher leider normal, dass für Schmerzen nicht immer eine Schädigung ausgemacht werden kann. Mit welchen praktischen Implikationen diese Wissenslücke verbunden ist, wird im Kapitel V. (Die Begutachtung von Schmerzen) diskutiert. Wenn trotz intensiver medizinischer Untersuchungen keine Schädigung ausgemacht werden kann, dann ist dies noch lange kein Indiz dafür, dass eine Person keine Schmerzen empfindet. Denn Schmerzempfindungen können ohne *erkennbare* Schädigung auftreten, wobei das Wort „erkennbar", wie deutlich geworden ist, eine zentrale Rolle einnimmt.[88]

3.3 Können Schmerzen angenehm sein?

Es ist ein in der Öffentlichkeit relativ tabuisiertes, aber doch verbreitetes Phänomen, dass Menschen sich selbst verletzen und solche Aktivitäten als angenehm beschreiben. Da dies häufig mit schweren physiologischen Schädigungen einhergeht, ist anzunehmen, dass sie dabei teilweise Schmerzen empfinden. Zur Frage steht deswegen, ob Schmerzen grundsätzlich *unangenehm* sind oder ob es auch *angenehme* Schmerzen geben kann. Diese Problematik wird im folgenden Kapitel untersucht, wobei selbstverletzende Verhaltensweisen als ein Symptom der Borderline-Persönlichkeitsstörung besondere Berücksichtigung finden werden. Es gibt eine Vielzahl anderer

[88] Noch einmal ausführlich Stellung bezogen wird zu den hier angestellten Überlegungen im Kapitel III.3.4.

Situationen, in denen sich Menschen selbst verletzen und dabei von angenehmen Empfindungen berichten, zum Beispiel im Rahmen sexueller sadomasochistischer Praktiken, die die gleiche Frage aufwerfen: Können Schmerzen angenehm sein oder sind sie vielmehr grundsätzlich unangenehm?

Häufig werden die folgenden Vermutungen zugrunde gelegt: Die These, dass Schmerzen grundsätzlich als unangenehm erlebt beziehungsweise grundsätzlich negativ evaluiert werden, ist weit verbreitet und wurde nicht erst von der IASP formuliert.[89] Ihre Grundlegung erfuhr sie bereits in den Schriften von Epikur, Jeremy Bentham, Thomas Nagel und anderen Philosophen. Die Erfahrungsberichte von Personen, die an einer Borderline-Persönlichkeitsstörung leiden und sich selbst verletzen, scheinen mit dieser Annahme unvereinbar zu sein, denn in diesen geben sie an, angenehme Schmerzerlebnisse zu haben. Sollte es ein notwendiges Merkmal von Schmerzempfindungen darstellen, unangenehm zu sein, dann ist generell unklar, warum sich Menschen selbst schmerzhafte Verletzungen zufügen. Im Folgenden wird deswegen untersucht, ob Schmerzen grundsätzlich unangenehm sind. Zu diesem Zweck wird der Fall des sich selbst verletzenden Borderline-Patienten erörtert, wozu vorab kurz in die Symptome und die Epidemiologie der Störung eingeführt wird. Diskutiert wird in diesem Zusammenhang, was Personen, die an der Borderline-Persönlichkeitsstörung leiden, zu selbstverletzendem Verhalten motiviert, mit dem Ziel, neue Erkenntnisse über das Schmerzphänomen und speziell die Frage, ob Schmerzen angenehm sein können, gewinnen zu können. Da es generell sehr unterschiedliche Formen der Selbstverletzung gibt und weil diese in der folgenden Analyse teilweise differenziert betrachtet werden müssen, ist ein, der eigentlichen Analyse vorangestellter, kurzer Exkurs über Selbstverletzungen unerlässlich.

Selbstverletzungen

Selbstverletzungen zeichnen sich durch Handlungen beziehungsweise die Einwilligung in Handlungen aus, durch die die Unversehrtheit des eigenen Körpers gefährdet werden kann. Personen, die sich selbst verletzen, machen sehr oft die Erfahrung, dass die Umwelt mit Erschrecken, Abwehr und Unverständnis reagiert.[90] Dies gilt allerdings nur für solche Formen der Selbstverletzung, die auf kein vernünftiges Ziel hin ausgerichtet zu sein scheinen. Häufig wird zwischen *rationalen* und *irrationalen* beziehungsweise zwischen *vernünftigen* und *krankhaften* Selbstverletzungen unterschieden. Eine Selbstverletzung gilt dann als rational und vernünftig, wenn sie einem hochrangigen Ziel oder Motiv dient, dessen Erreichung die möglichen Schädigungen des Körpers oder auch das Inkaufnehmen von Schmerzen rechtfertigt. Die Einwilligung in eine Operation beispielsweise, mit der die Aufrechterhaltung oder Wiederherstellung von Gesundheit erstrebt wird, wodurch die Unversehrtheit des eigenen Körpers aber eindeutig gefährdet ist, gilt in der Regel als

[89] Vgl. IASP 1986.

[90] Vgl. FLEISCHER / HEPERTZ 2009, 15.

rational und vernünftig. Dass sich selbst Zufügen von Schnitten und Verbrennungen und das Schlucken von Nägeln hingegen sind typische Beispiele für irrationale und meist als krankhaft eingestufte Selbstverletzungen.

Diese Überlegungen zeigen bereits, dass auch Eingriffe, die eine Person nicht selbst vornimmt, selbstverletzend sein können, was eine Unterscheidung in selbstverletzende Handlungen und selbstverletzende Verhaltensweisen verlangt: Eine *selbstverletzende Handlung* ist eine Handlung, mit der sich jemand selbst, das heißt ohne die Beihilfe einer anderen Person, verletzt – ein klassisches Beispiel hierfür ist das Ritzen. *Selbstverletzendes Verhalten* liegt bereits dann vor, wenn sich jemand für eine selbstverletzende Handlung entscheidet, die er nicht selbst ausführt – beispielsweise eine Schönheitsoperation oder generell jeder operative Eingriff.

Zur Frage steht nun, welche Gründe dafür angeführt werden können, dass die Einwilligung in eine medizinisch notwendige Operation in der Regel als rational und vernünftig bewertet wird, das Verhalten des sich selbst verletzenden Borderline-Patienten hingegen als irrational und krank. Wie eine Selbstverletzung bewertet wird hängt, wie oben bereits angedeutet wurde, grundsätzlich davon ab, wie hochrangig das Ziel, welches mit einer selbstverletzenden Verhaltensweise beziehungsweise Handlung erstrebt wird, eingestuft wird. Ist ein Eingriff medizinisch intendiert, so wird die Selbstverletzung als erforderlich um der Gesundheit willen angesehen, was zweifellos ein sehr hochrangiges Ziel darstellt. Auch das Spenden einer Niere, was für den Spender eine extreme Selbstverletzung darstellt und für ihn selbst keinen medizinischen Nutzen birgt, sondern ausschließlich der Lebensrettung einer anderen Person dient, gilt als rational. Dies zeigt, dass das Verhalten desjenigen, der sich selbst verletzt, um anderen zu helfen, gesellschaftlich anerkannt ist. Selbstverletzungen, die aus ästhetischen Motiven beziehungsweise mit ästhetischen Zielen durchgeführt werden, wie beispielsweise Schönheitsoperationen oder auch das Stechenlassen von Piercings oder Tattoos, finden hingegen weit weniger Anerkennung als die ersten beiden genannten Fälle (medizinisch-intendierte Operationen, Nierenspende). Ob auch solche selbstverletzenden Verhaltensweisen noch als rational eingeordnet werden, wird häufig in Abhängigkeit zweier Kriterien beurteilt: erstens die *Eingriffstiefe* einer solchen Intervention und zweitens die *Reversibilität der Folgen.* Es kann beobachtet werden, dass eine Entscheidung für einen medizinisch nicht-intendierten Eingriff mehr Unverständnis bewirkt, wenn der Eingriff irreversibel und risikoreich ist. So gelten Ohrringe, Piercings und auch Tätowierungen zwar nicht durchweg als gesellschaftlich anerkannt, solche Handlungen werden aber nur selten als irrational oder krank evaluiert. Dies wird in der Regel damit begründet, dass solche Eingriffe mit minimalen Gefahren verbunden und weitestgehend reversibel sind. Schönheitsoperationen hingegen, die aufgrund des operativen Eingriffs mit viel größeren Risiken verbunden und meist irreversibel sind, wird deutlich größere Skepsis entgegengebracht. Praktiken, die in manchen Kulturen aus ästhetischen Gründen vorgenommen werden, aber definitiv eine enorme Gesundheitsgefährdung darstellen, wie das Zufügen von großflächigen Narben, das Tragen von Ringen, die nach und nach den Hals verlängern sollen oder die Verstümmelung von Füßen, um diese möglichst klein zu halten, werden in westlichen Kulturen entschieden abgelehnt und als irrational eingestuft.

Die genannten Selbstverletzungen können nun, zusätzlich zu der Einordnung in rationale und irrationale Selbstverletzungen, in zwei große Gruppen unterteilt werden. Es gibt *erstens* Selbstverletzungen, die weitestgehend schmerzfrei durchgeführt werden können und *zweitens* solche, die mit Schmerzen einhergehen. Zu der ersten Gruppe zählen Operationen ebenso wie das Stechenlassen von Piercings und Tätowierungen, denn beides wird in der Regel unter Narkose beziehungsweise mit örtlicher Betäubung vorgenommen. Die zweite Gruppe setzt sich aus solchen Selbstverletzungen zusammen, die entweder nicht schmerzfrei durchgeführt werden können, beispielsweise wenn in einer Notsituation einfach keine Betäubungsmöglichkeit zur Verfügung steht, die Operation aber dennoch durchgeführt werden muss oder aber wenn der Schmerz selbst intendiert ist. Der letzte Fall ist für die hier zu erörternde Problematik relevant. Borderline-Patienten, die sich selbst verletzen, können hierzu exemplarisch untersucht werden.[91]

Dieser kurze Exkurs über Selbstverletzungen hat gezeigt, wie viele Arten von Selbstverletzungen es gibt und wie unterschiedlich diese, in Abhängigkeit von den mit ihnen erstrebten Zielen, gewöhnlich bewertet werden. Es deutet vieles darauf hin, dass das selbstverletzende Verhalten von Borderline-Patienten vor allem deswegen als krank und irrational eingestuft wird, weil ihre Handlungen auf den Schmerz selbst zu zielen scheinen. Aber kann das angenehme Erlebnis der Borderline-Patienten wirklich als schmerzhaft eingestuft werden? Dieser Frage wird im Folgenden nachgegangen.

Der qualitative Gehalt der Schmerzempfindung

Bevor untersucht wird, ob im Fall der sich selbstverletzenden Borderline-Patienten sinnvoll von einem Schmerzerlebnis gesprochen werden kann und welche Motivation diesem Verhalten zugrunde liegt, muss nun erörtert werden, ob Schmerzerlebnisse grundsätzlich als unangenehm erlebt werden oder ob es vielmehr auch angenehme Schmerzerlebnisse gibt. Synonym zu den Begriffen „unangenehm“ und „angenehm“ werden in dieser Arbeit die Begriffe „schlecht“ und „gut“ verwendet. Fraglich ist also so gesehen, ob Schmerzen grundsätzlich als unangenehm und damit als schlecht oder eben auch als angenehm und damit als gut erlebt werden können. Angenommen wird außerdem, dass ein angenehmer Zustand normalerweise mit dem Wunsch einhergeht, der Zustand möge anhalten. Ein unangenehmer Zustand hingegen impliziert zugleich den Wunsch nach der sofortigen Beendigung des Zustandes.

Beschäftigt haben sich mit der Frage, welchen qualitativen Gehalt Schmerzen haben Epikur, Bentham und Nagel. Epikur, dessen Schmerztheorie bereits im Kapitel

---

[91] Zur Frage steht in diesem Zusammenhang, ob Borderline-Patienten sich auch dann selbst verletzen würden, wenn ihnen Analgetika verabreicht würden.

II. (Historische Problemhinführung) vorgestellt wurde, versteht die Lust als das höchste Gut des Menschen; sie zu erreichen ist folglich das höchste Glück.[92] So schreibt er in seinem Brief an Menoikeus:

> „Um dessentwillen tun wir ja alles, damit wir weder Schmerz noch Unruhe empfinden. Sooft dies einmal an uns geschieht, legt sich der ganze Sturm der Seele, weil das Lebewesen nicht im Stande ist, weiterzugehen wie auf der Suche nach etwas, was ihm mangelt, und etwas anderes zu erstreben, wodurch sich das Wohlbefinden der Seele und des Körpers erfüllen würde. Denn nur dann haben wir ein Bedürfnis nach Lust, wenn wir deswegen weil uns die Lust fehlt, Schmerz empfinden; [wenn wir aber keinen Schmerz empfinden], bedürfen wir auch der Lust nicht mehr. Gerade deshalb ist die Lust, wie wir sagen, Ursprung und Ziel des glückseligen Lebens. Denn sie haben wir als erstes und angeborenes Gut erkannt, und von ihr aus beginnen wir mit jedem Wählen und Meiden."[93]

Für die hier zu erörternde Problematik bedeutsam ist nun, dass Epikur Lust mit der Abwesenheit von Schmerz gleichsetzt. So schreibt er im besagten Brief:

> „[…] Wenn wir also sagen, die Lust sei das Ziel, meinen wir damit nicht die Lüste der Hemmungslosen und jene, die im Genuß bestehen, wie einige, die dies nicht kennen und nicht eingestehen oder böswillig auffassen, annehmen, sondern: weder Schmerz im Körper noch Erschütterung in der Seele empfinden."[94]

Der Schmerz ist für ihn das eigentliche Übel, der ursprüngliche negative Wert, auf den alle übrige Unlust letztlich zurückgeht.[95] Jeder bewusste Zustand des Menschen könne entweder lustvoll oder aber schmerzvoll, angenehm oder unangenehm, sein. Eine Art mittleren, neutralen Zustand gibt es, Epikur zufolge, nicht. Neutral erlebte Schmerzen und auch lustvolle Schmerzen sind seiner Theorie entsprechend sinnlos. Die Abwesenheit von Schmerz fällt für ihn grundsätzlich mit der Anwesenheit von Lust zusammen und umgekehrt. Allerdings gesteht Epikur ein, dass es Fälle gibt, in denen es besser ist Schmerzen freiwillig in Kauf zu nehmen, um so schließlich noch größere Lust erleben zu können, aber auch dann sind Schmerzempfindungen unangenehm und deswegen an sich negativ. Die Wahl der richtigen Handlung wird gemäß Epikur grundsätzlich daran bemessen, ob sie im Ganzen mehr Lust oder Unlust bereiten wird. So schreibt er:

---

[92] Abgeleitet von dem griechischen Wort „hedone" hat sich für diese Auffassung die Bezeichnung „Hedonismus" etabliert. Vgl. zu den Ausführungen zu Epikur HOSSENFELDER 1991.

[93] EPIKUR *Brief an Menoikeus*, 128.

[94] EPIKUR *Brief an Menoikeus*, 128–131.

[95] Vgl. HOSSENFELDER 1991, 93.

„Und gerade weil dies das erste und in uns angelegte Gut ist, deswegen wählen wir auch nicht jede Lust, sondern bisweilen übergehen wir zahlreiche Lustempfindungen, sooft uns ein übermäßiges Unbehagen daraus erwächst. Sogar zahlreiche Schmerzen halten wir für wichtiger als Lustempfindungen, wenn uns eine größere Lust darauf folgt, daß wir lange Zeit die Schmerzen ertragen haben. Jede Lust also ist, weil sie eine verwandte Anlage hat, ein Gut, jedoch nicht jede ist wählenswert; wie ja auch jeder Schmerz ein Übel ist, aber nicht jeder ist in sich so angelegt, daß er immer vermeidenswert wäre.“[96]

Der Schmerz bleibt zwar das eigentliche Übel, er ist grundsätzlich unangenehm, aber sofern er Mittel zur Erreichung der Lust sein kann, kommt ihm relativ gesehen auch ein positiver Wert zu.

Ähnliche Thesen über den Gehalt von Schmerzempfindungen finden sich bei Jeremy Bentham. Schmerzen sind seiner Theorie folgend der Inbegriff dessen, was wir zu vermeiden suchen. In seinem 1789 erschienenen Werk *Introduction to the Principles of Morals and Legislation* schreibt er:

„Nature has placed mankind under the governance of two sovereign masters, pain and pleasure. It is for them alone to point out what we ought to do, as well as to determine what we shall do. On the one hand the standard of right and wrong, on the other the chain of causes and effects, are fastened to their throne. They govern us in all we do, in all we say, in all we think: every effort we can make to throw off our subjection, will serve but to demonstrate and confirm it.“[97]

Wie Epikur betrachtet Bentham „pleasure“ als gut, Schmerz hingegen als schlecht. „Pleasure“, übersetzt als Lust oder Freude, ist laut Bentham das, was alle erstreben. Schmerz hingegen ist das, was alle meiden und loswerden wollen.

Diese Theorie wird auch von Thomas Nagel, der sich weder als Hedonist noch Utilitarist versteht, vertreten. In seinem Buch *The view from Nowhere* erklärt er in einem Kapitel über „Pleasure and Pain“, dass Schmerz immer schlecht, Lust hingegen grundsätzlich gut sei.[98] Er schreibt:

„I am not an ethical hedonist, but I think pleasure and pain are very important, and that they provide a clearer case for a certain kind of objective value than preferences and desires, which will be discussed later on. I shall defend the unsurprising claim that sensory pleasure is good and pain bad, no matter whose they

---

96 EPIKUR *Brief an Menoikeus*, 129.

97 BENTHAM 1780, I1, 11.

98 Siehe NAGEL 1986, 156 ff.

are. The point of the exercise is to see how the pressures of objectification operate in a simple case."[99]

Er geht davon aus, dass die Vermeidung von Schmerzen und die Vermehrung von Lust allen Handlungsentscheidungen zugrunde liege. Suche jemand den Schmerz und meide die Lust, dann entweder als Mittel zum Zweck oder aber aufgrund von Motiven, die auf dunkle Gründe, etwa Schuldgefühle oder sexuellen Masochismus, zurückgeführt werden könnten.[100] Nagel stellt schließlich die folgenden Fragen:

„What sort of general value, if any, ought to be assigned to pleasure and pain when we consider these facts from an objective standpoint? What kind of judgment can we reasonably make about these things when we view them in abstraction from who we are?"[101]

Er differenziert zwischen einer Innen- und einer Außenperspektive, aus denen Schmerz und Lust bewertet werden können. Aus der Innenperspektive beziehungsweise aus der subjektiven Erlebnisperspektive betrachtet werde Schmerz grundsätzlich als schlecht, Lust hingegen als gut wahrgenommen. Aber wie werden Schmerz und Lust aus der Außenperspektive evaluiert? Eine Theorie, die Nagel skizziert, allerdings selbst ablehnt, sieht vor, dass Lust und Schmerz keinerlei objektiv erkennbaren Wert haben können. Verfechter einer solchen Theorie behaupten, dass Schmerzen zwar in der Regel negativ bewertet würden, dies könne aber nicht auf eine objektiv unangenehme Qualität des Schmerzempfindens selbst zurückgeführt werden. Schmerzen sind, dieser Theorie folgend, nicht an sich unangenehm oder schlecht. Nagel steht dieser Behauptung kritisch gegenüber: Die Annahme, dass eine Empfindung, welche subjektiv als gut oder schlecht wahrgenommen werde, keinen objektiven Wert habe, könne nicht einfach in den Raum gestellt werden, sondern bedürfe einer Begründung. „No objective view we can attain could possibly overrule our subjective authority in such cases"[102], erklärt er. Deswegen sei hier kein Anlass gegeben, die subjektive Wahrnehmung in Abrede zu stellen. Nagel kommt schließlich zu dem Ergebnis, dass der Schmerz nicht nur aus einer subjektiven Betrachtungsweise, sondern auch aus einer objektiven Perspektive heraus schlecht sei und spricht ihm daher einen eigenen negativen Wert zu.

„But the pain, though it comes attached to a person and his individual perspective, is just as clearly hateful to the objective self as to the subjective individual. I know what it's like even when I contemplate myself from outside, as one person among countless others. And the same applies when I think about anyone else in

[99] NAGEL 1986, 156.
[100] Siehe NAGEL 1986, 157.
[101] NAGEL 1986, 157.
[102] NAGEL 1986, 158.

this way. The pain can be detached in thought from the fact that it is mine without losing any of its dreadfulness. It has, so to speak, a life of its own. That is why is it natural to ascribe to it a value of its own."[103]

Die Frage, ob Schmerzen auch als angenehm erlebt werden können oder ob sie vielmehr grundsätzlich unangenehm und damit schlecht sind, wie es Epikur, Bentham und Nagel postulieren, wird in aktuellen philosophischen Debatten nach wie vor diskutiert.[104] Michael Tye, dessen repräsentationalistische Schmerztheorie weiter unten im Kapitel über die Lokalisation von Schmerzempfindungen vorgestellt wird (III.6.), geht davon aus, dass Schmerzen grundsätzlich unangenehm sind und zwar aufgrund ihres spezifisch phänomenalen Gehaltes und nicht erst als Resultat einer kognitiven Bewertung.[105] Er schreibt: „It seems to me that the most plausible view is that we are hardwired to experience pain as bad for us from an extremly early age."[106] In diesem Zusammenhang stellt er einen interessanten Vergleich an:[107] Ein kleines Kind isst das erste Mal in seinem Leben Schokolade und verhält sich so, als wolle es mehr davon; es öffnet und schließt die Lippen, sieht glücklich aus und bewegt sich in Richtung der Schokolade. Dies zeigt uns, so Tye, dass ihm die Schokolade schmeckt beziehungsweise dass es das Geschmackserlebnis als positiv erlebt. „The taste is experienced as good by the child in that the child undergoes an overall experience that represents the presence of the taste in the mouth and represents it as good."[108] Das positive Geschmackserlebnis des Kindes kommt, so erklärt er weiter, nicht deswegen zustande, weil ihm gesagt wurde, Schokolade schmecke gut. Der Verzehr von Schokolade werde unmittelbar als angenehm empfunden, dazu sei keine kognitive Bewertung des Geschmackserlebnisses notwendig. Gleiches gilt, so Tye, für den Schmerz, allerdings in umgekehrter Richtung: Schmerzen werden unmittelbar als unangenehm erlebt. Auch hier sei kein Bewertungsprozess notwendig.

Problematisch an der von Tye skizzierten Analogie scheint auf einen ersten Blick zu sein, dass es natürlich auch Kinder gibt, bei denen der Verzehr von Schokolade kein angenehmes Geschmackserlebnis erzeugt. So betrachtet müssen also auch Schmerzen nicht zwangsläufig als unangenehm empfunden werden. Andererseits darf Tye hier nicht missverstanden werden. Er stellt hier keine Analogie zwischen Geschmackserlebnissen und Schmerzerlebnissen auf, sondern bezieht sich konkret auf die Fälle „etwas schmeckt gut" und „Schmerzen empfinden". Er will mit seiner

---

[103] NAGEL 1986, 160.

[104] Siehe beispielsweise AYDEDE 2006, 2009; BAIN 2007, 2009; KAHANE 2009, 2010; TYE 2006.

[105] Der phänomenale Gehalt ist, wie weiter unten noch ausführlich beschrieben wird, Tye zufolge vollständig repräsentational; vgl. Kapitel III.6.

[106] TYE 2006, 107.

[107] Vgl. TYE 2006, 107.

[108] TYE 2006, 107.

Analogie zeigen, dass Zustände unmittelbar als angenehm beziehungsweise unangenehm empfunden werden und dass damit zugleich der Wunsch auftritt, der Zustand möge anhalten beziehungsweise aufhören, ohne dass das empfindende Subjekt eine Bewertung vornehmen muss. Das Kind will mehr Schokolade, weil sie ihm gut schmeckt. Jemand der Schmerzen empfindet will, dass sie nachlassen, weil sie unangenehm sind.

Stellen wir uns einmal vor, die von Tye verfochtenen Annahmen wären falsch. Dann müssten wir in etwa die folgenden Thesen vertreten: Ein Geschmackserlebnis wird als positiv empfunden, dann und nur dann, wenn es von demjenigen, der es hat, positiv bewertet wird. In Analogie dazu gilt: Schmerzen werden als unangenehm empfunden, dann und nur dann, wenn sie von demjenigen, der sie hat, negativ, das heißt als unangenehm bewertet werden. Die Klassifizierung eines Zustandes als angenehm oder unangenehm beziehungsweise positiv oder negativ hängt hier – im Gegensatz zu der von Tye vorgeschlagenen Theorie – also von der *kognitiven Bewertung* des Zustandes durch das empfindende Subjekt ab. Zur Frage steht dann, mittels welcher Kriterien eine solche Bewertung vollzogen wird beziehungsweise warum ein Zustand dann entweder als angenehm oder unangenehm bewertet wird. Hier ist man nun wieder geneigt zu sagen, dass etwas, was sich angenehm anfühlt, als gut bewertet wird, etwas, dass sich unangenehm anfühlt hingegen als schlecht. Dies wäre aber ein Zirkelschluss. Eine solche These vertritt außerdem Tye und seine Theorie versuchen wir ja gerade zu umgehen.

Könnte es vielleicht sein, dass nicht jede Empfindung im Einzelfall als gut oder schlecht bewertet wird, sondern dass uns vielmehr im Laufe unseres Daseins von anderen Menschen, vermutlich in erster Linie von unseren Eltern, vermittelt wird, was angenehme und was unangenehme beziehungsweise was gute und was schlechte Empfindungen und Wahrnehmungen sind? So wird uns beigebracht, dass Schokolade zwar ungesund ist, aber gut schmeckt, dass faule Eier schlecht riechen und dass Schmerzen unangenehm sind. Für eine solche Theorie könnte angeführt werden, dass sich Geschmäcker beispielsweise nicht ganz unabhängig von dem Umfeld, in dem wir aufwachsen, entwickeln. Fast alle Australier beispielsweise essen sehr gerne *Vegimite*, einen Brotaufstrich der aus einem Hefeextrakt besteht und laut Meinung der Australier sehr gut schmeckt. Europäer hingegen können in der Regel nicht nachvollziehen, dass es Menschen gibt, denen Vegimite schmeckt. Dies könnte daran liegen, dass australische Kinder mit Vegimite aufwachsen, das heißt es seit ihrer frühen Kindheit mehrmals wöchentlich verzehren. Europäische Kinder hingegen kennen dieses oder ein ähnliches Nahrungsmittel meist gar nicht. Australier bewerten das mit dem Verzehr von Vegimite einhergehende Geschmackserlebnis also als angenehm, weil ihnen dies so beigebracht wurde. Allerdings könnte es auch sein, dass Australiern der Brotaufstrich schmeckt, weil sich ihre Geschmacksnerven an den Verzehr gewöhnt haben. Dass Geschmäcker je nach Land und Kultur sehr unterschiedlich sein können zeigt, dass die Geschmacksnerven an Nahrungsmittel gewöhnt werden können. Andererseits sind Geschmäcker aber derart subjektiv, dass eigentlich kaum gesagt werden kann, sie würden uns von unseren Eltern oder unserem Umfeld vermittelt. Dies zeigt auch das Verhalten von Babys, die bestimmte

Brei-Sorten bevorzugen. Es dürfte schwierig sein einem Baby, welches sich weigert die Brei-Sorte „Brokkoli-Fleisch" zu essen, zu vermitteln, dass eben diese Sorte eigentlich besonders gut schmeckt. Genauso wenig wird man jemanden der kein Sushi mag davon überzeugen können, dass Sushi gut schmeckt. Ein Lebensmittel kann ein angenehmes Geschmackserlebnis erzeugen oder eben ein unangenehmes, dies hat aber nichts mit einer Bewertung zu tun, sondern ist Bestandteil der Empfindung selbst. Dies gilt erst recht für Schmerzempfindungen. Stellen wir uns einmal vor, wir würden versuchen einem kleinen Kind zu vermitteln, dass Schmerzen eigentlich gar nicht unangenehm sind, sondern sich gut anfühlen. Würden wir damit erreichen, dass sich Schmerzen für das Kind angenehm anfühlen? Wohl kaum. Es würde Schmerzen dennoch als unangenehm erleben und dementsprechend auch dennoch wollen, dass die Schmerzen aufhören. Würde es uns von angenehmen Empfindungen berichten, von denen es wünscht, dass sie andauern, so würden wir schlichtweg auch nicht davon ausgehen, dass es Schmerzen empfindet. Schmerzen sind also, dies sollten die hier angestellten Überlegungen deutlich gemacht haben, grundsätzlich unangenehm und zwar nicht weil wir sie als unangenehm bewerten, sondern weil es ein wesentliches Charakteristikum des phänomenalen Gehaltes der Schmerzempfindung ist, unangenehm zu sein. Die Theorie Tyes kann also nicht widerlegt werden. Ihm, und damit auch Epikur, Bentham und Nagel, ist somit zuzustimmen: Schmerzen sind unangenehm und damit in erster Linie schlecht, weshalb eine Person, die Schmerzen empfindet, normalerweise will, dass sie nachlassen.

Die eingangs gestellte Frage „Können Schmerzen angenehm sein?" ist somit beantwortet. Es ist eine der wesentlichen Eigenschaften von Schmerzempfindungen unangenehm zu sein. Angenehme Schmerzempfindungen gibt es dementsprechend nicht. Klarheit besteht nun auch darüber, warum Schmerzen unangenehm sind: Es ist Bestandteil ihres phänomenalen Gehalts. Problematisch ist deswegen umso mehr, dass es Menschen gibt, die sich in bestimmten Situationen selbst verletzen und dabei von angenehmen Erlebnissen berichten. Deutlich geworden ist schließlich nicht nur, dass Schmerzen grundsätzlich unangenehm sind, sondern auch, dass dieser unangenehme Gehalt zwangsläufig bewirkt, dass das schmerzempfindende Subjekt will, dass der Schmerz nachlässt. Wie ist dies möglich und wie passt das alles zusammen?

Um hier Klarheit gewinnen zu können ist es sinnvoll, zunächst einmal Fälle anzusehen, in denen Menschen Schmerzen freiwillig in Kauf nehmen. Der Exkurs über Selbstverletzungen hat gezeigt, dass auch solche Verhaltensweisen strenggenommen selbstverletzend sind. Sehen wir uns einmal an, wie Schmerzen im Rahmen sportlicher Aktivitäten erlebt werden.[109] Laufen, Bergsteigen, Radfahren und andere sportliche Aktivitäten können mit Schmerzen einhergehen. Auffallend ist nun, dass solche Schmerzen nicht unbedingt einfach nur in Kauf genommen werden, sondern häufig als Teil der Aktivität verstanden werden. Um den Unterschied zu verdeutli-

---

[109] Diskutiert wird dieses Beispiel ausführlich von Peter Schaber, auf dessen Artikel im Folgenden Bezug genommen wird; vgl. SCHABER 2006.

chen differenziert Peter Schaber in seinem Artikel *Haben Schmerzen einen Wert?* zwischen Schmerzen, die wir in Kauf nehmen müssen, auf die wir aber gerne verzichten würden, wenn wir dazu technisch in der Lage wären und Schmerzen, auf die wir auch dann nicht verzichten würden, wenn wir dies könnten. Als ein Beispiel für den ersten Fall können, wie bereits oben im Exkurs über Selbstverletzungen skizziert, medizinische Behandlungen betrachtet werden. Wir nehmen Schmerzen in Kauf, um wieder gesund zu werden. Der hierbei auftretende Schmerz ist nur *Mittel zum Zweck* und wird, wenn es irgendwie möglich ist, beispielsweise mit Analgetika gelindert oder unterdrückt. Im zweiten Fall hingegen ist der Schmerz laut Schaber kein Mittel, sondern *Zweck an sich*. Er erklärt dies anhand der Aktivität des Bergsteigens:

> „Eine Aktivität wie Bergsteigen ist nicht bloss und auch nur zu einem geringen Teil aufgrund des Endzustandes wertvoll (dass wir am Ende auf dem Gipfel stehen): Die Aktivität selbst ist wertvoll, man könnte sich sonst mit Helikoptern auf den Gipfel bringen lassen. Das ist allerdings nicht das, worum es beim Bergsteigen geht. Es geht um eine Aktivität, zu der es eben gehört, dass es manchmal weh tut.“[110]

Hier gelingt es Schaber einen Fall aufzuzeigen, in dem jemand einen Schmerz als positiv erlebt – jedenfalls rückwirkend betrachtet. Der Schmerz wird nicht einfach nur in Kauf genommen, um ein Ziel erreichen zu können. Er ist Teil der positiven Aktivität. In solchen Fällen geht es um das Austesten von eigenen physischen und psychischen Grenzen. Dafür spielen die erlebten Schmerzen eine sehr wichtige Rolle. Je schmerzhafter eine sportliche Aktivität ist und je länger der Schmerz während dieser Aktivität ertragen wird, umso angenehmer ist das Erfolgserlebnis und das damit verbundene Gefühl des Sportlers, wenn die Aktivität beendet wird und damit einhergehend normalerweise auch der Schmerz nachlässt. Der Sportler empfindet den Schmerz zwar als unangenehm, ansonsten könnte, wie dargelegt wurde, nicht sinnvoll von einer Schmerzempfindung gesprochen werden. Gleichwohl muss die Schmerzempfindung als Teil eines positiven Gesamterlebnisses betrachtet werden. Dies lässt allerdings wiederum erkennen, dass Schmerzen auch im Rahmen sportlicher Aktivitäten nicht *Zweck an sich* sind, wie Schaber es formuliert, sondern nur in Kauf genommen werden, um ein positives Gesamterlebnis erreichen zu können. Während eine Operation, die in Kauf genommen wird, um wieder gesund zu werden, nicht notwendigerweise mit Schmerzen einhergehen muss, wird das mit sportlicher Aktivität erstrebte gute Gefühl durch das Aushalten der Schmerzempfindung verstärkt. Nichtsdestotrotz wird auch dieser Schmerz nur in Kauf genommen und nicht selbst erstrebt.

Schmerzen zeichnen sich grundsätzlich durch einen spezifisch phänomenalen Gehalt aus. Wesentlicher Bestandteil dieses Gehaltes ist, dass Schmerzen unange-

[110] SCHABER 2006, 221.

nehm sind und deswegen in der Regel mit dem Wunsch zusammenfallen, der Schmerz möge aufhören. Schmerzen werden deswegen auch nicht erst im Zuge eines kognitiven Bewertungsprozesses als unangenehm erlebt. Dass sich Menschen in manchen Situationen bewusst Schmerzen zufügen oder freiwillig schmerzhaften Situationen aussetzen kann damit begründet werden, dass sie den Schmerz in Kauf nehmen, um ein spezifisches Ziel erreichen beziehungsweise ein positives Gesamterlebnis erleben zu können. Fraglich ist, ob und inwiefern sich diese Überlegungen auf den sich selbstverletzenden Borderline-Patienten übertragen lassen. Borderline-Patienten scheinen, wie der Exkurs über Selbstverletzungen deutlich gemacht hat, kein höheres Ziel, sondern die Schmerzempfindung selbst zu erstreben, wodurch sie sich von allen anderen skizzierten Selbstverletzungen unterscheiden. Ob sich die vorangegangenen Überlegungen auf Borderline-Patienten anwenden lassen, wird im folgenden Abschnitt untersucht.

Selbstverletzungen bei Borderline-Patienten und Schlussfolgerungen für das Schmerzphänomen

Ungefähr 1% der Bevölkerung leidet an einer Borderline-Persönlichkeitsstörung (BPS), wobei die Störung überwiegend bei Frauen (60-70%) diagnostiziert wird.[111] Das aktuelle *Diagnostische und Statistische Manual für psychische Störungen* (DSM-IV) gibt Kriterien an, die für die Diagnose BPS erfüllt sein müssen.[112] Als Leitsymptom der Erkrankung wird eine gestörte Affektregulation betrachtet, welche durch ein erhöhtes Erregungsniveau beziehungsweise eine verzögerte Rückbildung emotionaler Erregung, sowie eine niedrige Reizschwelle für emotionsauslösende Ereignisse gekennzeichnet ist.[113] Symptome sind außerdem ein instabiles Selbstbild und eine verzerrte Selbstwahrnehmung. Selbstverletzendes Verhalten stellt einen symptomatischen Kernbereich der BPS dar, es kann bei 70-80% der Patienten beobachtet werden[114] und beginnt nicht selten bereits vor dem zwölften Lebensjahr.[115] Häufig sind zwischenmenschliche Konfliktsituationen Auslöser für selbstverletzende Handlungen, wobei unterschiedliche Praktiken, durch welche sich Patienten mit einer BPS selbst verletzen, bekannt sind. Oft wird davon berichtet, dass sich Personen, die an der BPS leiden, tief in die Haut an Armen und Beinen, mit Rasierklingen oder

[111] Vgl. JOCHIMS et al. 2006, 144.

[112] Die Diagnose BPS darf gemäß der aktuellen Version des *Diagnostischen und Statistischen Manuals für psychische Störungen* (DSM-IV) dann gestellt werden, wenn mindestens fünf der folgenden Kriterien erfüllt sind: *Erstens* ein verzweifeltes Bemühen, tatsächliches oder vermutetes Verlassenwerden zu verhindern; *zweitens* sehr intensive aber instabile zwischenmenschliche Beziehungen; *drittens* Identitätsstörung; *viertens* wiederkehrende Impulshandlungen mit selbstschädigendem Charakter; *fünftens* Selbstmordversuche; *sechstens* ausgeprägte Gefühlsschwankungen; *siebtens* chronisches Gefühl von Leere.

[113] Vgl. VALERIUS / SCHMAHL 2008.

[114] Vgl. SCHMAHL / BOHUS 2003, 85 und BACH / SCHMAHL / SEIFRITZ 2006.

[115] Vgl. RESCH 1998.

anderen spitzen Gegenständen schneiden. Verbreitet ist außerdem das Zufügen von Verbrennungen, das sich-selbst-Kratzen, bis es blutet oder das sich selbst Stoßen oder Schlagen.[116] Außerdem gibt es Betroffene, die sich bewusst in lebensgefährliche Situationen begeben, was im Rahmen dieser Untersuchung jedoch weniger von Interesse ist, da solche Verhaltensweisen nicht zwangsläufig mit Schmerzen einhergehen.

Häufig wird die Annahme vertreten, dass Personen, die an der BPS leiden, keinen oder nur geringen Schmerz empfinden, wenn sie sich selbst verletzen.[117] Als Belege für diese These werden zum einen Befragungen der Patienten selbst, zum anderen Untersuchungen mit der funktionellen Bildgebung angeführt.[118] Es wird vermutet, dass BPS-Patienten Schmerzen reduziert wahrnehmen, weil ihre gefühlsmäßige Reaktion auf Schmerzen gebremst wird. In Studien mit der funktionellen Bildgebung versucht man neurale Korrelate zu identifizieren, die diese Theorie stützen könnten. Es gibt mittlerweile eine ganze Reihe von fMRT- und PET-Studien, in denen die Gehirnaktivität von Borderline-Patienten untersucht wurde, während diese Schmerzen empfinden. Gezeigt wurde, dass bei Borderline-Patienten, die schmerzhaften Reizen ausgesetzt sind, ein charakteristisches Muster neuraler Aktivität beobachtet werden kann, welches bei gesunden Probanden nicht zu finden ist. Berichtet wird von vermehrter Aktivität im *dorsolateralen präfrontalen Kortex* in Verbindung mit einer Deaktivierung des *perigenualen ACC* und der *Amygdala*. Dieser Befund, so die Vermutung, könnte die hirnorganische Entsprechung eines kognitiven Hemm-Mechanismus sein, der die affektiven Schmerzanteile, die in ACC und Amygdala verarbeitet werden, reduziert.[119]

Unklar ist jedoch, ob hier wirklich von einer reduzierten Schmerzempfindung gesprochen werden kann oder ob es sich einzig und allein um eine von der Norm abweichende Bewertung der Schmerzempfindung handelt, die mit dem vorherrschenden Schmerzverständnis, welches besagt, dass Schmerzen unangenehm und schlecht sind, nicht in Einklang gebracht werden kann. Schmerzen werden, wie oben dargelegt wurde, grundsätzlich als unangenehm empfunden, können aber Teil eines positiven Gesamterlebnisses sein. Verwirrend ist allerdings, dass Erfahrungsberichte von BPS-Patienten den Eindruck erwecken, sie würden sich selbst verletzen um Schmerzen zu empfinden. Der Borderline-Patient, der sich mit einer Rasierklinge tief in den Arm schneidet, so wird behauptet, will Schmerzen erleben. Eine verbreitete Annahme ist, dass das selbstverletzende Verhalten in erster Linie zur Spannungsreduktion eingesetzt wird, aber auch mit dem Ziel der Selbstbestrafung, der Reduktion unangenehmer Gefühle oder der Überwindung eines dissoziativen Zustandes.[120] Der Borderline-Patient muss seine innere Spannung irgendwie

[116] Vgl. RESCH 1998.
[117] Vgl. FREY 2004.
[118] Siehe vor allem JOCHIMS et al. 2006; SCHMAHL et al. 2006.
[119] Vgl. JOCHIMS et al. 2006; SCHMAHL et al. 2006.
[120] Vgl. VALERIUS / SCHMAHL 2008; JOCHIMS et al. 2006, 144.

reduzieren und sieht keine andere Möglichkeit als sich selbst zu verletzen, als sich selbst Schmerzen zuzufügen.[121] Betroffene berichten oft von starken, andauernden, unspezifischen negativen Gefühlen. Im Gegensatz zu diesen Gefühlen ist die Schmerzempfindung lokalisierbar und teilweise kontrollierbar. Die stark negativen Gefühle können durch die spezifische, selbstzugefügte Schmerzempfindung in einem Körperteil überlagert werden. Borderline-Patienten versuchen durch solche Verletzungen ihre Selbstentfremdung und Empfindungslosigkeit zu durchbrechen.[122] Sie haben Gefühle, die noch unangenehmer sind als die Schmerzempfindung. Die Selbstverletzungen werden so lange fortgeführt, bis durch den Schmerz Erleichterung eintritt. Schmerz bedeutet, so beschreibt es Thomas Fuchs, äußerste Intensität des Selbsterlebens und damit – paradoxerweise – zugleich äußerste Lebendigkeit. Fuchs zieht hier eine Parallele zu dem Verhalten autistischer Kinder, die sich selbst beißen oder ihren Kopf immer wieder irgendwo gegen schlagen. Auch diese Kinder versuchen, so erklärt er es, die Wahrnehmung der Leibgrenzen und damit das Selbsterleben zu stärken.[123] In einer Studie gaben 93% der sich selbstverletzenden Patienten an, dass nach der Selbstverletzung ein Gefühl der Erleichterung und Ruhe eintrete.[124] Dieser zunächst positiv wahrgenommene Zustand hält allerdings nicht lange an. Kurze Zeit später überwiegen in der Regel negative Gefühle des Ekels und der Scham.[125] Die Angst vor entstellenden Narben und die Schuld, dem Verlangen nach Selbstverletzung nachgegeben zu haben, führen zu einer negativen Bewertung der eigenen Person. Dies kann wiederum in weiteren selbstverletzenden Handlungen münden. Oft berichten Betroffene auch davon, dass die zugefügten Verletzungen noch längere Zeit als schmerzhaft, unangenehm und störend erlebt werden.

Diese Überlegungen zeigen, dass Personen, die an einer BPS leiden und sich selbst verletzen, letztlich, genau wie diejenigen, die Schmerzen während sportlicher Aktivität ertragen, Schmerzen nicht als angenehm, sondern durchweg als unangenehm empfinden. Die unangenehme Schmerzempfindung dient dem höheren Ziel den eigenen Körper zu spüren und kontrollieren zu können, was insgesamt wiederum ein positives Erlebnis erzeugt. Die Studien von Neurowissenschaftlern und Psychologen, die zeigen, dass bei Borderline-Patienten ein spezifisches Muster neuraler Aktivität beobachtet werden kann, wenn sie Schmerzen empfinden, dürfen nicht überinterpretiert werden. Aus ihnen kann nicht abgeleitet werden, dass Borderline-Patienten Schmerzen als angenehm empfinden, sondern wenn überhaupt

[121] Möglicherweise würde sich ein BPS-Patient nicht mehr selbst verletzen, wenn er während der Selbstverletzung starke Schmerzen empfinden würde. Interessant ist in diesem Zusammenhang die Frage, welche Auswirkung eine pharmakologische Schmerzunterdrückung auf das Verhalten des Patienten hat.

[122] Vgl. FUCHS 2008, 67.

[123] Vgl. FUCHS 2008, 68.

[124] NIXON et al. 2002.

[125] FREY / CEUMEREN-LINDENSTJERNA 2008.

nur, dass sie Schmerzen anders bewerten. Diese andere Bewertung korreliert vielleicht mit den umschriebenen neuralen Zuständen. Da Borderline-Patienten den Schmerz selbst instrumentalisieren, um ihre eigenen Grenzen erfahren zu können, ist es nicht verwunderlich, dass sie Schmerzen auf ihre eigene Art und Weise wahrnehmen. Sie empfinden ihren Schmerz als unangenehm, bewerten ihn aber positiv und haben infolgedessen ein, aus ihrer subjektiven Erlebnisperspektive betrachtetes, positives Gesamterlebnis.[126]

Der Borderline-Fall verdeutlicht somit erneut, dass Schmerzempfindungen zwangsläufig unangenehm sind, aber in positive Gesamterlebnisse einfließen können. Schmerzen werden gelegentlich in Kauf genommen, sie sind aber nie *Zweck an sich*, wie Schaber es vorgeschlagen hat.

Schmerz und Leid

Welche Schlussfolgerungen können nun insgesamt für die Phänomenbeschreibung gezogen werden? Die Untersuchung von Selbstverletzungen hat gezeigt, dass Schmerzen zwar grundsätzlich unangenehm sind, dass es aber Situationen gibt, in denen die eigentlich unangenehmen Schmerzempfindungen in ein positives Gesamterlebnis einfließen – Beispiele sind der Extrembergsteiger ebenso wie der sich selbst verletzende Borderline-Patient. Dennoch ist noch nicht ganz ersichtlich, inwiefern Schmerzen Teil angenehmer Erlebnisse sein können. Eine Unterscheidung die hier mehr Klarheit schaffen kann ist die zwischen „Schmerz" und „Leid", denn wer Schmerzen als unangenehm empfindet und negativ bewertet, der leidet im Gegensatz zu demjenigen, der sie zwar auch als unangenehm empfindet, aber insgesamt positiv erlebt.[127] Schmerzen können, so betrachtet, mit großem Leid einhergehen, sie können aber, wie dargelegt wurde, auch Teil eines positiven Erlebnisses sein. Leid hingegen ist grundsätzlich schlecht. Eine Person, die leidet wird ihren Zustand immer als negativ empfinden. Die negative Bewertung ist konstitutiv dafür, dass jemand leidet.[128] Schaber formuliert den Unterschied zwischen Leid und Schmerz wie folgt:

> „Schmerzen haben und Leiden sind nicht dasselbe: Wenn eine Person leidet, dann geht es ihr nicht gut. Wenn eine Person Schmerzen hat, kann es sein, dass es ihr auch nicht gut geht; im Unterschied zum Leiden muss das aber nicht so sein. Obwohl eine Person Schmerzen hat, kann es ihr gut gehen."[129]

---

[126] Vgl. Kapitel III.1. Dort werden die Begriffe „Schmerzempfindung" und „Schmerzerleben" differenziert betrachtet.

[127] Vgl. dazu auch SCHABER 2006; SCHMIDT 2006.

[128] Vgl. SUMNER 1999, 105.

[129] SCHABER 2006.

Wenn man die These vertritt, dass Schmerzen an sich unangenehm sind, dann muss gefragt werden, warum nicht jede Schmerzempfindung zwangsläufig mit einem negativen Erlebnis einhergeht. Leonard Wayne Sumner schreibt in diesem Zusammenhang: „[H]ow physical pain feels to us, how much it hurts, is one thing; how much it matters to us is another."[130] Eigentlich werden Schmerzen negativ bewertet, weil sie unangenehm oder auch unerträglich sind. Schaber schlägt folgende Problemlösung vor: „Die spezifische Anfühleigenschaft von Schmerzen können einen Grund darstellen, sie schlecht zu bewerten und sie entsprechend auch nicht zu wollen. Diese Eigenschaft liefert aber nicht in jedem Kontext einen solchen Grund."[131] Er bezeichnet seine Theorie als einen *Holismus der Werteigenschaften.* Danach gelte, dass es grundsätzlich von der Situation in der sich die betroffene Person befinde abhänge, ob die Anfühleigenschaften von Schmerzen uns Gründe für eine negative oder positive Bewertung lieferten. Nur deshalb sei es möglich, dass die Anfühlqualität von Schmerz in einem Kontext einen Grund für eine schlechte Bewertung, in einem anderen Kontext einen Grund gegen eine schlechte Bewertung liefern könne.

> „Das hat nichts mit einem Relativismus der Bewertung zu tun (der eine bewertet es eben schlecht, der andere nicht). Es geht vielmehr darum, dass der Wert von Eigenschaften kontextuell bestimmt wird [...] Was die Schmerzen schlecht macht [...] ist die Anfühlqualität von Schmerzen in Abhängigkeit von anderen Eigenschaften einer Situation. Diese anderen Eigenschaften [...] können die Anfühleigenschaften von Schmerz [...] in eine positive Werteigenschaft verwandeln."[132]

In einigen Punkten ist Schaber zuzustimmen: Schmerzen werden grundsätzlich als unangenehm empfunden, die schmerzempfindende Person nimmt aber grundsätzlich eine Bewertung des Zustandes vor. In diese Bewertung fließen Erwartungen, Ängste, Sorgen und andere Faktoren ein. So werden Schmerzen, die während eines Marathonlaufes erlebt werden, ganz anders bewertet, als Schmerzen, die auftreten, nachdem die Diagnose Darmkrebs gestellt worden ist. Während der Marathonläufer davon ausgeht, dass der Schmerz mit Beendigung des Laufes oder zumindest nach ein paar Tagen vergehen wird und ihn deswegen insgesamt positiv bewertet, erlebt der Krebspatient den Schmerz durchweg als negativ, weil er Ängste, Verzweiflung und möglicherweise depressive Zustände bei ihm auslöst.

[130] SUMNER 1999, 106.
[131] SCHABER 2006, 221 f.
[132] SCHABER 2006, 221 ff.

3.4 Zusammenfassung

Das Kapitel über anormale Schmerzerlebnisse hat folgende Ergebnisse hervorgebracht: Erstens konnte gezeigt werden, dass es unterschiedliche Situationen gibt, in denen Menschen keine Schmerzen empfinden, obwohl ihr Körper eine Schädigung, beispielsweise eine Verletzung, eine Entzündung oder einen Knochenbruch, aufweist. Ein physiologischer Zustand allein reicht also keineswegs aus, um von einem Schmerzerlebnis sprechen zu können. Schmerzen müssen grundsätzlich empfunden werden. Es ist sinnlos von einem Schmerz zu sprechen, der nicht empfunden wird.[133] Wichtig ist, dass nicht der Körper, der geschädigt ist, Schmerzen empfindet, sondern das Wesen, dessen Körper eine Schädigung aufweist. Schmerzen empfinden können Menschen und viele Tiere. Schmerzen empfinden können aber nicht Körper von Menschen und Körper von Tieren. Der Titel, den Elaine Scarry für ihr viel zitiertes Buch, auf welches ich im nächsten Kapitel näher eingehen werde, gewählt hat, *The Body in Pain*[134], ist so betrachtet verfehlt. Nicht der Körper ist im Schmerz, sondern ein Lebewesen empfindet Schmerzen. Die körperliche Schädigung ist also kein hinreichendes Kriterium für Schmerzempfindungen. Eine Schädigung muss nicht zwangsläufig mit einer Schmerzempfindung einhergehen.

Die Schädigung ist aber, und damit komme ich zu dem zweiten wichtigen Ergebnis dieses Kapitels, sehr häufig die Ursache für Schmerzen. Allerdings ist nicht ganz klar, was nun genau unter einer „Schädigung" verstanden werden muss. Schädigungen sind alle körperlichen Zustände, die die normale Funktionsweise des Organismus beeinträchtigen, die sich also beispielsweise auf den Stoffwechsel, das Herz-Kreislaufsystem, die Atmung oder die Motorik auswirken können. Schädigungen können aber auch im Nervensystem und speziell im Gehirn auftreten, indem sie die neurale Aktivität und damit die Steuerung des Körpers sowie die kognitiven Leistungen beeinträchtigen. Mit den gegenwärtig zur Verfügung stehenden medizinischen und neurowissenschaftlichen Methoden können wir nur einen Bruchteil der möglichen Schädigungen, die mit Schmerzempfindungen korrelieren, diagnostizieren. Außerdem kennen wir auch nur sehr wenige solcher Schädigungen. Deswegen kommt es immer wieder vor, dass Menschen Schmerzen empfinden, für die einfach keine Ursache ausgemacht werden kann beziehungsweise die auf keine Schädigung zurückgeführt werden können. Dafür kennen wir den Körper, das Gehirn und erst recht die Wechselwirkungen zwischen beiden bei weitem nicht gut genug. Der Begriff „Schädigung" ist an dieser Stelle vielleicht etwas irreführend, weil er andeu-

[133] Dies wird später im Kapitel über die Schmerzempfindungen von komatösen Patienten noch einmal eine wichtige Rolle spielen; vgl. Kapitel III.5.2. Reflexartige Bewegungen eines Wachkoma-Patienten sind nicht unbedingt ein Indiz für Schmerzempfindungen. Je nach Ausmaß der neuralen Schädigungen kann es sein, dass es sich hierbei nur um unbewusst ablaufende Bewegungen handelt, die der Patient selbst gar nicht registriert.

[134] SCARRY 1987.

tet, dass ein Mensch einen idealen Körper haben kann, der, solange er richtig funktioniert, vollkommen schmerzfrei ist. Akute Schmerzen signalisieren uns, dass irgendetwas im Körper vom *normalen Zustand* abweicht, sie haben eine Warn- und Belehrungsfunktion, wie es bereits René Descartes betont hat.[135] Chronische Schmerzen, die häufig mit keinen Schädigungen im Körper, sondern ausschließlich mit neuralen Prozessen in Verbindung stehen, kommt eine solche Funktion hingegen nicht zu. Das Gehirn ist ein Organ, welches ständig aktiv ist. Im Gegensatz zum Darm beispielsweise, der mal aktiv ist und mal zur Ruhe kommt, findet auf neuraler Ebene ständig Aktivität statt. Chronische Schmerzen korrelieren mit spezifischen neuralen Aktivitätsmustern. Ob das Auftreten solcher Muster aber nun als Schädigung verstanden werden darf ist unklar. Der Begriff „Schädigung" scheint jedenfalls nicht unproblematisch zu sein. Um Missverständnissen vorzubeugen ist es daher sinnvoll, im Folgenden nicht unbedingt von „Schädigungen", sondern einfach von „spezifischen physiologischen Prozessen", die mit Schmerzempfindungen korrelieren, zu sprechen.

Schließlich konnte drittens gezeigt werden, dass Schmerzen zwar grundsätzlich unangenehme Empfindungen sind, die aber positiv bewertet werden können. Der unangenehme Gehalt ist zweifellos ein wichtiges Charakteristikum des Schmerzes. Je mehr wir uns auf die Schmerzempfindung konzentrieren und uns fragen, was diese Empfindung denn eigentlich auszeichnet, umso deutlicher wird, dass es letztlich der unangenehme Gehalt ist.

***

Zum jetzigen Zeitpunkt der Untersuchung kann insgesamt festgehalten werden:

- Kapitel III.1. hat gezeigt: Schmerzen werden immer in einem Körperteil oder einer Körperregion empfunden. Negative Gefühle, die beispielsweise mit Trauer oder Enttäuschung einhergehen und nicht „im" Körper lokalisiert werden können, sind dementsprechend keine Schmerzen, obwohl sie metaphorisch gewöhnlich als „Schmerzen" oder „schmerzhafte Zustände" beschrieben werden. Nicht in Vergessenheit geraten darf allerdings, dass Schmerzen und andere negative mentale Zustände in enger Wechselwirkung stehen: Schmerzen können psychosomatisch, das heißt durch andere mentale Zustände verursacht sein und umgekehrt können negative Gefühle in Folge anhaltender Schmerzen auftreten.
- Kapitel III.2. hat gezeigt: Dem Gehirn kommt die zentrale Rolle bei der Schmerzentstehung und -verarbeitung zu. Obwohl wir beispielsweise die neuralen Mechanismen, die der Chronifizierung von Schmerzen, dem Placeboeffekt und dem Phantomschmerz zugrunde liegen, zunehmend besser verstehen, stellt das Schmerzphänomen aus medizinischer Perspektive immer noch

[135] Vgl. DESCARTES *Über den Menschen*.

ein in vielerlei Hinsicht, ungelöstes Rätsel dar. Ob dieses Rätsel im Zuge des neurowissenschaftlichen Fortschritts jemals gelöst werden wird, bleibt abzuwarten. Die funktionelle Bildgebung scheint jedenfalls eine für die Entschlüsselung dieses Rätsels vielversprechende Methode zu sein, solange die mit ihr durchgeführten Studien angemessen durchgeführt und die Ergebnisse korrekt interpretiert werden.

– Kapitel III.3. hat gezeigt: Schmerz geht grundsätzlich mit spezifischen physiologischen Prozessen einher. Diese Prozesse können im gesamten Körper, also auch im Gehirn ablaufen. Da wir nur einen Bruchteil dieser spezifischen Zustände kennen und da die diagnostischen Möglichkeiten begrenzt sind, macht es oft den Anschein, als würde Schmerz ohne korrelierende Schädigung auftreten. Die Schädigung darf dabei nicht mit der Ursache verwechselt werden. Ursächlich für Schmerzempfindungen können auch äußere Faktoren, beispielsweise Stress oder andere mentale Zustände, beispielsweise Angst, sein. Diese wirken sich neural aus. Hier liegt dann die Schädigung, diese ist aber nicht erkennbar. Gezeigt wurde zudem, dass Schmerzen immer unangenehm sind, allerdings in positive Gesamterlebnisse einfließen können.

Es können also drei typische *Schmerz-Charakteristika* aufgelistet werden:

(1) Schmerzen werden irgendwo im Körper empfunden.

(2) Schmerzen korrelieren mit spezifischen physiologischen Prozessen.

(3) Schmerzen werden grundsätzlich als unangenehm empfunden, sie können aber in positive Gesamterlebnisse einfließen.

Dies sind notwendige Kriterien für das Vorliegen eines Schmerzes, jedoch noch keine hinreichenden, was vor allem dann deutlich wird, wenn man sich andere Empfindungen, die die drei Kriterien ebenfalls erfüllen, bei denen es sich jedoch nicht um Schmerzempfindungen handelt, ansieht. Zu solchen Empfindungen zählen andere *Interozeptionen*, also andere Empfindungen, die Informationen nicht über die Außenwelt, sondern über eigene Körperabschnitte beinhalten.[136] Schwierig ist beispielsweise die Unterscheidung zwischen einem Juckreiz und einem Schmerz. Der Juckreiz erfüllt die Kriterien (1) bis (3): Er wird in einem Körperteil oder einer Körperregion empfunden, er geht mit einem spezifischen physiologischen Zustand einher und er ist unangenehm. Worin liegt also der Unterschied zwischen einem Juckreiz und einem Schmerz? Der Juckreiz juckt. Der Schmerz schmerzt. Aber was bedeutet es, dass ein Körperteil juckt und was bedeutet es, dass ein Körperteil schmerzt? Inwiefern unterscheidet sich der phänomenale Gehalt eines Juckreizes

[136] Dabei unterscheidet man die „Propriozeption“ (Wahrnehmung von Körperlage und -bewegung im Raum) und die „Viszerozeption“ (Wahrnehmung von Organtätigkeiten). Die Wahrnehmung der Außenwelt wird als „Exterozeption“ bezeichnet.

von dem eines Schmerzes? Beide Empfindungen sind derart unangenehm, dass wir uns normalerweise wünschen, dass sie aufhören und beide Empfindungen beanspruchen unsere Aufmerksamkeit derart, dass wir uns kaum auf andere Dinge konzentrieren können. Schmerzen werden mit Adjektiven wie beispielsweise brennend, beißend, bohrend oder stechend beschrieben. Der Juckreiz hingegen wird selten mit Worten umschrieben. Da beide Zustände subjektiv erlebt werden, scheint es sehr schwierig zu sein ein Kriterium zu benennen, mittels derer die beiden Empfindungen unterschieden werden können. Diese Überlegungen machen zweierlei deutlich: *Erstens* haben wir noch nicht alle Charakteristika des Schmerzes aufgezeigt, denn es gibt nach wie vor Empfindungen, die keine Schmerzen sind, aber alle bislang erarbeiteten *Schmerz-Charakteristika* erfüllen. Wir werden die Suche also fortsetzen müssen. *Zweitens* zeigen diese Überlegungen auch, dass es sehr schwierig ist einer anderen Person zu erklären, wie sich ein Schmerz anfühlt und warum er sich beispielsweise von einem Juckreiz unterscheidet. An diesem Punkt werde ich im folgenden Kapitel über das Verhältnis von Schmerz uns Sprache ansetzen.

4. Schmerz und Sprache

Schmerzempfindungen haben, wie nun deutlich geworden sein sollte, einen *phänomenalen Gehalt*, das heißt es fühlt sich auf eine bestimmte Art und Weise an, sie zu erleben. Geschmacks-, Farb- und Geruchserlebnisse beinhalten eine gleichermaßen subjektive Komponente. Der phänomenale Gehalt von Schmerzempfindungen wird in diesem sowie in den folgenden drei Kapiteln (III.5. Schmerz und Bewusstsein, III.6. Die Lokalisation von Schmerzempfindungen, III.7. Die Erklärungslücke) thematisiert. Schwerpunkt dieses Kapitels ist das Problem der *Privatheit* und damit einhergehend das Verhältnis von Schmerz und Sprache. Es wird untersucht, wie privat Schmerzempfindungen sind beziehungsweise inwieweit eine Auflösung der Privatheit durch Sprache oder auch durch die Beobachtung von Verhalten möglich ist. Geprägt wurde in diesem Zusammenhang der Begriff der *epistemischen Asymmetrie*[137], welche zwischen dem Wissen über die eigenen mentalen Zustände und dem Wissen über die mentalen Zustände anderer Personen besteht. Wer auf diese Asymmetrie verweist, bezieht sich auf den Sachverhalt, dass jemand von seinen eigenen Schmerzempfindungen unmittelbar und direkt weiß, während er über die Schmerzempfindungen einer anderen Person zunächst nur Vermutungen anstellen kann.

Das Wissen über die eigenen Schmerzempfindungen ist durch drei Merkmale gekennzeichnet:[138] Es ist erstens *unkorrigierbar* – wenn jemand glaubt Schmerzen zu haben, dann hat er diese auch. Überzeugungen über eigene Schmerzempfindungen

[137] Vgl. STURMA 2005, 2007, 151 ff.; LYRE 2002, 160 ff.; METZINGER 2006a, 81 ff.

[138] Benannt wurden diese drei Merkmale von Christof Michel und Albert Newen; siehe MICHEL / NEWEN 2007.

sind irrtumsimmun, sie können nicht bezweifelt werden.[139] Das Wissen über die eigenen Schmerzempfindungen ist zweitens *transparent*, denn wenn jemand glaubt Schmerzen zu haben, dann weiß er dies auch unmittelbar.[140] Drittens ist dieses Wissen *kriterienlos*, denn jemand muss keine äußeren Kriterien anwenden, um zu wissen, dass er Schmerzen hat. Er ist sich dessen vielmehr unmittelbar bewusst. Im Gegensatz dazu sind Annahmen über die Schmerzempfindungen anderer Personen erstens korrigierbar – jemand kann fälschlicherweise davon ausgehen, dass sein Gegenüber Schmerzen empfindet. Zweitens sind solche Annahmen nicht unbedingt transparent – wenn eine andere Person Schmerzen hat, dann ist dies anderen nicht unmittelbar bewusst. Hinzu kommt drittens, dass immer äußere Kriterien hinzugezogen werden müssen, um Aussagen über die Schmerzempfindungen anderer Personen treffen zu können – nur durch die Kommunikation oder durch die Verhaltensbeobachtung ist es möglich Vermutungen über die Schmerzempfindungen anderer Personen aufzustellen. Ohne hier eine Theorie darüber einnehmen zu wollen, was „Wissen" dem Grunde nach ist,[141] werde ich mich im Folgenden mit eben dieser epistemischen Asymmetrie und der Diskussion um jene auseinandersetzen.

Dass sich das Wissen über die eigenen mentalen Zustände von dem Wissen über die mentalen Zustände anderer Personen unterscheidet, wird eher selten bezweifelt.[142] Hinterfragt wird allerdings, ob aus dieser epistemischen Asymmetrie auch eine *semantische Asymmetrie* mentaler Prädikate folgt. Eine solche semantische Asymmetrie nimmt an, wer davon ausgeht, dass die Bedeutung mentaler Prädikate für jede Person durch ihre privilegierten, privaten Erfahrungen festgelegt wird, sodass jedes Subjekt eine eigene private Bedeutung mit einem mentalen Prädikat verbindet. Wenn das Prädikat darüber hinaus eine öffentliche Bedeutung hat, dann ist diese verschieden von der privaten Bedeutung.

Im Folgenden wird nun erörtert, welche Form von Asymmetrie, nur die epistemische oder auch die semantische, zwischen den eigenen Schmerzempfindungen und den Schmerzempfindungen anderer Personen besteht. Gegenübergestellt werden dazu die Theorien Elaine Scarrys und Ludwig Wittgensteins – beide werden in der Literatur zum Schmerz immer wieder benannt. Während Scarry davon ausgeht,

---

[139] Diese Unkorrigierbarkeit gilt für Überzeugungen über die eigenen Schmerzempfindungen, allerdings nicht für Aussagen über solche, denn jemand kann auch fälschlicherweise behaupten, Schmerzen zu empfinden.

[140] Vgl. hierzu Kapitel III.5.

[141] Normalerweise wird „Wissen" in Anlehnung an Platon als wahre gerechtfertigte Meinung verstanden. Für eine ausführliche Analyse des Wissensbegriffes siehe CRAIG 1993.

[142] Einer der Wenigen, die davon ausgehen, dass nicht nur eine *semantische*, sondern auch eine *epistemische Symmetrie* besteht, ist Gilbert Ryle. Ihm gemäß haben wir epistemisch genau dieselben Bedingungen zum Erfassen unserer mentalen Phänomene wie eine andere Person. Der einzige Unterschied bestehe in der größeren Vertrautheit, die man mit sich selbst im Vergleich zu anderen habe; siehe RYLE 1949.

dass Schmerzempfindungen privat und prinzipiell nur subjektiv zugänglich sind, hat Wittgenstein die These geprägt, dass ein Zugang zu den Schmerzempfindungen anderer Personen in sprachlichem und körperlichem Ausdrucksverhalten[143] besteht. Scarry nimmt also eine epistemische und eine semantische Asymmetrie an. Wittgenstein hingegen postuliert eine semantische Symmetrie. Den beiden Theorien liegen unterschiedliche Annahmen über das Verhältnis von Schmerzempfindung und Schmerzausdruck zugrunde – Scarry nimmt eine *externe* Beziehung an, Wittgenstein hingegen eine *interne.* Als mögliche Konsequenz eines externen Ansatzes werde ich das *Problem des Fremdpsychischen* diskutieren. Anschließend wird das interne Modell mit Bezug auf das Wittgensteinsche Privatsprachenargument erläutert. Zuletzt wird der Frage nachgegangen, inwieweit das Sprechen über Schmerz das Schmerzerleben selbst beeinflussen kann.

4.1 These 1: Es besteht eine epistemische und eine semantische Asymmetrie

Schmerzen werden auf der einen Seite, genau wie andere mentale Zustände, subjektiv erlebt. Häufig wird aus dieser Subjektivität geschlussfolgert, dass Schmerzempfindungen höchst private Phänomene sind. In der Philosophie des Geistes wird die Privatheit neben anderen Eigenschaften wie Bewusstheit, Unkorrigierbarkeit, Intentionalität und Nicht-Räumlichkeit als ein mögliches Merkmal mentaler Phänomene betrachtet. Etwas ist ein privates x, „wenn sein Besitzer einen privilegierten Zugang zu x hat, d.h. eine Beziehung, die kein anderer zu x hat oder haben kann"[144] besteht. Auf der anderen Seite werden Schmerzen vielfach als öffentlich wahrnehmbar beschrieben, was in der Regel darauf zurückgeführt wird, dass sie zeitgleich mit einem charakteristischen Verhalten auftreten und zudem verbalisiert werden.[145] So werden Schmerzen häufig durch motorisches Verhalten (zum Beispiel Schonhaltung des betroffenen Körperteiles), Laute (zum Beispiel Stöhnen, Schreien) oder ganze Sätze (‚Ich habe Schmerzen!', ‚Es tut so weh!') ausgedrückt. Wenn jemand über seine Schmerzen spricht oder die schmerzende Stelle schont, können andere Personen etwas darüber erfahren, wo, das heißt in welchem Körperteil oder in welcher Körperregion, der Betroffene Schmerzen empfindet; beispielsweise im Fuß, im Bauch oder im Kopf.[146] Unklar ist aber, inwieweit körperlicher und insbesondere sprachlicher Ausdruck Zugang zu den Inhalten von Schmerzempfindungen anderer Personen eröffnen. Zur Frage steht, was wir über die Schmerzempfindungen an-

---

[143] Die Begriffe „Schmerzausdruck" und „Schmerzverhalten" werden in diesem Kapitel synonym verwendet, denn unter Ausdruck wird körperlicher und sprachlicher Schmerzausdruck verstanden, was mit Schmerzverhalten gleichgesetzt werden kann.

[144] BECKERMANN 2008, 11.

[145] Vgl. SCHMITZ 2003, 168.

[146] Die Frage, wie dieses „in" zu verstehen ist, wird weiter unten im Kapitel über die Lokalisation von Schmerzempfindungen noch ausführlich thematisiert; vgl. Kapitel III.6.

derer Personen wissen können. Kann ich einer anderen Person erklären, wie sich mein Schmerz anfühlt? Sind Schmerzempfindungen über Ausdruck, Sprache und Verhalten zugänglich? Um solche Fragen beantworten zu können, müssen wir uns das Verhältnis von Schmerz und Sprache etwas genauer ansehen.

Es gibt eine Vielzahl von Wörtern, die verwendet werden, um Schmerzempfindungen auszudrücken. Die bekanntesten Adjektive der deutschen Sprache, mit denen Schmerzzustände beschrieben werden, sind „beißend", „brennend", „bohrend", „pochend", „stechend", „hämmernd", „ziehend", „drückend".[147] Häufig werden Schmerzempfindungen auch mit Hilfe von Umschreibungen ausgedrückt, wie beispielsweise: ‚Es fühlt sich an, als ob jemand mit dem Hammer auf mich einschlagen würde', ‚Es fühlt sich an, als ob mein Kopf in einen Schraubstock eingespannt wäre' oder ‚Ich hatte das Gefühl, es würde jeden Moment etwas reißen' oder sogar ‚Ich dachte, ich müsste sterben'. Wenn der Schmerz ein gewisses Maß überschritten hat, dann kann dies zur Folge haben, dass die leidende Person sich außer Stande fühlt, überhaupt noch zu sprechen. In solchen Fällen werden Schmerzempfindungen durch Verhaltensweisen wie *schreien*, *stöhnen* oder *wimmern* artikuliert. Aber inwieweit kann der qualitative Gehalt eines Schmerzerlebnisses durch solche Ausdrücke und Laute kommuniziert werden? Wenn ich einer anderen Person erkläre, wie sich mein Schmerz anfühlt, was weiß sie dann über meinen Schmerz?

Ausführlich mit solchen Fragen beschäftigt hat sich Elaine Scarry in ihrem Buch *The Body in Pain*[148]. Sie vertritt die These, dass Schmerz und Sprache unverträglich sind.[149] Für denjenigen der Schmerzen empfinde sei der Schmerz fraglos und unbestreitbar gegenwärtig. Für andere hingegen seien diese Empfindungen nicht zugänglich. So schreibt sie:

> „So, for the person in pain, so incontestably and unnegotiably present is it that 'having pain' may come to be thought of as the most vibrant example of what it is to 'have certainty', while for the other person it is so elusive that 'hearing about pain' may exist as the primary model of what it is 'to have doubt.' Thus pain comes unsharably into our midst as at once that which cannot be denied and that which cannot be confirmed."[150]

Der Schmerz, so erklärt sie, präsentiere sich uns als etwas Nichtkommunizierbares, da er einerseits nicht zu leugnen, andererseits aber auch nicht zu beweisen sei.[151] Der körperliche Schmerz sei nicht nur resistent gegen Sprache, er zerstöre sie; er

[147] Vgl. hierzu den *McGill Pain Questionaire* (MELZACK / TORGERSON 1971).
[148] SCARRY 1987.
[149] Siehe hier und im Folgenden SCARRY 1987.
[150] SCARRY 1987, 4.
[151] Vgl. SCARRY 1987, 5 ff.

versetze uns in einen Zustand zurück, in dem wir nicht sprechen, nur schreien könnten.[152]

Scarry geht davon aus, dass die fehlende Möglichkeit, den Schmerz sprachlich auszudrücken, ein essentielles Problem für die medizinische Erforschung des körperlichen Schmerzes darstellt. Daher sei es auch nicht verwunderlich, dass der Mann, der ein bahnbrechendes Modell über die Physiologie des Schmerzes entworfen habe, zugleich der Erfinder eines diagnostischen Hilfsmittels sei, welches es dem Patienten ermöglichen soll, den individuellen Schmerzcharakter besser als je zuvor auszudrücken.[153] Gemeint ist hier Ronald Melzack, der bereits im Zusammenhang mit der *Gate-Control-Theorie* erwähnt wurde.[154] Melzack ist außerdem, gemeinsam mit seinem Kollegen Warren S. Torgerson, Autor des *McGill Pain Questionaire (MPQ)*[155]. Der MPQ ist ein Fragebogen zur Erfassung der Schmerzintensität, der weltweit eingesetzt wird. Schon 1971 entwickelten Melzack und Torgerson ein Vorgehen, um die verschiedenen Schmerzqualitäten zu spezifizieren. Im ersten Teil ihrer Studie forderten sie Mediziner und andere Akademiker auf, 102 aus der klinischen Literatur gewonnene Adjektive in Gruppen zu klassifizieren, welche verschiedene Aspekte des Schmerzerlebnisses beschreiben. Basierend auf diesen Ergebnissen konnten die Forscher drei Gruppen identifizieren: sensorisch, affektiv und evaluativ. Melzack entwickelte schließlich an der McGill-Universität in Montreal den *McGill Pain Questionnaire.*[156] Dieser enthält als zentrales Instrument eine in die drei Subskalen eingeteilte Liste von Adjektiven, die für die Beschreibung von Schmerzen verwendet werden kann. Später entwickelte er zudem eine Kurzform des Fragebogens, den *Short-Form McGill Pain Questionnaire* (SF-MPQ).[157] Dessen Vorteil besteht gegenüber der ursprünglichen Fassung darin, dass er wesentlich schneller bearbeitet werden kann. Zusätzlich zu der Liste der Adjektive (sensorisch, affektiv und evaluativ) ist eine *Visuelle Analogskala* (VAS) und eine *Skala für die Gesamtbeurteilung der Schmerzintensität* angefügt. Seit ihren Einführungen wurden der MPQ und der SF-MPQ in über 100 Studien über akute und chronische Schmerzen verwendet und in verschiedene Sprachen übersetzt. Aber wie hilfreich ist ein solcher Fragebogen? Inwieweit gibt er Einblick in die Schmerzempfindungen einer anderen Person?

Kommen wir zurück zu Scarry und ihren Ausführungen zu Fragebögen wie dem MPQ. Solche Versuche, den Schmerz mit Hilfe der Sprache zugänglich zu machen, sind ihrer Meinung nach völlig nutzlos, weil sie es nicht schaffen würden, den subjektiven Kern des Schmerzerlebens zu durchbrechen. Sie fordert dazu auf, die Subjektivität des Schmerzes anzuerkennen.[158] Sie vergleicht körperlichen Schmerz

[152] Vgl. SCARRY 1987, 5 ff.
[153] Vgl. SCARRY 1987, 5 ff.
[154] Vgl. Kapitel III.2.1; vgl. auch GEISSNER 1990.
[155] Siehe MELZACK / TORGERSON 1971.
[156] Siehe MELZACK / TORGERSON 1971.
[157] Siehe MELZACK 1987.
[158] SCARRY 1987, 77.

mit anderen mentalen Zuständen und Akten. Der Schmerz nimmt ihrer Meinung nach unter den psychischen-, somatischen- und Wahrnehmungszuständen eine Sonderstellung ein, denn er besitze als Einziger kein Objekt und sei deswegen nicht der Objektivierung fähig.[159]

> „Though the capacity to experience pain is as primal a fact about the human being as is the capacity to hear, to touch, to desire, to fear, to hunger, it differs from these events, and from any other bodily and psychic event, by not having an object in the external world. Hearing and touch are of objects outside the boundaries of the body, as desire is desire of x, fear is fear of y, hunger is hunger from z; but pain is not "of" or "for" anything–it is itself alone."[160]

Körperlicher Schmerz hat laut Scarry also keinen Referenten. Er sei nicht von oder für etwas und gerade weil er kein Objekt habe, widersetze er sich mehr als jedes andere Phänomen der sprachlichen Objektivierung.[161] Sie nimmt dementsprechend an, dass Schmerzempfindungen keine intentionalen Zustände sind. Allgemein ist unter Intentionalität die Bezugnahme auf einen Sachverhalt zu verstehen. In der angloamerikanischen Philosophie hat man für Intentionalität den Ausdruck „aboutness" verwendet, was als die Gerichtetheit auf ein Objekt übersetzt werden kann.[162] Intentionale Zustände können sich auf Sachverhalte aus der Vergangenheit, der Gegenwart oder der Zukunft beziehen. Diese Zustände sind dadurch charakterisiert, dass sie einen Inhalt haben, sie bedeuten etwas oder handeln von etwas. Sie bestehen darin, dass ein Subjekt eine Einstellung gegenüber einer Proposition einnimmt.[163] Zur Frage steht, ob Schmerzempfindungen einen solchen intentionalen Gehalt haben. Die Schmerzempfindung ist schmerzhaft und hat so betrachtet einen Inhalt. Dieser Inhalt muss aber nicht intentional sein. Vergleichen wir zum besseren Verständnis die Schmerzempfindung mit einer Rotwahrnehmung, welche eindeutig intentional ist, weil sie grundsätzlich auf die Röte des wahrgenommenen Objektes gerichtet ist. Worauf richtet sich die Schmerzempfindung? Man könnte sagen, die Schmerzempfindung richtet sich auf den Finger, der schmerzt. Aber dies wäre keine intentionale Beziehung, denn der Finger gehört selbst zum Körper.[164] Intentionales Objekt des Schmerzes könnte vielleicht das sein, was den Schmerz auslöst, zum Beispiel der Hammer, der auf den Finger fällt. Aber auch das wäre keine intentionale Beziehung, denn schließlich wird ja nicht der Hammer repräsentiert, sondern ein Zustand des Fingers. Die Frage, ob Schmerzempfindungen einen intentionalen oder auch repräsentationalen Gehalt haben, muss an dieser Stelle noch unbeantwortet

---

[159] SCARRY 1987, 160. Vgl. hierzu auch Kapitel III.6.
[160] SCARRY 1987, 161 f.
[161] Vgl. SCARRY 1987, 14.
[162] Vgl. STURMA 2005, 77.
[163] Vgl. KIM 1998, 13; STURMA 2005, 77 und 136; BECKERMANN 2008, 13 ff.
[164] Vgl. Kapitel III.6.

bleiben. Eine ausführliche Erörterung folgt im Kapitel III.6. Scarry geht davon aus, dass Schmerzempfindungen nicht intentional sind, weil es kein *schmerzhaftes Objekt* gebe, auf das man zeigen könne. Dementsprechend ist es ihrer Meinung nach sinnlos über den Schmerz zu sprechen, denn sprechen könne man nur über Wahrnehmungen und Empfindungen, die einen „äußeren Referenten" hätten.[165]

Eingangs wurde ja bereits angedeutet, dass Scarry im Gegensatz zu Wittgenstein ein externes Verhältnis von Schmerzempfindung und Schmerzausdruck annimmt. Jetzt wird deutlich, was unter einer solchen externen Beziehung verstanden werden muss: Schmerzempfindung und Schmerzausdruck können zwar (extern) gleichzeitig auftreten, die Empfindung existiert aber letztlich unabhängig von ihrem Ausdruck, weshalb keine interne Beziehung besteht. Während der Ausdruck beobachtet werden kann und so betrachtet öffentlich ist, sind Empfindungen nur erstpersonell zugänglich und damit privat. Schlüsse von dem Vorliegen eines bestimmten Schmerzausdrucks auf eine bestimmte Empfindung sind dementsprechend unzulässig. Nimmt man eine solche externe Beziehung an, dann sind Empfindungen grundsätzlich privat und es besteht keine Möglichkeit, sicheres Wissen über die Schmerzempfindungen anderer Personen zu erlangen. Konsequenz eines solchen Ansatzes ist daher nicht nur die bereits skizzierte *epistemische Asymmetrie*, sondern auch eine *semantische Asymmetrie* zwischen Sätzen aus der Ersten- und Dritten-Person-Perspektive. In dem Satz ‚Ich habe Zahnschmerzen.' hat das Prädikat ‚Zahnschmerzen haben' laut Scarry deswegen eine andere Bedeutung als in dem Satz ‚X hat Zahnschmerzen'.

Das Problem des Fremdpsychischen

Bevor im nächsten Abschnitt die Theorie Wittgensteins skizziert wird, müssen die erkenntnistheoretischen Folgen, die ein solches externes Modell von Schmerzempfindung und -ausdruck birgt, beleuchtet werden. Die These, dass Schmerzempfindungen privat und nur erstpersonell zugänglich sind, findet ihre Verallgemeinerung in der folgenden Theorie: Es ist generell nicht möglich, Wissen über die Empfindungen anderer Personen zu haben. Dies wiederum mündet zwangsläufig in der folgenden Annahme: Wir können nicht wissen, ob von uns verschiedene Personen überhaupt mentale Zustände, ein Innenleben, Bewusstsein haben. Diskutiert wird dieser Sachverhalt als das so genannte Problem des Fremdpsychischen (engl.: „problem of other minds"). Erste Ansätze dieses Problems finden sich schon in der Theorie René Descartes.[166] Ergebnis seines radikalen Zweifels

[165] SCARRY 1987, 14. Eine ähnliche These über das Verhältnis von Schmerz und Sprache vertritt Buytendijk. Auch er geht davon aus, dass eine vollständige Beherrschung der Sprache nur eine sehr lückenhafte Kenntnis über Schmerzempfindungen und andere Gefühle vermitteln könne. Er schreibt: „Die verbalen Äußerungen an sich genügen […] zur Ermittlung der Schmerzempfindung nicht." (BUYTENDIJK 1948, 72)

[166] Siehe DESCARTES *Meditationen.*

ist, dass nur die Selbstgewissheit in ihrer Geltung unerschütterlich ist, womit die Existenz anderer Personen nach wie vor dem generellen Zweifel ausgesetzt bleibe und das Mentale nur subjektiv zugänglich und somit für andere Personen nicht erfassbar sei.[167]

Sehen wir uns das Problem etwas genauer an: In der Regel gehen wir davon aus, dass andere Personen ähnlich konstituiert sind wie wir selbst und infolgedessen bewusste Erlebnisse haben. Auch wenn wir nicht wissen, was im *Inneren* anderer Subjekte vorgeht, bezweifeln wir in der Regel nicht, dass sie ein *Innenleben* haben. Diese Annahme kann aber, solange wir keinen Zugang zu den mentalen Zuständen anderer Personen haben, nicht verifiziert werden. Denn das „einzige Beispiel für eine Korrelation zwischen Bewusstsein, Verhalten, Anatomie und äußeren physischen Umständen, das wir jemals direkt beobachtet haben, ist unser eigener Fall"[168], schreibt Thomas Nagel. Selbst wenn andere Menschen und Tiere keinerlei Erlebnisse und kein inneres psychisches Leben irgendwelcher Art hätten, sondern lediglich komplizierte biologische Maschinen wären, so würden sie uns, so erklärt er, nicht anders erscheinen. Seiner Meinung nach könnte es ebenso gut sein, dass es sich bei unseren Mitmenschen um geistlose Roboter handelt.

> „Wir haben niemals in ihr Bewußtsein hineingeblickt – das können wir auch gar nicht – und ihr körperliches Verhalten könnte insgesamt von rein physikalischen Ursachen hervorgebracht werden. Vielleicht haben unsere Verwandten, unsere Katze und unser Hund keinerlei innere Erfahrung, und in diesem Fall gäbe es keine Möglichkeit, dies jemals herauszufinden."[169]

Wir können uns letztlich, so Nagel, noch nicht einmal auf die Daten stützen, die uns ihr Verhalten liefert, geschweige denn auf das, was sie sagen. Denn sonst würden wir ja voraussetzen dass äußeres Verhalten bei ihnen so mit innerer Erfahrung verbunden sei, wie es bei uns der Fall ist, was ja gerade gezeigt werden soll. Für das Schmerzphänomen bedeutet das wiederum: Ich kann strenggenommen nicht wissen, was von mir verschiedene Personen empfinden, wenn sie sich so verhalten als hätten sie Schmerzen.

Das Problem des Fremdpsychischen wird unterschiedlich bewertet. Der *Solipsismus*[170] geht beispielsweise davon aus, dass das Problem evident besteht und letztlich keiner Lösung zugeführt werden können wird. Aufgrund der epistemischen Asymmetrie zwischen dem Wissen über die eigenen mentalen Zustände und dem Wissen über die mentalen Zustände anderer Personen werde der Einzelne immer nur von seinem eigenen Bewusstsein ausgehen können.

---

[167] Vgl. STURMA 2005, 73.

[168] NAGEL 1987, 21.

[169] NAGEL 1987, 21.

[170] Aus dem Lateinischen: *solus* = allein und *ipse* = selbst. Der Begriff „Solipsismus" kann demzufolge mit „ich selbst oder das Selbst allein" übersetzt werden.

Eine andere Auffassung vertritt der *logische Behaviorismus*, welcher das Problem des Fremdpsychischen zurückzudrängen versucht, indem er bestreitet, dass es mentale, innere Vorgänge gibt, die nur einer Person selbst zugänglich sind.[171] Es wird zwischen unterschiedlichen Formen des Behaviorismus differenziert. Die klassische Form ist der psychologische Behaviorismus, welcher zu Beginn des 20. Jahrhunderts als eine Richtung in der Psychologie, in Reaktion auf die von einigen Seiten als subjektiv und unwissenschaftlich betrachteten Merkmale der introspektiven Psychologie, entstand.[172] Während diese eine möglichst genaue Erforschung des inneren, mentalen Lebens verfolgt, denken die Begründer des psychologischen Behaviorismus, dass nur das öffentlich beobachtbare menschliche oder auch tierische Verhalten erforscht werden müsse. Ziel der Psychologie sollte die Vorhersage und Kontrolle von Verhalten sein.[173] Der Behaviorist untersucht das Verhalten von Personen, indem er erstens die Reize, die aus der Umgebung auf einen Organismus einwirken, beobachtet und zweitens die Reaktionen, die der Organismus aufgrund der Reizeinwirkung zeigt, verfolgt. Er stellt also das Verhalten in den Mittelpunkt und wendet sich in seiner radikalen Variante gegen alle Versuche, das *Innenleben* von Personen zu erforschen. Indem mentale Ausdrücke so konstruiert werden, dass sich diese nicht auf private innere Ereignisse und Zustände, sondern auf öffentlich zugängliche und intersubjektiv verifizierbare Fakten über die Menschen beziehen, versuchen Behavioristen das Problem des Fremdpsychischen zurückzudrängen.[174] Wenn eine Person an sich eine Entsprechung von Bewusstseinszustand und körperlichem Verhalten erfährt, so kann sie, der behavioristischen Theorie folgend, bei vergleichbarem körperlichen Verhalten anderer Akteure auch ähnliche Bewusstseinszustände unterstellen.[175]

Wenn eine externe Beziehung zwischen Schmerzempfindung und Schmerzausdruck und damit eine semantische Asymmetrie angenommen wird, dann sind Schmerzempfindungen private Phänomene, die nur aus der Ersten- und nicht aus der Dritten-Person-Perspektive zugänglich sind. Eine Konsequenz einer solchen Annahme ist, dass das Sprechen über Schmerz keinen Erkenntnisgewinn birgt. Eine weitere Folge ist das Problem des Fremdpsychischen. Wenn der Inhalt mentaler Zustände nur erstpersonell zugänglich beziehungsweise sprachlich nicht mitteilbar ist, dann können wir über die mentalen Zustände von uns verschiedener Personen kein Wissen haben. Dies wiederum bedeutet, dass wir letztlich nicht sicher wissen können, ob andere Personen überhaupt Bewusstsein haben. Wenngleich das Problem des Fremdpsychischen besteht und prinzipiell unlösbar ist, so behindert es die Untersuchung doch in keiner Weise. Wir können zwar nicht mit hundertprozentiger Sicherheit wissen, ob von uns verschiedene Personen Schmerzen empfinden. Es

---

[171] Vgl. TEICHERT 2006, 52.
[172] Vgl. WATSON 1913.
[173] Vgl. KIM 1998, 28.
[174] Vgl. KIM 1998, 28.
[175] Vgl. STURMA 2005, 74.

könnte prinzipiell sein, dass unsere Mitmenschen keine mentalen Zustände haben, sondern, in David Chalmers Terminologie gesprochen, *Zombies* sind, die sich gerade dadurch auszeichnen, dass sie keinerlei phänomenales Erleben haben.[176] Es spricht andererseits aber doch vieles dafür, dass dem nicht so ist. Alle der Spezies Mensch zugehörigen Wesen, außer mir selbst, müssten dann durchweg sehr gute Schauspieler sein und ständig vortäuschen, sie hätten mentale Zustände. Dies ist kaum vorstellbar. Das Problem des Fremdpsychischen ist nicht zu leugnen, gerade weil, wie oben skizziert, eine epistemische Asymmetrie zwischen den eigenen mentalen Zuständen und denen anderer Personen nicht ausgeräumt werden kann. Es ist aber ein Problem, welches ausschließlich in der Theorie besteht und keinerlei praktische Konsequenzen birgt.

4.2 These 2: Es besteht eine epistemische Asymmetrie, aber eine semantische Symmetrie

Den Ausführungen Scarrys wird nun die Theorie Wittgensteins gegenübergestellt. Scarry nimmt eine externe Beziehung zwischen Schmerzempfindung und Schmerzausdruck an und vertritt dementsprechend die These, dass es sich bei Schmerzempfindungen um private, innere Phänomene handelt, die nur erstpersonell zugänglich sind. Wittgenstein hingegen, der die Kontroverse über den privaten Charakter von Empfindungen maßgeblich bestimmt hat, nimmt ein internes Verhältnis von Schmerzempfindung und Schmerzausdruck an. Er übt Kritik an der These, dass sich mentale Ausdrücke auf private, innere Phänomene beziehen, von denen nur die jeweilige Person selbst wissen kann, ob sie vorliegen oder nicht. Er geht vielmehr davon aus, dass Empfindungswörter nur dann eine Bedeutung haben, wenn es für ihre korrekte Anwendung objektive Kriterien gibt.

Sein Argument gegen die Möglichkeit einer Privatsprache entwickelt er u. a. in den §§ 243–351 der *Philosophischen Untersuchungen*[177]. Unter einer Privatsprache versteht Wittgenstein eine Sprache, die nur der Sprecher selbst verstehen kann, da sich die Begriffe dieser Sprache auf Entitäten beziehen, die nur dieser Sprecher kennen und von denen nur dieser Sprecher wissen kann, ob sie vorliegen oder nicht.[178] Wittgensteins Ziel ist es zu zeigen, dass es keine private Empfindungssprache geben kann. Dazu stellt er zunächst Überlegungen darüber an, wie der Mensch die Bedeutung der Namen von Empfindungen, wie zum Beispiel des Wortes „Schmerz", erlernt.[179] Oft werde behauptet, dass Empfindungen zuerst erlebt und dann benannt würden, das heißt eine Person empfindet einen mentalen Zustand x, den sie dann

---

[176] Vgl. CHALMERS 2010.

[177] Im Folgenden zitiert als: PU.

[178] „Die Wörter dieser Sprache sollen sich auf das beziehen, wovon nur der Sprechende wissen kann; auf seine unmittelbaren, privaten, Empfindungen. Ein Anderer kann diese Sprache also nicht verstehen." (PU 243)

[179] PU 244.

mit dem Begriff „Schmerz“ ausdrückt. Diese Theorie hält Wittgenstein für verfehlt, was er an einem Beispiel verdeutlicht:

> „Ich will über das Wiederkehren einer gewissen Empfindung ein Tagebuch führen. Dazu assoziiere ich sie mit dem Zeichen »E« und schreibe in einem Kalender zu jedem Tag, an dem ich die Empfindung habe, dieses Zeichen. - Ich will zuerst bemerken, daß sich eine Definition des Zeichens nicht aussprechen läßt. - Aber ich kann sie doch mir selbst als eine Art hinweisende Definition geben! - Wie? kann ich auf die Empfindung zeigen? - Nicht im gewöhnlichen Sinne. Aber ich spreche, oder schreibe das Zeichen, und dabei konzentriere ich meine Aufmerksamkeit auf die Empfindung - zeige also gleichsam im Innern auf sie. - Aber wozu diese Zeremonie? denn nur eine solche scheint es zu sein! Eine Definition dient doch dazu, die Bedeutung eines Zeichens festzulegen. - Nun, das geschieht eben durch das Konzentrieren der Aufmerksamkeit; denn dadurch präge ich mir die Verbindung des Zeichens mit der Empfindung ein. - »Ich präge sie mir ein« kann doch nur heißen: dieser Vorgang bewirkt, daß ich mich in Zukunft richtig an die Verbindung erinnere. Aber in unserm Falle habe ich ja kein Kriterium für die Richtigkeit. Man möchte hier sagen: richtig ist, was immer mir als richtig erscheinen wird. Und das heißt nur, daß hier von ›richtig‹ nicht geredet werden kann.“[180]

Ein Begriff (hier „E“) hat im Wittgensteinschen Sinne nur dann eine Bedeutung, wenn es Regeln gibt, die seine korrekte Verwendung festlegen, denn „[d]ie Bedeutung eines Wortes ist sein Gebrauch in der Sprache [...]“[181]. So ist es korrekt, den Ausdruck „rot“ auf rote Dinge anzuwenden, falsch hingegen ist es, ihn für die Bezeichnung von grünen oder blauen Dingen zu gebrauchen. Regeln kann es laut Wittgenstein jedoch nur da geben, wo eine unabhängige Prüfung dieser Regeln möglich ist. So besteht bei Farbprädikaten die Möglichkeit, Gegenstände mit Farbtafeln zu vergleichen, um festzustellen, welche Farbprädikate auf sie angewendet werden können und das Anlegen eines Zollstocks ermöglicht eine unabhängige Prüfung, wenn jemand behauptet, ein Stab habe eine bestimmte Länge.[182] Für die Anwendung des Zeichens „E“ gibt es keinen entsprechenden Maßstab, denn das Wiederkehren einer Empfindung kann, wie im Zitat dargelegt, nicht daran bemessen werden, ob es der ursprünglichen Empfindung gleicht.[183] Wittgenstein kommt zu dem Ergebnis, dass das Zeichen „E“ kein Wort in einer Sprache sein kann, denn dazu müsste es wenigstens möglich sein, es richtig oder falsch zu verwenden. Dazu aber fehlen die Kriterien. Die Annahme, unsere Schmerzausdrücke bezögen sich auf

---

[180] PU 258.

[181] PU 43.

[182] Vgl. BECKERMANN 2008, 73.

[183] „Als kaufte Einer mehrere Exemplare der heutigen Morgenzeitung, um sich zu vergewissern, daß sie die Wahrheit schreibt.“ (PU 265)

private Empfindungen, ist, so schlussfolgert er, inkonsistent. Bezogen auf das Schmerzphänomen bedeutet das: Wenn sich der Begriff „Schmerz" auf eine private Empfindung beziehen würde, dann könnte es keine Kriterien für die richtige Verwendung des Begriffes geben, wie sie beispielsweise bei Farbwahrnehmungen existieren. Ein Wort für das es keine Verwendungsregeln gebe, sei aber sinnlos.

Wittgensteins Privatsprachenargument darf allerdings nicht fehlinterpretiert werden: Er leugnet Schmerzempfindungen nicht und vertritt auch nicht die These, es gebe nur Schmerzverhalten. Dies zeigt beispielsweise die folgende Passage aus den Philosophischen Untersuchungen. Sein fiktiver Diskussionspartner bemerkt: „Aber du wirst doch zugeben, daß ein Unterschied ist, zwischen Schmerzbenehmen mit Schmerzen und Schmerzbenehmen ohne Schmerzen." [184] Und er antwortet: „Zugeben? Welcher Unterschied könnte größer sein!"[185]. Die Empfindung ist, so Wittgenstein, „kein Etwas, aber auch nicht ein Nichts!" [186] Was Wittgenstein zeigen möchte ist, dass Empfindungen, von denen nur jeder selbst wissen kann, ob sie vorliegen oder nicht, für die Bedeutung von Empfindungswörtern keine Rolle spielen. Dies verdeutlicht er mit Hilfe eines weiteren Beispiels, dem *Käfer-Beispiel*:

> „Angenommen, es hätte Jeder eine Schachtel, darin wäre etwas, was wir ‚Käfer' nennen. Niemand kann je in die Schachtel des Andern schaun; und Jeder sagt, er wisse nur vom Anblick seines Käfers, was ein Käfer ist. - Da könnte es ja sein, daß Jeder ein anderes Ding in seiner Schachtel hätte. Ja, man könnte sich vorstellen, daß sich ein solches Ding fortwährend veränderte. - Aber wenn nun das Wort »Käfer« dieser Leute doch einen Gebrauch hätte? - So wäre er nicht der der Bezeichnung eines Dings. Das Ding in der Schachtel gehört überhaupt nicht zum Sprachspiel; auch nicht einmal als ein Etwas: denn die Schachtel könnte auch leer sein. - Nein, durch dieses Ding in der Schachtel kann ›gekürzt werden‹; es hebt sich weg, was immer es ist.
> Das heißt: Wenn man die Grammatik des Ausdrucks der Empfindung nach dem Muster von ‚Gegenstand und Bezeichnung' konstruiert, dann fällt der Gegenstand als irrelevant aus der Betrachtung heraus."[187]

In diesem Gleichnis stehen die Käfer für das Modell der privaten Empfindungen und der Gebrauch des Wortes Käfer steht für die Bedeutung der Rede über Empfindungen. Wittgenstein warnt vor Verwirrungen, die dadurch entstehen, dass Empfindungen, die man hat, zu Gegenständen gemacht werden, die man besitzt. Empfindungswörter haben, wie bereits von Wittgenstein dargelegt, nur dann eine Bedeutung, wenn es für ihre korrekte Verwendung objektive Kriterien gibt. Deswegen können Empfindungswörter keine privaten Zustände bezeichnen. Wittgenstein

[184] PU 304.
[185] PU 304.
[186] PU 304.
[187] PU 293.

folgend ist die Verwendung des Wortes „Schmerz" in der Ersten-Person-Perspektive genauso öffentlich wie Aussagen aus der Dritten-Person-Perspektive, denn das Wort „Schmerz" kann nur dann richtig verwendet werden, wenn die Grammatik dieses Begriffs in der Normalsprache gelernt wurde.[188]

Gegen das Bestehen von Privatsprachen wendet Wittgenstein ein, dass etwa die Bedeutung „Schmerzen haben" nicht nur vom eigenen Fall bekannt sein könne, denn dann hätte der Ausdruck „Schmerzen haben" die Bedeutung „Schmerzen, die nur ich habe". Dann aber wäre der Ausdruck „deine Schmerzen" sinnlos. Empfindungen müssen, so Wittgenstein, in öffentlichen Sprachspielen vorkommen, denn „[e]in innerer Vorgang bedarf äußerer Kriterien"[189].

Dementsprechend nimmt Wittgenstein, im Gegensatz zu Scarry, eine semantische Symmetrie zwischen Schmerzsätzen aus der Ersten- und Dritten-Person-Perspektive an. In der Äußerung ‚Ich habe Zahnschmerzen' hat das Prädikat ‚Zahnschmerzen haben' deswegen dieselbe Bedeutung wie in dem Satz ‚Er hat Zahnschmerzen'. Zudem geht er von einer internen grammatischen Verbindung zwischen Schmerzsätzen und Schmerzempfindungen aus, die sich darin äußert, dass Schmerzempfindungen keine privaten, inneren Phänomene sein können. Zusammengefasst lautet seine These:

1. Ein Begriff hat nur dann eine Bedeutung, wenn es öffentlich zugängliche Kriterien für seine Verwendung gibt.
2. Solche Kriterien kann es für Ausdrücke einer Privatsprache nicht geben. Bei Schmerzen handelt es sich daher um keine privaten Empfindungen.
3. Schmerzen sind kommunizierbar.

Wittgenstein will damit allerdings nicht bestreiten, dass eine epistemische Asymmetrie besteht. Ziel seiner Argumentation ist es ausschließlich zu verdeutlichen, dass keine semantische Asymmetrie vorliegt, der zufolge sich Empfindungswörter wie „Schmerz" auf private innere Vorgänge beziehen. Er will zeigen, dass das Sprechen über Schmerzen sinnvoll ist und dass es möglich ist anderen mitzuteilen, was man empfindet, gerade weil Schmerzen keine privaten inneren Phänomene sind. Damit bestreitet er nicht, dass ein Unterschied zwischen dem Wissen über die eigenen Schmerzempfindungen und die Schmerzempfindungen anderer Personen besteht. Wissen als wahre gerechtfertigte Meinung kann auch bei einer anderen Person vorliegen, wenn diese nämlich aufgrund des Beobachtens von Schmerzverhalten und Schmerzausdruck zu der wahren Überzeugung kommt, dass ich Schmerzen habe. Eine epistemische Asymmetrie besteht aber dennoch. Diese gestaltet sich allerdings nicht wirklich als Wissens-, sondern vielmehr als Zweifelsasymmetrie. Er unterscheidet zwischen Fremdzuschreibungen (‚Er hat Schmerzen') und Selbstzuschreibungen (‚Ich habe Schmerzen'). Erstere sind potenziell bezwei-

[188] „Den Begriff Schmerz hast du mit der Sprache gelernt." (PU 348)
[189] PU 580.

felbar, da sie rechtfertigungsbedürftiges und kriterienbasiertes Wissen repräsentieren. Der Gebrauch des Begriffes „Wissen" bei Selbstzuschreibungen sei allerdings sinnlos und dementsprechend seien Selbstzuschreibungen auch nicht bezweifelbar. So schreibt er:

> „Inwiefern sind nun meine Empfindungen privat? - Nun, nur ich kann wissen, ob ich wirklich Schmerzen habe; der Andere kann es nur vermuten. - Das ist in einer Weise falsch, in einer andern unsinnig. Wenn wir das Wort »wissen« gebrauchen, wie es normalerweise gebraucht wird (und wie sollen wir es denn gebrauchen!), dann wissen es Andre sehr häufig, wenn ich Schmerzen habe. - Ja, aber doch nicht mit der Sicherheit, mit der ich selbst es weiß! - Von mir kann man überhaupt nicht sagen (außer etwa im Spaß), ich wisse, daß ich Schmerzen habe. Was soll es denn heißen - außer etwa, daß ich Schmerzen habe?
> Man kann nicht sagen, die Andern lernen meine Empfindung nur durch mein Benehmen, - denn von mir kann man nicht sagen, ich lernte sie. Ich habe sie. Das ist richtig: es hat Sinn, von anderen zu sagen, sie seien im Zweifel darüber, ob ich Schmerzen habe; aber nicht, es von mir selbst zu sagen."[190]

Die Bedeutung von ‚Wissen' in Bezug auf eigene mentale Zustände ist scharf von ‚Wissen' in Bezug auf die mentalen Zustände anderer getrennt, genau darin besteht die epistemische Asymmetrie. Fremdzuschreibungen können bezweifelt werden, Selbstzuschreibungen nicht.[191]

4.3 Auflösung: Wie privat sind Schmerzen?

Nachdem wir nun ein internes und ein externes Modell über das Verhältnis von Schmerzempfindung und Schmerzausdruck kennengelernt haben, kann die Frage, wie privat Schmerzempfindungen nun eigentlich sind, beantwortet werden. Scarry geht davon aus, dass Schmerzen nicht intentional sind und dass es deswegen sinnlos ist über Schmerzen zu sprechen. Beim Schmerz gebe es, beispielsweise im Gegensatz zu einer Farbwahrnehmung, keinen äußeren Referenten, auf den man zeigen könne. Auch Wittgenstein versteht Schmerzen als Empfindungen, für die keine äußeren Referenten benannt werden können. Allerdings schlussfolgert nur Scarry hieraus, dass Schmerzen privat und mit der Sprache unvereinbar sind. Eine semantische Symmetrie zwischen den eigenen Schmerzempfindungen und denen anderer

[190] PU 246.

[191] Christoph Michel und Albert Newen weisen darauf hin, dass Wittgenstein hier einen Fehlschluss begeht. Der Fehlschluss besteht ihrer Meinung nach in folgendem Übergang: Wenn es also sinnlos ist zu sagen, ich wisse nicht/ich zweifle, ob ich Schmerzen habe (siehe PU 288), dann besitze ich unfehlbares Wissen hinsichtlich meiner mentalen Zustände; siehe MICHEL / NEWEN 2007, 17 ff.

Personen kann ihrer Meinung nach nicht angenommen werden. Wittgenstein hingegen kommt zu dem Ergebnis, dass es keine Privatsprachen gibt, da man Regeln benötige, die festlegten, wie ein Begriff korrekt verwendet wird, die bei privaten Phänomenen, wie in seinem Beispiel über die Empfindung ‚E' gezeigt, nicht aufgestellt werden könnten. Schmerz sei dementsprechend kein privates, inneres, sondern ein über Sprache und Verhalten öffentlich zugängliches Phänomen. Wittgenstein geht, wie deutlich wurde, von einer Kombination von semantischer Symmetrie und epistemischer Asymmetrie aus.

Es scheint einiges dafür zu sprechen, der Wittgensteinschen Theorie zu folgen. Bevor aber eine endgültige Stellungnahme über die Privatheit und damit über das etwaige Vorliegen einer semantischen Asymmetrie abgegeben werden kann, ist es sinnvoll, kritische Einwände gegen die Wittgensteinsche Theorie zu diskutieren.

Ausführlich mit solchen Einwänden beschäftigt hat sich Barbara Schmitz in ihrem Werk *Wittgenstein über Sprache und Empfindung – eine historische und systematische Darstellung*[192]. Um Missinterpretationen zu vermeiden führt sie zunächst drei Kriterien an, die erfüllt sein müssen, damit eine interne Beziehung zwischen Schmerzempfindung und Schmerzausdruck in Wittgensteinscher Perspektive angenommen werden kann:[193]

(1) Es muss unmöglich sein, dass Empfindung und Ausdruck nicht in dieser Beziehung zueinander stehen, das heißt die beiden Entitäten gehören notwendig zusammen.

(2) Die Beziehung zwischen Empfindung und Ausdruck darf nicht über etwas Drittes vermittelt worden sein.

(3) Die Verbindung muss in der Praxis, das heißt in unserem Handeln und Verhalten bestehen.

Gegen ein internes Modell werden vornehmlich zwei Einwände vorgebracht. Erstens: Empfindungen können vorgetäuscht werden. Zweitens: Empfindungen können unterdrückt werden. Es kann folglich einerseits Fälle geben, in denen ein Schmerzverhalten ohne eine entsprechende Empfindung auftritt und andererseits Fälle, in denen jemand eine Empfindung hat, aber kein Schmerzverhalten zeigt. Somit wäre (1) nicht erfüllt und in Wittgensteinscher Perspektive dürfte eine interne Beziehung eigentlich nicht angenommen werden. Dieser Kritik am Wittgensteinschen Modell entgegnet Schmitz, die selbst eine interne Beziehung postuliert, dass hier die grammatische Ebene mit der empirischen vermischt werde.[194] Auf grammatischer Ebene bestehe eine notwendige Verbindung zwischen Schmerz und Schmerzausdruck. Auf empirischer Ebene hingegen sei es möglich, dass Schmerz unterdrückt oder vorgetäuscht werde. Die in (1) geforderte notwendige Verbindung

[192] SCHMITZ 2000.

[193] Vgl. SCHMITZ 2003, 171; TER HARK 1990, 47.

[194] Siehe SCHMITZ 2003, 172.

beziehe sich nicht darauf, dass tatsächlich jedes Mal eine Verbindung zwischen Empfindung und Ausdruck bestehen müsse. Es gehe vielmehr um eine grammatische Notwendigkeit, der zufolge Schmerzempfindung und Ausdruck begrifflich zusammengehörten. Am Beispiel der Verstellung erklärt Schmitz, inwiefern Empfindung und Ausdruck begrifflich verbunden sind: Wenn jemand keine Schmerzen empfindet, aber ein charakteristisches Schmerzverhalten zeigt, dann gehen wir in der Regel davon aus, dass die Person Schmerzen empfindet. Von einem charakteristischen Schmerzverhalten kann aber erst dann die Rede sein, wenn bereits eine interne Beziehung zwischen Schmerzempfindung und Schmerzausdruck etabliert ist. Unser Sprachspiel über Schmerzen kann unmöglich mit der Verstellung beginnen.[195] Was sie damit verdeutlichen will ist Folgendes: Damit jemand Schmerzen vortäuschen kann, muss er die Bedeutung des Wortes „Schmerz" kennen. Diese kennt er aber nur dann, wenn die grammatische (interne) Beziehung zwischen Empfindung und Ausdruck bereits besteht.

Auch den zweiten Einwand gegen die These einer internen Beziehung von Empfindung und Ausdruck versucht Schmitz zu entkräften. Dass Schmerzempfindungen ohne entsprechendes Schmerzverhalten auftreten könnten sei zwar im Einzelfall möglich, aber auch hier müsse eine interne grammatische Beziehung zwischen beiden bereits bestehen. Sie radikalisiert den Einwand, um ihn dann widerlegen zu können: Es müsse an einem Fall aufgezeigt werden, dass es möglich sei, eine Empfindung zu haben, ohne sie je ausdrücken zu können, denn nur dann wäre ja bewiesen, dass es möglich sei, dass eine Empfindung prinzipiell, das heißt auch ohne grammatische Beziehung, vorliegen könne. Dazu greift sie ein von Wittgenstein konstruiertes Gedankenexperiment auf: Nehmen wir an, jemand verwandelt sich, während er Schmerzen empfindet, in einen Stein. Dadurch wäre ihm jede Möglichkeit des körperlichen oder sprachlichen Ausdrucks genommen. Zur Frage steht nun, ob es überhaupt möglich ist sinnvoll von Schmerzen zu sprechen, ohne diese ausdrücken zu können. Wittgenstein verneint diese Frage, denn das, was die Person dann als Stein empfände, könne kein Schmerz sein. Es könnte sogar sein, so Wittgenstein, dass Personen als Steine überhaupt nichts empfinden würden. Als Menschen können wir sicher sagen, wann wir Schmerzen empfinden; wir können uns darüber nicht irren. Im Falle des Steins hingegen könnten wir uns irren. Die Autorität der ersten Person bei Schmerzsätzen gebe es im Falle des Steines nicht mehr, so Schmitz.[196] Das Gedankenexperiment zeige daher, dass ein wesentliches Merkmal unserer Sprachspiele mit Schmerzen verschwinde, sobald eine Empfindung von jeglichem Ausdruck abgelöst werde. Empfindung und Ausdruck können also losgelöst voneinander existieren, da die Empfindung sonst nicht mehr dieselbe

[195] Vgl. dazu Wittgenstein selbst: „Sind wir vielleicht voreilig in der Annahme, daß das Lächeln des Säuglings nicht Verstellung ist? - Und auf welcher Erfahrung beruht unsre Annahme? (Das Lügen ist ein Sprachspiel, das gelernt sein will, wie jedes andre.)" (PU 249)

[196] Siehe SCHMITZ 2003, 174.

wäre. Das würde bedeuten, dass jemand der seine Empfindungen nicht ausdrücken kann, ganz andere Empfindungen hätte.

Schmitz folgert aus diesen Überlegungen, dass Schmerzempfindung und Schmerzausdruck nicht voneinander abgelöst werden können, sondern in einer internen Beziehung zueinander stehen. Die drei aufgestellten Merkmale für eine interne Beziehung sind ihrer Meinung nach erfüllt: „Die Verbindung besteht grammatisch notwendig, sie ist nicht über etwas Drittes vermittelt und sie besteht in der Praxis, das heißt sie ist durch unsere Handlungen und unser Verhalten begründet.“[197]

Die Analyse von Schmitz ist überzeugend und die für diese Untersuchung einschlägigen Annahmen der Wittgensteinschen Theorie können dementsprechend nicht widerlegt werden. Abschließend kann nun Stellung bezogen werden: Schmerzen sind subjektive Phänomene, weil nur die Person, die Schmerzen empfindet weiß, *wie es ist*, in diesem Zustand zu sein. Nur die schmerzempfindende Person weiß, wie sich ihre Schmerzen anfühlen. Andere Personen können nicht wissen, wie sich meine Schmerzen anfühlen. Dies wird kaum jemand sinnvoll bestreiten können und es besteht dementsprechend eine epistemische Asymmetrie. Dem in der Philosophie des Geistes viel zitierten Ausdruck „what it is like“, der primär von Thomas Nagel, Frank Jackson und Joseph Levine geprägt worden ist,[198] kommt in diesem Zusammenhang also zentrale Bedeutung zu.[199] Dennoch ist es möglich etwas über die Schmerzempfindungen anderer Personen zu erfahren und deswegen sind sie zwar subjektiv, aber nicht unbedingt privat. Wenn wir das Verhalten einer Person beobachten und mit ihr kommunizieren, können wir Vermutungen darüber anstellen, in welchem Körperteil die Person Schmerzen empfindet, wie stark und welcher Art diese sind, beispielsweise brennend, beißend, pochend oder bohrend. Ich schließe mich Wittgenstein an: Es besteht zwischen den eigenen Schmerzempfindungen und denen anderer Personen eine epistemische aber keine semantische Asymmetrie. Schmerzen werden subjektiv erlebt und der phänomenale Gehalt einer Schmerzempfindung ist nur für die Person transparent, die ihn hat. Dennoch sind

---

[197] SCHMITZ 2003, 175.

[198] Vgl. NAGEL 1974; JACKSON 1986; LEVINE 1983, 1993.

[199] Diskutiert wird in der Philosophie des Geistes, vor allem in der „Language of consciousness Debatte“, zurzeit intensiv darüber, wie genau der Ausdruck „what it is like“ verstanden werden muss. Es werden vor allem drei Probleme erörtert: *Erstens* wird der Ausdruck „what it is like“ auch außerhalb der Philosophie häufig verwendet, allerdings nicht um den phänomenalen Gehalt eines Zustandes zu beschreiben. So sind beispielsweise Redeweisen wie ‚What is it like to have Chevron Philipps Chemical as your neighbor?‘ weit verbreitet. *Zweitens* wird darauf hingewiesen, dass es Sprachen gibt, in denen es gar kein Äquivalent zu „what it is like“ gibt, beispielsweise im Dänischen. Bestandteil der Debatte ist *drittens* die Frage, wie das Verhältnis der Phrasen „what it is like“ und „it feels like“ verstanden werden muss. Für weitere Informationen zu dieser Debatte siehe beispielsweise SNOWDON 2010.

Schmerzen keine höchst privaten Phänomene, gerade weil ein internes Verhältnis zwischen Schmerzempfindung und Schmerzausdruck besteht.

Betrachten wir zum besseren Verständnis ein Beispiel: Nehmen wir an Person X berichtet einer anderen Person Y von den unerträglichen Schmerzen, die sie empfand, bevor ihr Nierenstein operativ entfernt wurde. Person Y hat selbst noch nie einen Nierenstein gehabt und kann dementsprechend nicht nachvollziehen, wie es sich anfühlt einen solchen Schmerz zu erleben. Person X kann sich an ihre Schmerzempfindungen sehr gut erinnern und schildert diese in allen Einzelheiten, wobei sie die typischen Adjektive benutzt und zusätzlich erläutert, inwiefern sie durch diese Schmerzen eingeschränkt war. Wie verhält es sich in diesem Beispiel mit der epistemischen und wie mit der semantischen Asymmetrie? Eine epistemische Asymmetrie zwischen Person X und Y besteht und kann nicht überwunden werden. Person X weiß wie es ist, einen Nierenstein und die damit verbundenen Schmerzen zu haben. Person Y kann dies nicht wissen, weil sie es selbst noch nie erlebt hat. Die epistemische Asymmetrie könnte aber selbst dann nicht überwunden werden, wenn Person Y plötzlich einen Nierenstein hätte. Denn dann wüssten beide jeweils, wie sich der durch ihren Nierenstein ausgelöste Schmerz anfühlt, aber nicht wie es ist, den Schmerz des anderen zu haben. Die epistemische Asymmetrie bleibt also, so oder so, bestehen. Eine semantische Asymmetrie, wie Scarry sie annimmt, besteht hingegen nicht. Wir können die empfundenen Schmerzen sehr wohl sprachlich ausdrücken. Wenn Person X ihre Schmerzen mit Adjektiven umschreibt und dabei möglicherweise Metaphern benutzt, dann kann Person Y einiges über den von X empfundenen Schmerz erfahren. Sie weiß zwar nicht, wie es sich für X anfühlt Nierensteine zu haben, sie wird es sich aber vermutlich ziemlich gut vorstellen können.

Wichtig ist in diesem Zusammenhang, dass wir uns auch die Schmerzen, die wir selbst erlebt haben, nur vorstellen können, ohne diese erneut zu erleben. Der Differenzierung „etwas vorstellen" und „etwas erleben" kommt hier zentrale Bedeutung zu. Nehmen wir einmal an Person Z empfindet starke Schmerzen, weil sie Hähnchenfleisch verzehrt hat, welches Salmonellen enthielt, woraufhin ihr Körper tagelang mit heftigen Bauchkrämpfen, Durchfall und Erbrechen reagiert. Noch Jahre nach dieser schmerzhaften Erfahrung weigert sich Person Z Hähnchenfleisch zu essen, weil sie immer wieder an die schmerzhaften Bauchkrämpfe denken muss. Die Vorstellung des unerträglichen, schrecklichen Schmerzes ist ihr nach wie vor präsent, das Erlebnis selbst hingegen ist vergangen. So sehr sie sich auch bemüht, sie wird den Schmerz nicht nachempfinden können, indem sie an ihn denkt. Wenn Person X Person Y in dem oben skizzierten Fall detailliert beschreibt, wie sich Schmerzen, die durch Nierensteine verursacht werden, anfühlen, dann wird Person X sich ebenso ein Bild über den Schmerz machen können, wie Person Z über ihren eigenen längst vergangenen Schmerz.

Abschließend möchte ich noch einmal kurz auf die Theorie Scarrys eingehen, die meiner Meinung nach großen Problemen gegenübergestellt ist. Scarry geht davon aus, dass Schmerzen, im Gegensatz zu beispielsweise einer Farbwahrnehmung, keinen „äußeren Referenten" haben, daher nicht intentional sind und dass es deswegen eigentlich nicht möglich ist, über Schmerzen zu sprechen. Nun ist es aber so: Auch Farbwahrnehmungen haben einen phänomenalen Gehalt, der nur erstpersonell zugänglich ist. Dies belegt Frank Jackson mit seinem berühmten *Mary-Gedankenexperiment.*[200] Als die Wissenschaftlerin Mary, die sich auf die Erforschung von Farben spezialisiert hat, aber in einem schwarz-weiß-grauen Labor aufwächst, erstmalig Farben sieht, lernt sie etwas neues: Sie weiß nun wie es ist, Farben zu sehen. Farbwahrnehmungen haben also, genau wie Schmerzempfindungen, einen spezifisch phänomenalen Gehalt. Somit ist das Sprechen über Schmerzen zumindest genauso sinnvoll wie das Sprechen über Farbwahrnehmungen oder andere intentionale Zustände.

4.4 Inwieweit beeinflusst das Reden über Schmerzempfindungen ihren phänomenalen Gehalt?

Wie in Kapitel II. (Historische Problemhinführung) bereits angedeutet, geht Platon in seiner Schrift *Politeia* der Frage nach, ob jemand gegen die empfundenen Schmerzen heftiger ankämpfen und ihnen mehr widerstreben wird, „wenn von seinesgleichen gesehen, oder dann, wenn er in der Einsamkeit es nur mit sich selbst zu tun hat?“[201]. Seinen Erfahrungen zufolge wird er vielmehr gegen den Schmerz ankämpfen wenn er gesehen wird, denn, so erklärt er, „[i]n der Einsamkeit [...] wird er vielerlei vorbringen, worüber er sich schämen würde, wenn ihn einer hörte, und vielerlei tun, wobei er nicht von einem gesehen werden möchte“[202]. Platon weist hier auf einen sehr interessanten Sachverhalt hin: Die Intensität einer Schmerzempfindung wird nicht nur durch das Ausmaß einer physiologischen Schädigung, sondern auch dadurch beeinflusst, wie die schmerzempfindende Person auf den zunächst unangenehmen Zustand reagiert. Es gibt unterschiedliche Möglichkeiten: Die schmerzempfindende Person kann erstens versuchen, sich durch andere Aktivitäten Ablenkung zu verschaffen und den Schmerz auf diesem Wege, so gut wie möglich, zu ignorieren. Zweitens kann sie sich dem Schmerz voll und ganz zuwenden, indem sie sich, wie Platon es skizziert, in die Einsamkeit zurückzieht und infolgedessen vermutlich alle Aufmerksamkeit auf den Schmerz richtet. Drittens kann sie mit anderen Personen über die empfundenen Schmerzen reden. Im Folgenden werde ich mich primär mit der dritten Möglichkeit und dementsprechend mit der Frage, ob das Reden über Schmerzempfindungen ihren phänomenalen Gehalt beziehungsweise ihre Intensität beeinflusst, beschäftigen.

Im Vergleich zu anderen schmerzempfindenden Wesen haben die meisten Menschen die Möglichkeit, Schmerzempfindungen sprachlich ausdrücken zu können.

---

[200] Vgl. JACKSON 1986.

[201] PLATON *Politeia*, 604 a.

[202] PLATON *Politeia*, 604 a.

Ausnahmen sind beispielsweise Säuglinge[203] und Kinder, die noch nicht gelernt haben zu sprechen, komatöse Patienten und Personen, die sich im Locked-in-Syndrom befinden. Zur Frage steht, ob diejenigen, die nicht sprachlich kommunizieren können, Schmerzen anders erleben als diejenigen, die über Schmerzen sprechen beziehungsweise ihr Leid ausdrücken können.

Analysieren wir diese Frage mit Hilfe eines Gedankenexperiments: Eine Person, nennen wir sie Albert, reist mit einer Zeitmaschine in das Jahr 3000. Im Zuge des neurowissenschaftlichen Fortschritts konnten alle Lebewesen, also auch die menschliche Spezies, so verändert werden, dass sie keine Schmerzempfindungen mehr haben. Schon seit einigen Jahrhunderten werden Menschen mit Gehirnen geboren, die die aus dem Körper kommenden potenziell schmerzhaften Reize zwar aufnehmen, aber zu keiner Schmerzempfindung verarbeiten. Dementsprechend hat es schon lange keine Wesen mehr gegeben, die Schmerzen empfinden können. Die Menschen im Jahr 3000 wissen gar nicht was Schmerzen sind, sie haben noch nie von diesem Phänomen gehört.

Albert, der nach wie vor Schmerzen empfinden kann, da sein Gehirn aus dem Jahr 2011 stammt, versucht diesen Menschen, die noch nie Schmerzen empfunden haben, zu erklären, was Schmerzen sind. Albert nutzt Adjektive wie „stechend", „bohrend", „beißend", „pochend" und Umschreibungen wie ‚Es fühlt sich so an, als ob jemand mit einem Hammer immer wieder auf meinen Kopf schlagen würde'. Aber wird er seinen Mitmenschen mit Hilfe dieser Adjektive und Umschreibungen verdeutlichen können, was Schmerzen sind? Wohl kaum – denn selbst dann, wenn man diesen Menschen potenziell schmerzhafte Reize zufügen würde, so würden sie ja keine Schmerzen empfinden. Sie würden dann das Gefühl kennen, wie es ist, wenn jemand mit einem Hammer auf sie einschlagen würde, aber dennoch wüssten sie nicht, was Schmerzen sind.

Was bedeutet das nun für das Verhältnis von Schmerz und Sprache? Das Gedankenexperiment zeigt zunächst sehr klar, dass es nicht möglich ist einer Person, die noch nie Schmerzen erlebt hat, zu erklären, was Schmerzen sind – und erst recht nicht wie es sich anfühlt, einen Schmerz zu erleben. Der oben aufgestellten Theorie, dass Schmerzen zwar subjektiv erlebt werden, aber nicht zwangsläufig private Phänomene sind, weil sie verbalisiert werden können, muss also eine Bedingung hinzugefügt werden: Wir können nur den Personen erklären was Schmerzen sind beziehungsweise welche spezifischen Schmerzen wir aktual erleben, die selbst irgendwann schon einmal Schmerzen empfunden haben. Dies ist für die oben aufgestellte These nicht weiter problematisch, denn dass eine schmerzfreie Gesellschaft, wie sie hier angenommen wird, irgendwann faktisch existiert ist sehr unwahrscheinlich. Die Fälle von kongenitaler Analgesie, bei der Personen an einer

[203] Lange Zeit wurde angenommen, dass Neugeborene keine Schmerzen empfinden, weshalb sie häufig ohne Narkose operiert wurden. Diese Auffassung wurde mittlerweile widerlegt; vgl. ZIMMERMANN 2004a.

Schmerzunempfindlichkeit leiden, verdeutlichen allerdings, dass die Vorstellung so abwegig auch nicht ist.

Denken wir nun einen Schritt weiter und konzentrieren uns auf die Frage, ob das Schmerzerleben durch das Sprechen über den Schmerz beeinflusst wird. Nachdem Albert unzählige Male versucht hat seinen neuen Mitmenschen zu erklären, was Schmerzen sind, gibt er auf und beschließt, dass es keinen Sinn mehr hat, über seine Schmerzen zu sprechen. Wenn er Schmerzen empfindet, dann erduldet er diese. Wenn seine Schmerzen so stark sind, dass sie ihn daran hindern seinen täglichen Beschäftigungen nachzugehen, dann zieht er sich zurück, wimmert, jammert, leidet und wartet bis die Schmerzen nachlassen. Glücklicherweise ist er ein studierter und erfahrener Mediziner und Pharmazeut, der Diagnosen selbst stellen und Analgetika eigenhändig herstellen kann, wodurch es ihm gelingt, sich selbst zu therapieren. Zur Frage steht nun, ob sich die Schmerzempfindungen, die Albert in der fiktiven, eigentlich schmerzfreien Welt hat, von seinen früheren Schmerzempfindungen, die er sprachlich kommunizierte, unterscheiden. Erlebt er seine Schmerzen anders, weil er nicht mehr über sie spricht? Empfindet er insgesamt häufiger oder seltener Schmerzen? Empfindet er schwächere oder intensivere Schmerzen?

Ich bin davon überzeugt, dass Albert seine Schmerzen zunächst stärker und heftiger empfinden wird, gerade weil er anderen nicht mitteilen kann ‚wie weh es tut' und sich deswegen hilflos und einsam fühlt und infolgedessen Ängste entwickelt, verzweifelt ist und möglicherweise depressiv wird. Solche negativen mentalen Zustände können dazu führen, dass die Schmerzen andauern und möglicherweise stärker auftreten. Platon ist zuzustimmen, wenn er schreibt, dass derjenige, der sich in die Einsamkeit zurückzieht, gegen die Schmerzen weniger ankämpfen wird.[204] Albert wird alle seine Aufmerksamkeit auf den Schmerz richten und kaum noch Anstrengungen unternehmen, ihn zu lindern. Er erleidet in den ersten Tagen, Monaten oder auch Jahren also vermutlich sehr häufig Schmerzen, die zudem sehr intensiv und lang anhaltend sind. Mit der Zeit wird er sich aber daran gewöhnen, dass er das einzige Wesen auf Erden ist, das Schmerzen empfinden kann. Er wird seine eigenen Schmerzempfindungen weniger ernst nehmen und in der Folge viel seltener Schmerzen empfinden. Er wird Schmerzempfindungen zwar nach wie vor haben und diese als unangenehm erleben. Er wird seine Aufmerksamkeit aber kaum noch auf diese richten und dies wird dazu beitragen, dass er insgesamt seltener Schmerzen empfindet. Was aber bedeutet das? Die Schlussfolgerung, die hieraus gezogen werden kann ist, dass die Intensität einer Schmerzempfindung nicht nur aber auch dadurch beeinflusst wird, ob jemand seine Schmerzempfindungen kommuniziert.

Aber was kann über das Verhältnis von Schmerz und Sprache gesagt werden, wenn jemand in einer Gesellschaft wie der unseren lebt, in der fast alle Menschen Schmerzen empfinden können und zudem in der Regel fähig sind über diese zu sprechen? Derjenige, der seine Schmerzen sprachlich ausdrücken kann, der also sa-

[204] Vgl. PLATON *Politeia*, 604 a.

gen kann, in welchen Körperregionen er Schmerzen empfindet und welcher Art die Schmerzen sind, der wird schneller und besser behandelt werden, da eine Diagnosestellung durch solche Informationen vereinfacht wird. Fehlt jemandem die Möglichkeit des sprachlichen Ausdrucks, das beste Beispiel sind Personen, die sich in dem so genannten Locked-in-Syndrom[205] befinden, dann ist es viel schwieriger festzustellen, was einer Person weh tut beziehungsweise wie eine optimale Behandlung aussehen kann. In solchen Situationen muss allein mit Hilfe medizinischer Untersuchungsmethoden festgestellt werden, welche Art von Schmerz vorliegt und wie dieser therapiert werden kann. Außerdem gilt: Demjenigen, der kommunizieren kann, wie stark und welcher Art seine Schmerzen sind, wird mehr Mitleid und Verständnis und dementsprechend größere Hilfeleistungen entgegengebracht als einer Person, die eben dies nicht kann. Neben diesen Vorteilen, die die Möglichkeit des sprachlichen Ausdrucks in Bezug auf Schmerzempfindungen birgt, gibt es aber auch eine Reihe von Nachteilen. Der Schmerz, der verbalisiert wird, ist ständig präsent. Er kann nicht in Vergessenheit geraten, nur schwer überspielt werden und wird daher sehr intensiv erlebt.

Die in der Überschrift dieses Unterkapitels gestellte Frage ‚Inwieweit beeinflusst das Reden über Schmerzempfindungen ihren phänomenalen Gehalt?' kann also nicht eindeutig beantwortet werden. Feststeht, dass das Schmerzerleben durch sprachliche Kommunikation beeinflusst wird. Wie genau sich das Reden über Schmerzen auswirkt, diese Frage muss allerdings von Fall zu Fall und von Person zu Person differenziert betrachtet werden.

Neurale Korrelate, die das Verhältnis von Schmerz und Sprache widerspiegeln

An unterschiedlichen Stellen dieser Arbeit wurde bereits darauf hingewiesen, dass Schmerzempfindungen grundsätzlich mit neuralen Prozessen korrelieren. Da dies auch auf sprachliche Verarbeitungsprozesse zutrifft ist anzunehmen, dass es spezifische neurale Korrelate gibt, die die enge Verknüpfung von Schmerz und Sprache widerspiegeln. Zum Abschluss des Kapitels sei deswegen noch auf eine interessante und einschlägige Studie von Wissenschaftlern der Universität Jena verwiesen, die im Herbst 2010 unter dem Titel *Do words hurt? Brain activation during the processing of pain-related words* veröffentlicht wurde.[206] Der Psychologe Thomas Weiss und seine Arbeitsgruppe erforschten mit Hilfe der funktionellen Bildgebung, welche Muster neuraler Aktivität zeitgleich mit dem Hören von Worten auftreten, die normalerweise mit dem Empfinden von Schmerzen assoziiert sind. Zunächst sollten sich die Versuchspersonen zu den schmerz-assoziierten Worten die sie hörten (dazu zählten quälend, lähmend, peinigend, plagend, krampfartig, bohrend), eine schmerzhafte Situation vorstellen. In einem zweiten Versuch wurden den Probanden wiederum die Worte vorgespielt, sie wurden währenddessen allerdings durch eine

[205] Dies wird weiter unten noch ausführlich diskutiert; vgl. Kapitel III.5.2.
[206] Siehe WEISS et al. 2010.

Denkaufgabe abgelenkt. Um auszuschließen, dass die beobachteten Reaktionen allein auf einem negativen Affekt beruhen, wurden den Studienteilnehmern neben den normalerweise mit Schmerzen assoziierten Worten auch andere negativ besetzte Worte (etwa angsteinflößend, widerlich oder eklig) vorgespielt.

Als Ergebnis der Studie halten Weiss und Kollegen fest, dass bei dem Hören schmerz-assoziierter Worte neurale Aktivität in der so genannten Schmerzmatrix beobachtet werden kann. Das Hören anderer negativ besetzter Worte und auch das Hören von Worten, die in der Regel neutral oder positiv wahrgenommen werden, korreliere hingegen nicht mit einem solchen spezifischen Muster neuraler Aktivität.

> „Our study provides evidence that the processing of pain-related words leads to activations within regions of the pain matrix. We show for the first time that the processing of explicitly presented pain-related verbal stimuli does not merely reflect a non-specific response induced by the affective quality of stimuli, but includes specificity of pain-relevance."[207]

Die Jenaer Wissenschaftler ziehen hieraus vor allem Schlüsse über chronische Schmerzen:

> „On a broader view, these changes may alter the processing of acute and chronic pain sensations through associative learning as the basis for verbal priming effects within the pain-associated neural network. In this context, the investigation of the processing of pain-related words in chronic pain sufferers might be of great interest."[208]

Weiss und Kollegen gehen davon aus, dass sich das Reden über Schmerzen negativ auf das Schmerzerleben auswirken kann. Aus ihrer Studie ziehen sie die, meiner Meinung nach höchst problematische, Schlussfolgerung, dass bereits das Hören schmerz-assoziierter Worte schmerzhaft sein kann.[209] Die Studie zeigt allerdings vielmehr, wie grob und lückenhaft das Wissen über neurale Korrelate von Schmerzempfindungen zum jetzigen Zeitpunkt ist: Schmerzempfindungen korrelieren mit neuraler Aktivität in Hirnregionen, die der so genannten *Schmerzmatrix* zugeordnet werden. Auch das Hören von schmerz-assoziierten Worten korreliert mit neuraler Aktivität in eben diesen Regionen. Dass jemand solche Wörter hört, bedeutet aber nicht, dass er Schmerzen empfindet. Aktivität in der Schmerzmatrix kann also ein Anzeichen dafür sein, dass jemand Schmerzen empfindet oder auch ein Indiz dafür, dass jemand Wörter hört, die normalerweise mit Schmerzen in Verbindung gebracht werden. Hieraus darf aber keineswegs die Schlussfolgerung gezogen werden, dass

[207] WEISS et al. 2010, 204.
[208] WEISS et al. 2010, 204.
[209] Siehe WEISS et al. 2010, 204.

das Reden über Schmerzen mit Schmerzempfindungen einhergeht.[210] Gezeigt wurde mit dieser Studie vielmehr, dass neurale Aktivität in der Schmerzmatrix nicht unbedingt ein Indiz dafür sein muss, dass das untersuchte Subjekt Schmerzen empfindet.

4.5 Zusammenfassung

Das Kapitel über Schmerz und Sprache hat erneut bestätigt, dass Schmerzen sehr subjektive Phänomene sind, die sich durch einen phänomenalen Gehalt auszeichnen, der nur erstpersonell vollständig zugänglich ist. Die schmerzempfindende Person hat grundsätzlich einen privilegierten Zugang zu den eigenen Schmerzempfindungen, denn nur sie kann wissen, wie sich der aktual empfundene Schmerz anfühlt. Nur sie weiß, wie es für sie ist, in diesem Zustand zu sein. Es besteht dementsprechend eine epistemische Asymmetrie zwischen dem Wissen über die eigenen Schmerzempfindungen und denen anderer Personen. Eine Symmetrie wird diesbezüglich nie erreicht werden können. Eine semantische Asymmetrie, wie Elaine Scarry sie annimmt, besteht hingegen nicht. Schmerzen können sprachlich ausgedrückt werden und sind deswegen auch nicht unbedingt höchst private Phänomene, wie es gelegentlich postuliert wird. Dass Schmerzen keinen „äußeren Referenten" haben, wie beispielsweise die Rotwahrnehmung, ist unproblematisch. Zwar gibt es kein schmerzhaftes Objekt auf das wir zeigen und sagen können, ‚Dieses Objekt ist schmerzhaft!', so wie wir sagen können ‚Dieser Apfel ist rot!'. Dennoch ist es möglich allen Personen, die selbst irgendwann in ihrem Leben einmal Schmerzen empfunden haben und dementsprechend wissen, was Schmerzen sind,[211] zu erklären, welche Art von Schmerzen empfunden werden und wie intensiv diese sind. Der Theorie Ludwig Wittgensteins, welche besagt, dass sich Empfindungswörter, wie „Schmerz" auf keine privaten, inneren Phänomene beziehen, von denen nur der Sprecher selbst wissen kann, ob sie vorliegen oder nicht, ist also zuzustimmen. Schmerzen werden zwar subjektiv empfunden, ihr Inhalt kann aber verbalisiert werden und ist dementsprechend öffentlich zugänglich.

Gezeigt werden konnte außerdem, mit Hilfe des soeben durchgeführten Gedankenexperiments, dass sich Schmerzen, je nachdem ob sie sprachlich verbalisiert werden oder nicht, unterschiedlich anfühlen können.

Da Schmerzempfindungen und auch das Hören von Wörtern, mit denen Schmerzen normalerweise ausgedrückt werden, mit erhöhter Aktivität in der so genannten Schmerzmatrix korrelieren, wird gelegentlich angenommen, das Reden über Schmerzen erzeuge dergleichen. Diese Annahme ist aber keineswegs belegt. Die Ergebnisse der skizzierten Studie von Weiss und Kollegen zeigen vielmehr, dass

---

[210] Für weitere Ausführungen hierzu siehe Kapitel III.5.2.

[211] Diese Einschränkung ist, wie in dem im Abschnitt III.4.4 skizzierten Gedankenexperiment aufgezeigt, notwendig, denn den Menschen, die noch nie Schmerzen empfunden haben, wird man nicht erklären können, was Schmerzen sind.

das Wissen über die so genannte Schmerzmatrix beziehungsweise über neurale Korrelate des Schmerzes noch sehr grob und lückenhaft ist.

5. Schmerz und Bewusstsein

Eine umfassende Beschreibung des Schmerzphänomens muss eine Erklärung darüber enthalten, in welchem Verhältnis die Begriffe „Schmerz“ und „Bewusstsein“ zueinander stehen. Im Mittelpunkt dieser Analyse steht die Erörterung der folgenden Fragen:

- Können Schmerzen nur bewusst empfunden werden, oder ist auch die Rede von unbewussten Schmerzen sinnvoll?
- In welchem Bewusstseinszustand muss eine Person sein, um Schmerzen empfinden zu können?
- Inwiefern beeinflusst der jeweilige Bewusstseinszustand den phänomenalen Gehalt des Schmerzerlebens?

Im Rahmen dieser Untersuchung ist es weder möglich noch notwendig eine umfassende Theorie darüber zu entwickeln, was Bewusstsein eigentlich ist beziehungsweise welche Kriterien ein Wesen erfüllen muss, damit ihm Bewusstsein zugesprochen werden kann.[212] Es muss aber ein Überblick darüber gegeben werden, welche Arten von Bewusstsein beziehungsweise welche unterschiedlichen Bewusstseinsbegriffe in der aktuellen Diskussion differenziert werden, um dann darauf aufbauend eine Theorie über das Verhältnis von Schmerz und Bewusstsein entwickeln zu können. Relevant ist in diesem Zusammenhang zunächst, dass es beim Menschen wie auch beim Tier unterschiedliche Grade von Bewusstsein gibt. Eine Person kann *erstens* bei vollem Bewusstsein und *zweitens* in ihrem Bewusstsein beeinträchtigt sein, beispielsweise im Schlaf, im alkoholisierten oder einem komatösen Zustand. *Drittens* kann sie ihr Bewusstsein noch nicht vollständig ausgebildet haben – so wird darüber diskutiert, ab wann einem Säugling und welchen Tieren Bewusstsein zugesprochen werden kann. Aufschlussreich sind außerdem Redeweisen, in denen Formen des Begriffes „Bewusstsein“ verwendet werden, wie beispielsweise ‚x handelt bewusst‘, ‚x nimmt y bewusst wahr‘ (wobei „y“ eine Situation, ein Ereignis, ein Gegenstand oder auch ein mentaler Zustand sein kann), ‚x ist sich seiner selbst bewusst‘ oder ‚x hat das Bewusstsein verloren‘.

Diese Überlegungen verdeutlichen, dass es in Alltagssprachen sehr unterschiedliche Verwendungsweisen von „Bewusstsein“ gibt und lassen bereits vermuten, dass eine Differenzierung verschiedener Bewusstseinsarten notwendig ist. Vor allem Vertreter der Philosophie des Geistes haben entsprechende Unterscheidungen

[212] Kurz skizziert wird die damit einhergehende Problematik gleichwohl in Kapitel IV.1. Vgl. hierzu vor allem die Ausführungen in WILD 2006.

vorgenommen. Die wohl bekannteste Differenzierung ist die von Ned Block vorgeschlagene in *phänomenales Bewusstsein* und *Zugriffsbewusstsein.* Sie wird zunächst diskutiert (5.1). Darauf aufbauend werden zwei Zustände untersucht, in denen Personen nur über eingeschränktes Bewusstsein und vermutlich auch über beschränkte Schmerzempfindungsfähigkeit verfügen: Erstens komatöse Patienten (5.2) und zweitens schlafende Personen (5.3). Jemand der bei vollem Bewusstsein ist kann erfahrungsgemäß Schmerzen empfinden. Auch ein Säugling, der zwar noch nicht über Selbstbewusstsein verfügt, aber durchaus bewusst wahrnehmen kann, empfindet vermutlich Schmerzen – wenn auch auf andere Art und Weise als ein Kind oder ein erwachsener Mensch.[213] Ein komatöser Patient hingegen wird Schmerzen, so meine erste intuitive Annahme, nur dann empfinden können, wenn er über *ausreichend* Bewusstsein verfügt. Aber was kann hier als *ausreichendes* Bewusstsein gelten? Gerade dies muss bestimmt werden. Auch im Schlaf sind wir in unserer bewussten Wahrnehmungsfähigkeit beschränkt. Nachgegangen wird der Frage, ob wir Schmerzen empfinden können, während wir schlafen oder ob Schmerzempfindungen vielmehr als Indiz für das *Wachsein* betrachtet werden können, was, wie noch erläutert wird, eine Widerlegung des *cartesianischen Traumarguments* darstellen würde.

5.1 Zugriffsbewusstsein und phänomenales Bewusstsein

John Searle versteht unter Bewusstsein „those subjective states of awareness or sentience that begin when one wakes in the morning and continue throughout the period that one is awake until one falls into a dreamless sleep, into a coma, or dies or is otherwise, as they say, unconscious“[214]. Ned Block hält diese Bewusstseinsdefinition für verfehlt, weil sie auf zu viele verschiedene Arten von Bewusstsein zeige.[215] In seinem oft zitierten Artikel *On a Confusion about a Function of Consciousness*[216] weist Block darauf hin, dass der Begriff „Bewusstsein“ ein hybrider oder besser ein Mischbegriff sei („a hybrid or better, a mongrel concept“[217]), denn das Wort „Bewusstsein“ konnotiere eine Anzahl verschiedener Begriffe und denotiere eine Anzahl verschiedener Phänomene.[218] Block selbst unterscheidet vor allem zwei Bewusstseinsarten: *phänomenales Bewusstsein* (phenomenal consciousness, P-Bewusstsein) und *Zugriffsbewusstsein* (access consciousness, A-Bewusstsein).[219] Diese Unter-

---

[213] Vgl. Kapitel IV.1.

[214] SEARLE 1990.

[215] Siehe BLOCK 1997, 375.

[216] BLOCK 1997.

[217] BLOCK 1997, 375.

[218] Vgl. BLOCK 1997, 375.

[219] Natürlich gibt es weitere Bewusstseinsarten. Block führt neben diesen beiden das *Selbstbewusstsein* und das *Kontrollbewusstsein* an; vgl. BLOCK 1997, 389 ff. Rosenthal spricht von *Zustandsbewusstsein* (*state consciousness*); vgl. ROSENTHAL 2002a, 2002b. Mit Blick auf

scheidung hält er für höchst bedeutsam, denn eine Vermengung der beiden Begriffe könne schnell zu Verwirrung führen.

Um Sinn und Nutzen dieser Differenzierung angemessen bewerten zu können, müssen wir uns beide Begriffe zunächst einmal genauer ansehen. Wenden wir uns erst einmal dem phänomenalen Bewusstsein zu. Die Ausdrücke „phänomenales Bewusstsein“, „phänomenaler Charakter“ und „phänomenaler Zustand“ wurden im Rahmen dieser Arbeit zwar bereits vielfältig verwendet, müssen aber nun noch einmal explizit beleuchtet werden. Betrachten wir dazu ein Beispiel: Person A und Person B unterziehen sich einer Zahnarztbehandlung. Bei beiden muss ein Zahn aufgebohrt und gefüllt werden. Während Person A den Eingriff unter lokaler Betäubung vornehmen lässt, schlägt Person B das Betäubungsangebot aus.[220] Person A hat dementsprechend ein schmerzloses Bohr- und Füll-Erlebnis, Person B hingegen erlebt die Behandlung als äußerst schmerzhaft. Eben in diesem Erlebnisunterschied besteht das phänomenale Bewusstsein. Thomas Nagel hat, wie bereits an unterschiedlichen Stellen angedeutet wurde, hierzu den Ausdruck „what it is like“ geprägt.[221] Die phänomenal bewussten Aspekte des mentalen Geschehens seien jene, die mit einem bestimmten *Wie-es-ist-Sein* einhergingen. Ähnlich formuliert dies auch Block: Phänomenales Bewusstsein versteht er als Erleben und phänomenale Bewusstseinseigenschaften demgemäß als erlebnismäßige Eigenschaften. Ein Zustand sei dann phänomenal bewusst, wenn er erlebnismäßige Eigenschaften habe: „The totality of the experiential properties of a state are ‚what it is like' to have it“[222]. Phänomenal bewusste Zustände haben wir seiner Vorstellung nach dann, wenn wir sehen, riechen, schmecken, hören und eben auch dann, wenn wir Schmerzen empfinden. Block geht allerdings davon aus, dass nicht nur Empfindungen und Wahrnehmungen phänomenal bewusst sind. Auch Überzeugungen, Meinungen und Wünsche könnten phänomenal erlebt werden. So fühle es sich auf eine bestimmte Art und Weise an, zu wissen, dass Montag sei oder zu wünschen heute möge Freitag sein. Andere Philosophen hingegen behaupten das Gegenteil.[223] Sie sind der Ansicht, dass Überzeugungen und Wünsche keinen phänomenalen Gehalt haben; einen solchen schreiben sie nur Empfindungen und Wahrnehmungen zu. Zwar gehen auch sie in der Regel davon aus, dass mit Blick auf solche *propositionalen Einstellungen* gelegentlich gesagt werden könne, dass es irgendwie sei, in ihnen zu sein. Bestritten wird allerdings, dass es qualitative Merkmale gibt, die ausschließlich für Wünsche,

---

das Schmerzphänomen sind aber zunächst nur Zugriffs- und phänomenales Bewusstsein relevant.

[220] Dieses Beispiel ist den Ausführungen Ian Ravenscrofts entnommen; vgl. RAVENSCROFT 2008, 284 ff.

[221] Vgl. NAGEL 1974. Geprägt wurde der Ausdruck „what it is like“ außerdem maßgeblich von Frank Jackson und Joseph Levine; siehe JACKSON 1986; LEVINE 1983, 1993.

[222] BLOCK 1997, 380 f.

[223] Beispielhaft genannt seien David Braddon-Mitchell und Frank Jackson; siehe BRADDON-MITCHELL / JACKSON 1996, 123.

nicht aber für bestimmte Überzeugungen und Wahrnehmungen, charakteristisch wären.[224]

Kommen wir nun zum Zugriffsbewusstsein (*access consciousness*, A-Bewusstsein). Block legt folgende Bedingungen[225] fest, die erfüllt sein müssen, damit ein mentaler Zustand zugriffsbewusst (A-bewusst) ist:

> „A is access-consciousness. A state is A-conscious if it is poised for direct control of thought and action. To add more detail, a representation is A-conscious if it is poised for free use in reasoning and for direct "rational" control of action and speech."[226]

Ein mentaler Zustand ist dann *zugriffsbewusst*, wenn für die wahrnehmende Person eine Repräsentation seines Inhalts als Prämisse von Überlegungen verfügbar ist und ihr damit zur rationalen Handlungskontrolle sowie für sprachliches Verhalten bereitsteht[227]. Zugriffsbewusste Zustände haben also immer einen repräsentationalen Gehalt, sie müssen immer Zustände eines *Bewusstseins von etwas* sein.[228] Die paradigmatischen zugriffsbewussten Zustände sind propositionale Einstellungen, wie etwa Gedanken, Überzeugungen und Wünsche, also Zustände, deren repräsentationaler Gehalt durch „dass-Sätze" ausgedrückt werden kann – zum Beispiel der Gedanke, dass Gras grün ist. Betrachten wir zum besseren Verständnis folgende Aussage: „Ich glaube, dass der tasmanische Beuteltiger ausgestorben ist".[229] Diese Überzeugung ist im Blockschen Sinne für die Person, die sie hat, zugriffsbewusst, weil sie die im Zitat genannten Kriterien erfüllt: (1) Die Überzeugung ist *inferentiell promiskuitiv*, was so viel heißt wie: sie ist verfügbar, um bei allen möglichen Überlegungen als Prämisse verwendet zu werden. (2) Sie ist verfügbar, um das Handeln rational zu steuern. So werde ich beispielsweise in das Museum und nicht in den Zoo gehen, um mehr über die Tierart zu erfahren. (3) Sie ist verfügbar, um sprachliche

---

[224] Die Frage, ob propositionale Einstellungen einen phänomenalen Gehalt haben, kann im Rahmen dieser Arbeit nicht untersucht werden.

[225] In einer ersten Version seines Aufsatzes erklärt Block diese Bedingungen zusammen für hinlänglich, aber nicht notwendig. Das Bereitstehen für die sprachliche Verarbeitung erachtet er für nicht notwendig, weil er zulassen möchte, dass nicht-sprachfähige Wesen zugriffsbewusste Zustände haben.

[226] BLOCK 1997, 382.

[227] Hier muss beachtet werden, dass Block von „poised for", also von „bereitstehen" spricht. Auch Personen, die aktual nicht fähig sind zu handeln oder zu sprechen, beispielsweise Personen im Locked-in-Syndrom, können so betrachtet Zugriffsbewusstsein haben.

[228] Schmerzen können generell nur dann zugriffsbewusst sein, wenn sie einen repräsentationalen Inhalt haben. Ob dies zutrifft, wird im Kapitel III.6. untersucht.

[229] Auch dieses Beispiel ist den Ausführungen Ian Ravenscrofts entnommen; vgl. RAVENSCROFT 2008, 287 f.

Äußerungen rational zu steuern. So werde ich auf die Frage nach einem kürzlich ausgestorbenen Beuteltier wahrscheinlich mit „Beuteltiger" antworten.[230]

Untersucht werden muss nun, welche der beiden Bewusstseinsformen (phänomenales Bewusstsein und Zugriffsbewusstsein) vorliegen muss, um sinnvoll von Schmerzen sprechen zu können. In Vorbereitung auf die Formulierung meiner eigenen These werde ich zunächst darstellen, wie Block das Verhältnis von phänomenalem Bewusstsein und Zugriffsbewusstsein verstanden wissen will.

Block beschreibt in seinem Artikel Fälle, in denen phänomenales Bewusstsein ohne Zugriffsbewusstsein auftritt. Verbreitet ist entgegen der Annahme Blocks aber die Theorie, dass Zugriffsbewusstsein die Funktion phänomenalen Bewusstseins ist.[231]

Als eine Situation, in der phänomenales aber kein Zugriffsbewusstsein vorliegt, skizziert Block die folgende:[232] Nehmen Sie an, Sie sind in ein anstrengendes Gespräch vertieft, als Sie um die Mittagszeit plötzlich merken, dass direkt vor Ihrem Fenster ein ohrenbetäubender Presslufthammer die Straße aufbricht und zwar schon seit einiger Zeit. Sie haben den Lärm schon während des gesamten Gespräches wahrgenommen, aber erst jetzt nehmen Sie ihn bewusst wahr, so erklärt es Block und schließt daraus:

> „You were aware of the noise all along, one might say, but only at noon are you *consciously aware* of it. That is, you were P-conscious of the noise all along, but at noon you are both P-conscious *and* A-conscious of it."[233]

Nach Block belegt dieses Beispiel, dass phänomenales Bewusstsein ohne Zugriffsbewusstsein auftreten kann.

Wenden wir uns nun wieder dem Untersuchungsgegenstand dieser Arbeit zu, dem Schmerz, und damit der Frage, ob auch Schmerzempfindungen einer Person phänomenal bewusst sein können, ohne ihr zugleich zugriffsbewusst zu sein. Erfahrungsgemäß scheinen die Schlussfolgerungen die Block aus seinem Presslufthammer-Beispiel zieht auch für Schmerzerlebnisse Geltung beanspruchen zu kön-

---

[230] Ravenscroft weist darauf hin, dass es sein kann, dass jemand auf eine Information nicht zugreifen kann, obwohl er diese Information eigentlich hat. Er führt zum besseren Verständnis folgendes Beispiel an: Jemand kann die Frage ‚Was ist die Hauptstadt von Portugal?' nicht beantworten. Fragt man ihn jedoch, ‚Ist Lissabon die Hauptstadt von Portugal?', so kann er korrekt bejahen. Block sieht dieses Problem nicht, er spricht nur im zweiten Fall von Zugriffsbewusstsein, denn dieses hat man seiner Meinung nach nur dann, wenn der mentale Zustand dazu tendiert, die rationale Steuerung von Äußerungen und Handlungen und den Gebrauch in zahlreichen Schlüssen zu gestatten; vgl. RAVENSCOFT 2008, 290 f.; BLOCK 1997, 231.

[231] Diese These vertreten beispielsweise BAARS 1988; FLANAGAN 1992; VANGULICK 1989.

[232] BLOCK 1997, 386.

[233] BLOCK 1997, 386 f.

nen.[234] Verbreitet sind die folgenden Annahmen: Nicht selten kommt es vor, dass Schmerzen einer Person erst dann wirklich *bewusst werden*, wenn sie ihre Aufmerksamkeit auf diese richtet.[235] Beispielsweise dann, wenn sie ein aufregendes Gespräch oder eine anstrengende Aktivität, die zuvor ihre volle Aufmerksamkeit beansprucht hat, beendet. Intuitiv wird häufig die Hypothese zugrunde gelegt, dass die Schmerzen bereits vorher *da waren*. Umgekehrt wird auch angenommen, dass jemand durch äußere Faktoren von seinen Schmerzen abgelenkt wird und diese dann nicht mehr empfindet.

Solche Annahmen sind falsch. Die intuitive Annahme, dass sinnvoll von Schmerzen gesprochen werden kann, die einer Person phänomenal, aber nicht zugriffsbewusst sind, hält meiner Meinung nach einer semantischen Überprüfung nicht stand. Meine These werde ich im Folgenden in Abgrenzung zu der Theorie Blocks darlegen. Block geht davon aus, dass es Fälle gibt, in denen Schmerzen, genau wie das Geräusch in seinem Presslufthammer-Beispiel, einer Person nicht zugriffsbewusst, wohl aber phänomenal bewusst sind. Argumente für diese These sucht er in Fällen, in denen die Schmerzempfindungen von Personen absichtlich unterdrückt werden. Dabei bezieht er sich einerseits auf etablierte medizinische Verfahren, wie die Narkose und die örtliche Betäubung, andererseits aber auch auf die Schmerzunterdrückung durch Hypnose, deren Wirkung ohnehin stark umstritten ist. Patienten, die aus einer Vollnarkose aufwachen und berichten, dass sie während der Operation Schmerzen empfunden haben, führt er als ein Beispiel dafür an, dass Schmerzen phänomenal bewusst und gleichzeitig nicht zugriffsbewusst auftreten können. Das als *hypnotische Analgesie* bekannte Phänomen, bei dem die Hypnose den Schmerzzugriff eines Patienten blockieren soll, als ein weiteres.[236] Dass hypnotisierte Personen Schmerzen phänomenal wahrnehmen, sieht er durch zwei Gründe bestätigt: Erstens könnten psychophysiologische Anzeichen beobachtet werden, die normalerweise mit Schmerzen einhergingen, wie beispielsweise die Zunahme der Herzfrequenz und des Blutdrucks. Ein weiteres Anzeichen sei, dass Berichte über den Schmerz durch die so genannte *Hilgards Technik*[237], mit der der Hypnotiseur als „verborgener Beobachter" („hidden observer") mit einem „verborgenen Teil" („hidden part") der Person Kontakt aufnimmt und über den Schmerz sprechen kann. Block schlussfolgert:

> „The hidden observer often describes the pain as excruciating and also describes the time course of the pain in a way that fits the stimulation. Now there is no

---

[234] Ob Schmerzen wirklich einen repräsentationalen Gehalt haben, diese Frage wird weiter unten im Kapitel III.6. untersucht. Im Mittelpunkt dieses Kapitels steht die Frage, ob Schmerzen immer bewusst erlebt werden.

[235] In der englischen Literatur wird in der Regel der Ausdruck „attention" verwendet, um diesen Sachverhalt zu beschreiben.

[236] BLOCK 1997, 405.

[237] HILGARD 1986.

point in supposing that the pain is not P-conscious. If we believe the hidden observer, there is a pain that has phenomenal properties, and phenomenal properties could not be P-unconscious.“[238]

Die Theorie Blocks, welche besagt, dass es Situationen gibt, in denen Schmerzen einer Person phänomenal aber nicht zugriffsbewusst sind, ist wenig überzeugend. Schmerzen werden nur dann empfunden, wenn die Person, die sie hat, sich dessen auch *bewusst* ist. Dies wiederum bedeutet: Schmerzen kann nur haben, wer Zugriff auf deren Inhalt hat. Daraus folgt: Eine notwendige Bedingung für das Zuschreiben von Schmerzen ist, dass sie der Person, die sie hat, zugriffsbewusst sind. Hinzu kommt, dass Schmerzen immer mit einem Erlebnischarakter verbunden, das heißt *per se* phänomenal bewusst sind. Eine zweite notwendige Bedingung für das Zuschreiben von Schmerzen ist demgemäß, dass sie der Person, die sie hat, phänomenal bewusst sind. Es folgt: Schmerzen hat eine Person nur dann, wenn sie sich auf eine bestimmte Art und Weise anfühlen und ihre Aufmerksamkeit (zumindest teilweise) auf diesen Erlebnisgehalt gerichtet ist.

In den von Block aufgeführten Fällen liegen dementsprechend keine Schmerzempfindungen vor. Es kann natürlich sein, dass ein narkotisierter Patient Schmerzen (zugriffsbewusst und phänomenal) erlebt. Dies muss dann aber auf eine falsch dosierte Narkose zurückgeführt werden und darf nicht als Schmerz interpretiert werden, der einem Subjekt phänomenal aber nicht zugriffsbewusst ist. Bei der Hypnose verhält es sich genauso: Entweder die Hypnose wirkt wie eine Narkose, dann wird die Person keine Schmerzen empfinden, oder aber sie zeigt gar keine Wirkung, dann sind der Person die Schmerzen (zugriffs- und phänomenal) bewusst – wobei die zweite Variante eher zu überzeugen vermag. Die Annahme, dass die Schmerzempfindungsfähigkeit durch eine Hypnose selektiv unterdrückt werden kann, derart dass Schmerzen nicht mehr zugriffsbewusst, wohl aber noch phänomenal bewusst sind, ist nicht haltbar. Wenn ich nach einer hitzigen Diskussion bemerke, dass ich *Kopfschmerzen habe*, dann *habe* ich diese Schmerzen erst in dem Moment, indem ich dies realisiere, sei es noch während der Diskussion oder danach. Wenn ich von einem Kopfschmerz durch andere Personen oder Ereignisse abgelenkt werde und das Zugriffsbewusstsein zu diesen Schmerzen verliere, dann nehme ich den Schmerz auch nicht mehr phänomenal wahr und habe ihn schließlich auch nicht mehr. Den Schmerz zu vergessen beziehungsweise vom Schmerz abgelenkt sein, bedeutet zugleich keinen Schmerz mehr zu haben. Erst in dem Moment, in dem mir der Schmerz phänomenal und zugriffsbewusst ist, *habe ich Schmerzen*. Natürlich kann es sein, dass ich eine hitzige Diskussion führe und gleichzeitig Schmerzen empfinde. Dabei kann die Intensität der Schmerzempfindung variieren. Aber den Schmerz habe ich nur dann, wenn er mir noch irgendwie bewusst ist, das heißt wenn meine Aufmerksamkeit nicht nur auf die hitzige Diskussion, sondern zumindest teilweise auch auf den Schmerz gerichtet ist.

---

[238] BLOCK 1997, 406.

***

Es gibt im Wesentlichen drei Einwände, die gegen die von mir verfochtene These, dass Schmerzen immer zugriffs- und phänomenal bewusst auftreten, hervorgebracht werden können. Der erste Einwand stützt sich auf den folgenden Fall:

> Person A fragt Person B: „Warum setzt du den rechten Fuß eigentlich nicht richtig auf, bist du verletzt?". Daraufhin antwortet Peron A: „Das war mir ehrlich gesagt gar nicht bewusst. Aber jetzt wo du es sagst; stimmt – ich habe Schmerzen im rechten Fuß, wahrscheinlich gehe ich deswegen so. Aber hättest du es mir nicht gesagt, dann wäre es mir auch nicht aufgefallen."

Dieser Fall könnte als ein Beispiel für einen phänomenal, aber nicht zugriffsbewusst erlebten Schmerz gedeutet werden. Die Erklärung würde dann in etwa lauten: Person A ist sich ihrer Schmerzen phänomenal bewusst, deswegen nimmt sie eine Schonhaltung ein, sie ist sich aber weder darüber bewusst, dass sie mit dem rechten Fuß nicht richtig auftritt, noch dass sie Schmerzen hat. Erst als Person B sie auf die Schonhaltung hinweist, wird der Schmerz für sie zugriffsbewusst.

Meiner Meinung nach ist die Annahme, dass es sich in dem skizzierten Fall um einen phänomenal bewussten aber keinen zugriffsbewussten Zustand handelt, falsch. Einen Schmerz empfindet Person A erst in dem Moment, in dem sie von Person B auf die Schonhaltung hingewiesen wird. Aber wie, so könnte nun wiederum kritisch erwidert werden, kann dann die Schonhaltung erklärt werden? Meine Begründung ist die folgende: Die Schädigung am Fuß von A hat irgendwann einen Schmerz hervorgerufen, den A bewusst (phänomenal und zugriffsbewusst) empfunden hat. Daraufhin hat A unbewusst eine Schonhaltung eingenommen. Dies hat dazu geführt, dass A zunächst keinen Schmerz mehr empfunden hat. Dennoch wird die Schonhaltung (wiederum unbewusst) beibehalten, um Schmerzen, die beim Aufsetzen des Fußes entstehen könnten, zu verhindern. In dem Moment, in dem A von B auf die Schonhaltung hingewiesen wird, richtet A ihre Aufmerksamkeit auf den Schmerz im Fuß. Erst dann kann sinnvoll von einer Schmerzempfindung gesprochen werden. Anders verhält es sich natürlich, wenn jemand eine Schonhaltung einnimmt gerade weil er Schmerzen spürt. In einem solchen Fall liegt definitiv ein Schmerz vor, der zum einen phänomenal erlebt wird und der Person, die ihn hat, zum anderen zugriffsbewusst ist. Eine Schonhaltung, die mit einer potenziellen Schmerzempfindung in Verbindung steht, kann auch dann eingenommen werden, wenn der Schmerz aktual nicht empfunden wird. Grundsätzlich muss der Schonhaltung aber eine Schmerzempfindung vorausgegangen sein. Dass Person A in dem skizzierten Fall eine Schonhaltung einnehmen würde, ohne vorher Schmerzen im Fuß empfunden zu haben, ist unrealistisch.

Ein zweiter Einwand, welcher gegen die These, dass Schmerzen immer phänomenal und zugriffsbewusst auftreten, hervorgebracht werden kann, ist folgender:

Auch Tiere und andere Wesen empfinden Schmerzen. Tiere haben kein Zugriffsbewusstsein. Deswegen kann das Vorliegen von Zugriffsbewusstsein kein notwendiges Kriterium für das Empfinden von Schmerzen sein.

Dieser Einwand kann recht einfach widerlegt werden, indem dargelegt wird, dass Tiere Zugriffsbewusstsein haben. Die Theorie, Tiere hätten nur phänomenales Bewusstsein, ist nicht belegt. Die mentalen Zustände, die Tiere haben, erleben sie nicht einfach nur, sie sind ihnen auch zugriffsbewusst. Ein hungriges Tier ist sich darüber bewusst, dass es Hunger hat. In Reaktion darauf wird es jagen. Ein Tier das Schmerzen empfindet richtet seine Aufmerksamkeit auf den Schmerz. Der Unterschied zwischen Mensch und Tier besteht darin, dass Menschen im Gegensatz zu Tieren Selbstbewusstsein und dementsprechend einen ganz anderen Bezug zu ihren eigenen mentalen Zuständen haben. Dies hat, wie in Kapitel IV.1. noch ausgeführt wird, zur Folge, dass Menschen und Tiere Schmerzen zwar gleichermaßen empfinden, aber unterschiedlich erleben. Dass Menschen eine etwas andere Form von Zugriffsbewusstsein haben, gerade weil sie selbstbewusste Wesen sind, die über höhere kognitive Fähigkeiten verfügen, kann nicht bezweifelt werden. Der Mensch kann rational handeln, hat Wünsche und Überzeugungen. Dies trifft auf das Tier nicht zu, deswegen unterscheiden sich zugriffsbewusste Zustände von Menschen und Tieren. Aber es wäre falsch, dem Tier das Zugriffsbewusstsein gänzlich abzusprechen. Ein Tier, das Schmerzen empfindet, richtet seine Aufmerksamkeit auf diese. Es ist sich seiner Schmerzen phänomenal und zugriffsbewusst. Ein Tier das abgelenkt wird, beispielsweise durch einen Kampf mit einem anderen Tier, empfindet in dem Moment des Kampfes keinen Schmerz. Es nimmt ihn weder phänomenal, noch zugriffsbewusst wahr.

Ich komme nun zu dem dritten möglichen Einwand. Dieser bezieht sich auf einen Vergleich zwischen der Schmerzempfindung und dem Angstgefühl. Ängste, so könnte man behaupten, können phänomenal aber nicht zugriffsbewusst sein. Warum gilt dies dann nicht auch für Schmerzempfindungen, wo sich die beiden Phänomene doch so ähnlich sind? Sehen wir uns das Angstgefühl etwas genauer an. Es kann durchaus sein, dass jemand Angst vor etwas hat, ohne sich dessen gewahr zu sein. Dass bedeutet es gibt Fälle, in denen jemand Angst phänomenal erlebt, also phänomenales Bewusstsein hat, aber sich darüber nicht bewusst ist, also kein Zugriffsbewusstsein hat. Ziel vieler Gesprächstherapien ist es, unbewusste Ängste des Patienten auszumachen und diese schließlich zu bewältigen. Nun gibt es aber doch große Unterschiede zwischen den mentalen Zuständen, die mit Angst einhergehen und Schmerzempfindungen. Schmerzempfindungen sind grundsätzlich *schmerzhaft*, wobei der Schmerz in seiner Intensität variieren kann. Bei der Angst ist dies anders. Es wäre falsch in Anlehnung an die Schmerzempfindung zu sagen, alle Ängste fühlen sich *ängstlich* an, oder alle Ängste sind *angsthaft*. Angst ist ein Gefühl, Schmerz hingegen ist eine Empfindung. Die Angst wird nicht irgendwo im Körper – im Bein, Bauch oder Kopf – wahrgenommen. Angst ist ein Gefühl, welches sich beispielsweise auf Situationen, Menschen oder Ereignisse richten kann. Gerade deswegen aber kann es sein, dass Ängste phänomenal erlebt werden, ohne zugriffsbewusst zu sein. Meine Gefühle sind mir nicht unbedingt bewusst. Meine Empfindungen hingegen schon. Wenn ich etwas empfinde, dann bin ich mir darüber bewusst, dass ich es empfinde, dann ist meine Aufmerksamkeit auf diese Empfindung gerichtet. Fühlen kann ich, ohne mir dessen gewahr zu sein, ohne meine Aufmerksamkeit darauf zu richten. Schmerzen sind, im Gegensatz zu Ängsten, immer mit einer bestimmten Empfindungsqualität verbunden und daher immer bewusst. Ängste hingegen können unbewusst auftreten, was sich in negativen Gefühlen, Einstellungen und Denkweisen manifestieren kann.

Entgegen der Theorie Blocks müssen phänomenales und Zugriffsbewusstsein vorliegen, um sinnvoll von Schmerzen sprechen zu können. Schmerzen, die sich nicht schmerzhaft[239] anfühlen, sind keine Schmerzen. Während die Rede von unbewussten propositionalen Einstellungen wie Überzeugungen und Wünschen und auch die Rede von unbewussten Gefühlen nicht weiter schwierig scheint ist eine solche Theorie auf Schmerzempfindungen nicht übertragbar. Einen Schmerz zu empfinden heißt offenbar nichts anderes, als einen bewussten Schmerz zu haben. Wird kein Schmerz empfunden, so liegt kein Schmerz vor. Durch Ablenkung kann der Schmerz in seiner Intensität gemindert werden, er kann auch ganz verschwinden, wobei der Begriff „Ablenkung" dann nicht mehr sinngemäß scheint.

Zur Frage steht, ob die von Block vorgenommene Differenzierung in phänomenales Bewusstsein und Zugriffsbewusstsein generell, das heißt nicht nur mit Blick auf das Schmerzphänomen, sinnlos ist. In den letzten Jahren wurde sein Bewusstseinsmodell immer wieder starker Kritik ausgesetzt.[240] Gefühle, Wünsche und Überzeugungen können einer Person, wie soeben gezeigt wurde, phänomenal bewusst sein ohne ihr zugriffsbewusst zu sein. So betrachtet ist die Blocksche Aufteilung also durchaus sinnvoll. Schmerzen hingegen werden grundsätzlich phänomenal erlebt und erfordern zugleich stets die Aufmerksamkeit des empfindenden Subjekts. Vermutlich gilt dies auch für alle anderen Empfindungen. Kälte- und Wärmeempfindungen, ebenso wie Geschmacks- und Geruchsempfindungen werden grundsätzlich zugleich phänomenal und zugriffsbewusst erlebt: Jemand der Kälte oder Wärme empfindet, etwas riecht oder schmeckt, für den fühlt sich dies auf eine bestimmte Art und Weise an und zugleich richtet dieser jemand seine Aufmerksamkeit zumindest teilweise auf diese Empfindungen. Es ist nicht möglich Temperatur zu empfinden, etwas zu riechen oder zu schmecken, ohne sich dessen bewusst zu sein. Gleiches gilt meiner Meinung nach für akustische und visuelle Wahrnehmungen, weshalb Blocks Presslufthammer-Beispiel nicht als Zustand betrachtet werden sollte, in dem eine Person phänomenales aber kein Zugriffsbewusstsein hat. Die Theorie, dass Dinge von einer Person gesehen und Geräusche gehört werden

---

239 Dass sich ein Schmerz „schmerzhaft" anfühlen muss, bedeutet zwar, dass er unangenehm ist. Dennoch kann er in ein positives Gesamterlebnis einfließen. Wie im Kapitel III.3.3 gezeigt, gibt es diverse Situationen, in denen Menschen Schmerzen in Kauf nehmen, um etwas Positives zu erleben.

240 Siehe beispielsweise KRIEGEL 2006; ROSENTHAL 2002a, 2002b.

können, auch dann, wenn sie ihre Aufmerksamkeit gar nicht auf diese Zustände richtet und zunächst selbst nicht weiß, dass sie etwas gesehen oder gehört hat, wird in der Regel mit Begründungen der folgenden Art zu belegen versucht: Sobald die Person ihre Aufmerksamkeit auf das Geräusch richtet, wird ihr bewusst, dass sie es schon lange Zeit vorher phänomenal wahrgenommen hat. Dies ist meiner Meinung nach aber falsch. Etwas hören und etwas sehen kann jemand nur dann, wenn er seine Aufmerksamkeit zumindest teilweise auf diese Zustände richtet. Im Presslufthammer-Beispiel wird das Geräusch vermutlich schon eine ganze Weile bewusst wahrgenommen, das heißt die betreffende Person richtet ihre Aufmerksamkeit nicht erst dann auf das Geräusch als es nachlässt, sondern bereits vorher. Akustische Reize werden an das Gehirn weitergeleitet und von diesem verarbeitet. Die eingehenden Reize werden, vereinfacht ausgedrückt, im Gehirn gespeichert und stehen dann für die neurale Verarbeitung bereit. Im Presslufthammer-Beispiel werden die eingehenden Reize zu einer akustischen Wahrnehmung, die der Person, die sie hat, grundsätzlich zugriffsbewusst ist, verarbeitet.

Die Differenzierung in phänomenales Bewusstsein und Zugriffsbewusstsein ist also nur teilweise brauchbar. Gefühle und propositionale Einstellungen können einer Person phänomenal bewusst sein ohne dass sie ihr zugriffsbewusst sind. Dies liegt daran, dass ein Subjekt solche mentalen Zustände haben kann, ohne ihre Aufmerksamkeit auf sie zu richten. Empfindungen und Wahrnehmungen hingegen sind ihrer Natur nach zugriffsbewusste Zustände, die selbstverständlich einen phänomenalen Gehalt haben. Die empfindende oder wahrnehmende Person richtet ihre Aufmerksamkeit zumindest teilweise auf das Empfundene oder Wahrgenommene.

Um Missverständnissen vorzubeugen, sei abschließend auf einen wichtigen Sachverhalt verwiesen: Schmerzen empfindet eine Person nur dann, wenn sie ihre Aufmerksamkeit auf diese richtet. Dies bedeutet aber keineswegs, dass es grundsätzlich möglich ist, Schmerzen zu lindern oder gar zu beseitigen, indem die Aufmerksamkeit auf andere Ereignisse gerichtet wird. Im Gegenteil: Sehr häufig gelingt dies eben nicht. Es kann passieren, dass jemand, der Schmerzen empfindet, abgelenkt wird und deswegen zeitweise oder auch längerfristig keine Schmerzen mehr hat. Es kann aber ebenso gut sein, dass der Schmerz so stark ist, dass es nicht möglich ist an irgendetwas anderes zu denken, geschweige denn irgendetwas zu tun.[241] In diesem Zusammenhang sei noch einmal auf die bedeutsame Differenzierung zwischen „Schmerz“ und „Krankheit“ sowie das Verhältnis der Begriffe „Schmerz“ und „Leid“ verwiesen.[242] „Schmerzen haben“ und „krank sein“ kann, muss aber nicht zusammenfallen: Jemand kann *krank sein*, *ohne Schmerzen zu empfinden* und umgekehrt

[241] Ausführungen zu der Frage, inwieweit ein bestimmtes Schmerzverhalten das Schmerzempfinden beeinflussen kann, folgen im Kapitel IV.2.

[242] Auf die bedeutsame Unterscheidung zwischen „Schmerz“ und „Krankheit“ wurde bereits im Kapitel III.1. eingegangen. Erneut sei auf Dirk Lanzerath verwiesen, der sich ausführlich mit dem Krankheitsbegriff beschäftigt hat; siehe LANZERATH 1998, 2000, 2007. Vgl. auch ENGELHARDT 1999; HUCKLENBROICH 2007; SCHRAMME 2000.

kann jemand auch *Schmerzen empfinden ohne krank zu sein.* Häufig kommt es vor, dass jemand der krank ist, zeitweise Schmerzen empfindet und zwischenzeitlich von diesen Schmerzen abgelenkt ist. Dennoch kann sich die Person durchgehend krank fühlen und leiden. Dass jemand von seinen Schmerzen abgelenkt wird, bedeutet deswegen nicht unbedingt, dass er weniger leidet.

5.2 Bewusstsein und Schmerzempfindungen bei komatösen Patienten

Obschon wir bislang im Grunde nur sehr wenig über die neuralen Mechanismen, die dem Bewusstsein und besonders dem Selbstbewusstsein zugrunde liegen wissen, können wir eines doch mit Sicherheit sagen: bewusste Wahrnehmungen, Empfindungen und Erlebnisse haben und bewusste Handlungen durchführen, kann ein Wesen nur dann, wenn es ein funktionsfähiges Gehirn hat. Aus dieser untrennbaren Verbindung zwischen kognitiven Fähigkeiten und neuralen Prozessen kann umgekehrt die folgende Schlussfolgerung gezogen werden: Wird die Funktionsfähigkeit des Gehirns beeinträchtigt, beispielsweise in Folge einer Erkrankung, die sich auf neuraler Ebene auswirkt oder eines Unfalls,[243] so geht dies zwangsläufig mit der Veränderung oder sogar dem Verlust kognitiver Fähigkeiten einher.[244] Da sich Personen, deren Gehirn geschädigt ist, häufig nicht mehr äußern können, ist es mitunter sehr schwierig, bei diesen Patienten eindeutige Zeichen bewusster Wahrnehmung zu erkennen, beziehungsweise festzustellen in welchem Bewusstseinszustand sie sich befinden. Bei solchen Patienten kann der Hirntod diagnostiziert werden, sie können sich aber auch in einem komatösen Zustand befinden. Während der Hirntod mit dem Tod des Menschen gleichgesetzt und davon ausgegangen wird, dass mit seinem Eintritt das Bewusstsein unwiederbringlich verloren ist,[245] wird über die Be-

[243] Unterschieden wird zwischen „traumatischen" und „nicht traumatischen" Schädigungen des Gehirns. Die Folgen einer neuralen Erkrankung sind nicht traumatisch, die eines Unfalls hingegen sind traumatisch.

[244] Neurale Aktivität wird hier als notwendiges Kriterium für Empfindungen, Wahrnehmungen und andere mentale Zustände betrachtet. Wie genau phänomenales Erleben zustande kommt, ist damit allerdings noch nicht geklärt. Die neurale Aktivität ist ein notwendiges, aber kein hinreichendes Kriterium. Mehr dazu in Kapitel III.7.

[245] Der Hirntod wird von der Bundesärztekammer (BÄK) definiert als ein „Zustand des irreversiblen Erloschenseins der Gesamtfunktion des Großhirns, des Kleinhirns und des Hirnstamms bei einer durch kontrollierte Beatmung künstlich noch aufrechterhaltenen Herz-Kreislauffunktion" (siehe BUNDESÄRZTEKAMMER 1997). Wenn das Gehirn für wenige Minuten (mindestens 10 Minuten) ohne Blut- und Sauerstoffversorgung bleibt, dann sind die Hirnfunktionen unwiederbringlich verloren. Trotz künstlicher Beatmung und aufrechterhaltener Herztätigkeit ist das Gehirn dann von der Durchblutung abgekoppelt, seine Zellen zerfallen, auch wenn der übrige Körper noch künstlich durchblutet wird. Ob der Hirntod mit dem Gesamttod gleichzusetzen ist, wird aktuell diskutiert. In dieser Arbeit wird die These vertreten, dass ein Wesen Empfindungen,

wusstseinszustände komatöser Patienten kontrovers diskutiert. Im Mittelpunkt der folgenden Analyse steht die damit eng verbundene Frage, ob komatöse Patienten Schmerzen empfinden. Dem vorangestellt sei ein kurzer Abriss darüber, welche komatösen Zustände es überhaupt gibt.

Unterschieden wird in der Medizin zwischen den folgenden drei komatösen Zuständen: Dem Koma, dem vegetativen Zustand (Vegetative State, VS) und dem minimalen Bewusstseinszustand (Minimal Consciousness State, MCS).[246]

Normalerweise gehen komatöse Zustände auf neurale Schädigungen zurück, die beispielsweise durch einen Schlaganfall, ein Schädelhirntrauma, einen epileptischen Anfall, eine Meningitis, einen Hirntumor oder auch als Folge einer Stoffwechselerkrankung ausgelöst werden können.[247] Je nach Ausmaß der Schädigung und Zustand des Patienten wird einer der drei komatösen Zustände diagnostiziert. Von Relevanz für dieses Kapitel ist außerdem das so genannte *Locked-in-Syndrom*[248], bei welchem es sich allerdings um keinen komatösen Zustand handelt.

Damit einer der drei komatösen Zustände oder das Locked-in-Syndrom diagnostiziert wird, müssen jeweils bestimmte Kriterien, die vor allem den Bewusstseinszustand der Person betreffen, erfüllt sein. Wichtig ist hierbei die in der Philosophie des Geistes aber auch in der Medizin gängige Unterscheidung zwischen „awareness" was mit Bewusstheit in Bezug auf sich selbst und gegenüber der Umgebung übersetzt werden kann und „wakefulness", also Wachheit.[249]

Wahrnehmungen und andere mentale Zustände nur dann haben kann, wenn neurale Aktivität stattfindet. Wird die Diagnose „Hirntod" korrekt gestellt, so bedeutet dies zugleich, dass dieses Kriterium nicht mehr erfüllt ist. Eine hirntote Person hat keine mentalen Zustände mehr und wird, aufgrund der Irreversibilität der Schädigung, auch nie wieder welche haben. Der Hirntod kann daher mit dem Tod des Menschen gleichgesetzt werden. Ist allerdings nur die Funktionsfähigkeit des Hirnstamms unwiederbringlich verloren, so darf der Hirntod nicht diagnostiziert werden. Maßgebend ist der Funktionsausfall des gesamten Gehirns.

[246] Für die beiden letzteren werden im Folgenden die englischen Abkürzen gebraucht, also VS für den *vegetativen Zustand* und MCS für den *minimalen Bewusstseinszustand.* PVS steht für *persistent vegetative state*, von diesem Zustand spricht man dann, wenn das Wachkoma vier Wochen und länger andauert.

[247] Ein komatöser Zustand kann auch künstlich induziert werden (künstliches Koma). Dies wird gewöhnlich nach einem schweren Unfall oder bei einer lebensbedrohlichen Erkrankung vorgenommen, um den Organismus entlasten und den Patienten, zum Beispiel bei einer vorliegenden Infektion, wirksamer behandeln zu können. Der Patient wird künstlich beatmet und alle wichtigen Körperfunktionen, wie Herzfrequenz und Blutdruck, werden rund um die Uhr überwacht.

[248] Der Begriff „Locked-in-Syndrom" wurde von Fred Plum und Jerome Posner im Jahr 1966 eingeführt; siehe PLUM / POSNER 1966. Die Charakteristika dieses Zustandes werden weiter unten in diesem Kapitel benannt.

[249] Vgl. FAYMONVILLE et al. 2004, 1196.

Das Koma wird als die schwerste Form einer Bewusstseinsstörung verstanden und ist durch die Abwesenheit von Wachheit und Bewusstheit gekennzeichnet. Es handelt sich um einen Zustand der Reaktionslosigkeit, in dem der Patient mit geschlossenen Augen da liegt und sich selbst und seine Umgebung nicht wahrnimmt. Obwohl es Abstufungen in der Komatiefe gibt, fehlt dem Patienten der Schlaf-Wach-Rhythmus. In diesem Zustand kann die Bewusstlosigkeit selbst durch starke äußere Reize dazu zählen auch Schmerzreize, nicht durchbrochen werden. Im Koma sind Störungen des aufsteigenden retikulären aktivierenden Systems (ARAS), sowie des Cortex nachweisbar. Hält die Bewusstlosigkeit weniger als eine Stunde an, so wird kein komatöser Zustand diagnostiziert, sondern eine Ohnmacht oder eine andere Form der temporären Bewusstlosigkeit. Die weitere Entwicklung des komatösen Patienten ist von der Schwere der neuralen Schädigung und der medizinischen Behandlung abhängig. Komatöse Patienten, die überleben, erwachen gewöhnlich innerhalb von zwei bis vier Wochen, genesen dann entweder allmählich oder erreichen den VS oder den MCS – beide Zustände können Jahre andauern.

Der VS geht in der Regel mit dem Ausfall der Funktion der Großhirnrinde einher.[250] Patienten die sich in diesem Zustand befinden sind wach, weshalb man häufig von dem so genannten *Wachkoma* spricht, sind sich jedoch ihrer selbst und ihrer Umgebung vermutlich nicht bewusst. Fred Plum und Bryan Jennett erklären den Begriff „vegetativ“ anhand des Oxford English Dictionary: „Vegetieren“ bedeutet ein vorwiegend physisches Leben ohne intellektuelle Aktivität oder soziale Interaktion; der Begriff „vegetativ“ kennzeichnet einen Organismus, der fähig ist zu wachsen und sich zu entwickeln, ohne dabei empfinden oder denken zu können.[251] Dauert der VS einen Monat nach einer akuten traumatischen oder nicht-traumatischen Hirnschädigung an, so wird der persistierende vegetative Zustand (Persistent vegetative State – PVS) diagnostiziert. Menschen im VS beziehungsweise im PVS haben im Gegensatz zu Patienten im Koma zeitweise die Augen geöffnet, weshalb davon ausgegangen wird, dass sie einen Schlaf-Wach-Rhythmus haben. Zudem kommt es vor, dass sie greifen, lächeln, weinen und kauen. Angenommen wird jedoch, dass es sich hierbei nur um Reflexe handelt, die von der im Wachkoma befindlichen Person weder kontrolliert, noch gesteuert werden.

Mehr Hirnaktivität als VS-Patienten zeigen Menschen, welche sich im minimalen Bewusstseinszustand, dem MCS, befinden. Dieser Zustand ist durch ein Verhalten charakterisiert, das auf die bewusste Wahrnehmung der eigenen Person und der Umwelt schließen lässt. Menschen in diesem Stadium können akustische und optische Reize teilweise wahrnehmen und darauf reagieren. Selbst Gefühlsregungen sind gelegentlich möglich. MCS-Patienten haben, im Gegensatz zu Personen im VS, definitiv Momente, in denen sie sich und ihre Umwelt bewusst wahrnehmen.

Abzugrenzen von komatösen Zuständen ist das so genannte Locked-in-Syndrom, welches einen Zustand bezeichnet, bei dem Menschen bei vollem Bewusstsein sind,

---

[250] Das Wachkoma wird daher auch als *apallisches Syndrom* (ohne Hirnrinde) bezeichnet.

[251] Vgl. PLUM / JENNETT 1972.

sich jedoch in einem nahezu vollständig gelähmten Körper befinden – sie können, außer blinzeln und die Augäpfel bewegen, nicht auf die Umwelt reagieren. Häufigste Ursache für das Locked-in-Syndrom ist ein so genannter Stammhirninfarkt, der Strukturen zerstört, die normalerweise die Verbindung zwischen Großhirn und Rückenmark herstellen. Das Locked-in-Syndrom kann als Folge eines Unfalls, aber auch als Symptom einer neuralen Erkrankung, beispielsweise der *Amyotrophen Lateralsklerose* (ALS), auftreten.

Kriterium für die Einordnung in einen der Zustände ist die Bewusstseinslage des Patienten, aber gerade diese ist *von außen* nur schwer erkennbar. Eine allgemeine Skala, anhand derer man versucht festzustellen in welchem Bewusstseinszustand und damit in welchem komatösen Zustand sich die Person befindet, ist die *Glasgow Coma Scale* (GCS).[252] Die GCS misst, inwiefern Patienten motorisch, verbal oder mit den Augen auf äußere Reize reagieren können und vergibt dementsprechend Punkte. Insgesamt können 15 Punkte erreicht werden, bei drei oder weniger erzielten Punkten wird davon ausgegangen, dass die Person keine bewussten Wahrnehmungen mehr hat. Ob eine Skala wie die GCS überhaupt von Nutzen ist, wird kontrovers diskutiert.[253] Da der Bewusstseinszustand einer Person mit der GCS nur auf Grundlage des äußerlich beobachtbaren Verhaltens bewertet wird, sind Fehldiagnosen nicht auszuschließen. Besonders tragisch ist es, wenn Patienten, die sich eigentlich im Locked-in-Syndrom befinden, lange Zeit fälschlicherweise als komatös diagnostiziert wurden.

Zur Frage steht, mittels welcher Methoden zuverlässige Aussagen über die Bewusstseinszustände einer Person, die sich nicht mehr äußern kann, getroffen werden können. Eine Möglichkeit könnte darin bestehen, das Gehirn der betreffenden Person mit der funktionellen Bildgebung zu untersuchen. Da viele mentale Prozesse mit spezifischen neuralen Mustern korrelieren, scheint dies zunächst eine vielversprechende Methode zu sein. In den letzten Jahren wurden vermehrt fMRT- und PET-Untersuchungen mit komatösen Patienten durchgeführt. Hervorzuheben ist eine von Adrian Owen vom *Medical Research Council, Cognition and Brain Sciences Unit* in Cambridge im Jahr 2006 durchgeführte Studie, auf die in fast allen aktuellen Veröffentlichungen zum Thema Koma und Bewusstsein Bezug genommen wird:

Owen und Kollegen führten ein Experiment mit einer 23-jährigen Frau durch, die bei einem Verkehrsunfall eine schwere traumatische Schädigung erlitten hatte und sich laut Diagnose seit fünf Monaten im VS befand.[254] Owen wollte mittels einer Untersuchung im fMRT feststellen, ob und inwieweit die Wachkoma-Patientin noch bei Bewusstsein war. Während sich die Patientin im MRT befand, wurde ihr über Lautsprecher mitgeteilt, sie solle sich abwechselnd vorstellen Tennis zu spielen oder in ihrem Haus umherzugehen. Einer Kontrollgruppe von zwölf gesunden Probanden wurde die gleiche Aufgabe gestellt. Owen konnte bei der Patientin sehr ähn-

[252] Nähere Informationen siehe TEASDALE / JENNETT 1974.
[253] Vgl. BESENDORFER 2002.
[254] Vgl. OWEN et al. 2006.

liche neurale Aktivitätsmuster messen wie bei den Probanden der Kontrollgruppe: Bei beiden korrelierte die Vorstellung des Tennisspiels mit einer Aktivierung im supplementärmotorischen Areal und die Vorstellung im Haus umherzugehen mit vermehrter Aktivität im hinteren Parietallappen, im prämotorischen Kortex sowie in der parahippocampalen Platzregion. Laut Owen zeigt dieses Ergebnis, dass die Patientin zum Zeitpunkt der Untersuchung über mehr Bewusstsein verfügte als diagnostiziert wurde:

> „These results confirm that, despite fulfilling the clinical criteria for a diagnosis of vegetative state, this patient retained the ability to understand spoken commands and to respond to them through her brain activity, rather than trough speech or movement. Moreover, her decision to cooperate with the authors by imagining particular tasks when asked to do so represents a clear act of intention, which confirmed beyond any doubt that she was consciously aware of herself and her surroundings."[255]

Owens Interpretation der Daten ist keineswegs unumstritten. So wird beispielsweise eingewandt, dass die Patientin nach Durchführung des Experiments große Fortschritte gemacht habe, was darauf schließen lasse, dass die im MRT gewonnenen Daten nur ein erstes Anzeichen für eine Veränderung des Zustandes der Patientin gewesen seien. So schreibt Neil Levy:

> „The patient tested by Owen et al. fitted the standard criteria for a vegetative state at the time of the examination, but upon re-examination five months later she exhibited relatively transient response to a mirror slowly moved in front of her, suggesting that she may have been transitioning to the minimally conscious state."[256]

Eingewandt wird außerdem, dass von der gemessenen Aktivität nicht zwangsläufig auf ein vorhandenes Bewusstsein geschlossen werden könne.[257] Dass Sprachverarbeitung mit neuralen Prozessen korreliert, wie das Experiment von Owen et al. zeigen konnte, ist in der Tat noch kein Indiz für bewusste Wahrnehmung. Es besteht nach wie vor die Möglichkeit, dass die akustischen Reize zwar neural verarbeitet wurden, dass die Patientin sich selbst und ihre Umwelt aber nicht bewusst wahrnahm.

Welche Bedeutung haben diese Überlegungen nun für die Beantwortung der Frage, ob komatöse Patienten Schmerzen empfinden? Schmerzen kann ein Wesen, wie in Kapitel 5.1 dargelegt worden ist, nur haben, wenn es bei Bewusstsein ist,

---

[255] OWEN 2006.

[256] LEVY 2006, 3 f.

[257] Vgl. PARASHKEV / MASUD 2007. Eine ausführliche Darstellung der Debatte findet sich in SHEA / BAYNE 2010.

denn Schmerzen werden grundsätzlich bewusst erlebt.[258] So betrachtet hängen die Fragen nach dem Bewusstseinszustand komatöser Patienten und nach möglichen Schmerzempfindungen sehr eng zusammen. Da in dieser Arbeit die These vertreten wird, dass Hirnaktivität die Voraussetzung für bewusstes Erleben darstellt, kann vorab ausgeschlossen werden, dass eine Person, bei welcher der Hirntod diagnostiziert wurde, noch Schmerzen empfindet. Dies gilt vermutlich auch für Patienten im Koma, denn ihr Zustand ist vergleichbar mit dem narkotisierter Personen. Beide sind nicht bei Bewusstsein, sie nehmen ihre Umwelt, genau wie ihren Körper nicht wahr, träumen nicht und empfinden auch keine Schmerzen. Anders verhält sich dies vermutlich bei MCS-Patienten. Da diese sich und ihre Umwelt teilweise bewusst wahrnehmen, ist davon auszugehen, dass sie Schmerzempfindungen haben – was auch die weit verbreitete öffentliche Meinung ist.[259] Bei Patienten im Locked-in-Syndrom ist gewiss davon auszugehen, dass sie Schmerzen empfinden, schließlich sind sie bei vollem Bewusstsein. Als ein Zustand für den geklärt werden muss, ob Schmerzen empfunden werden, bleibt also letztlich nur noch der VS übrig. Die hier zu erörternde Frage muss also im Grunde nicht lauten „Können komatöse Patienten Schmerzen empfinden?“, sondern „Können Patienten im VS Schmerzen empfinden?“.[260]

Schmerzempfindungsfähig sind nur Wesen, die ein Gehirn haben. Diese Voraussetzung erfüllen Patienten im VS – potenziell schmerzhafte Reize können von den Nozizeptoren über das Rückenmark zum Gehirn weitergeleitet werden – und trotzdem hinterfragen wir ihre Schmerzempfindungsfähigkeit. Da das Gehirn des Patienten im VS traumatischen oder nicht-traumatischen Schaden erlitten hat und nicht mehr so funktioniert wie zuvor, besteht die Möglichkeit, dass die potenziell schmerzhaften Reize zwar noch zum Gehirn weitergeleitet werden, dass sie dort aber nicht mehr als schmerzhaft interpretiert werden.

Schmerzen können, wie dargelegt wurde, nur bewusst empfunden werden, weshalb der Patient generell nur dann Schmerzen empfinden kann, wenn er bei Bewusstsein ist. Hier ist nun wiederum entscheidend, welche Form, beziehungsweise welcher Grad von Bewusstsein vorausgesetzt wird. Um Schmerzen empfinden zu

---

[258] Siehe hierzu ausführlich Kapitel III.5.1.

[259] Im Jahr 2009 haben Laureys und Kollegen die Ergebnisse einer europaweiten Umfrage zu den Schmerzempfindungen komatöser Patienten veröffentlicht. 2.059 Personen aus dem medizinischen Sektor wurden zu ihren Überzeugungen über die Schmerzempfindungen von Patienten, die in ihrem Bewusstsein beeinträchtigt sind, befragt. Die Frage „Gehen sie davon aus, dass Patienten im MCS Schmerzen empfinden?“ wurde in 97% der Fälle bejaht; siehe LAUREYS et al. 2009.

[260] Da es mitunter aber nicht möglich ist eindeutig festzustellen, ob sich eine Person nun im VS, im MCS oder im Locked-in-Syndrom befindet, wäre es falsch sich ausschließlich auf VS Patienten zu konzentrieren. Im Folgenden geht es primär um die Schmerzempfindungen von VS Patienten, dabei dürfen Patienten, die sich in den anderen komatösen Zuständen befinden, aber nicht vollständig unberücksichtigt bleiben.

können, muss ein Wesen nicht zwangsläufig Selbstbewusstsein haben, denn auch Säuglinge und Tiere, denen kein Selbstbewusstsein zugesprochen werden kann, empfinden Schmerzen. Bedeutsam für die hier zu erörternde Frage ist aber die Unterscheidung in „awareness" und „wakefullness". Um Schmerzen empfinden zu können, muss ein Wesen beides sein, „aware" und „wakefull"; es muss sich selbst und seine Umwelt wahrnehmen können und es muss wach sein. Patienten im VS sind wach. Die Wachheit allein reicht aber nicht aus, um Schmerzen empfinden zu können. Zur Frage steht daher, ob sie auch „aware" sind. Aber wie können wir dies herausfinden? Was sind Anzeichen dafür, dass ein Wesen bewusste Wahrnehmungen und Empfindungen hat?

Überzeugungen über die Schmerzempfindungen von Menschen, deren Bewusstsein nicht beeinträchtigt ist, gründen in der Regel auf einem spezifischen Schmerzverhalten. Personen, die Schmerzen empfinden, teilen uns entweder mit, was sie empfinden oder aber wir beobachten ihr Verhalten und schließen von diesem auf ein bestimmtes Erleben. Patienten im VS können sich nicht äußern und eine Beobachtung ihres Verhaltens hilft uns nicht wirklich weiter. Zur Frage steht, ob der Einsatz der funktionellen Bildgebung hier Abhilfe schaffen kann.

Es sind bislang nur wenige Studien zum Schmerzempfinden komatöser Patienten mit der funktionellen Bildgebung durchgeführt worden.[261] Hervorzuheben sind die PET-Studien von Steven Laureys[262] und Jan Kassubek[263]. Laureys und Kollegen haben 15 Patienten, die sich schon seit längerer Zeit im Wachkoma befanden, bei denen folglich die Diagnose PVS gestellt wurde und 15 gesunde Probanden mit der PET untersucht. Jan Kassubek und Kollegen untersuchten sieben PVS Patienten und 20 gesunde Probanden, ebenfalls mit der PET. Als potenziell schmerzhafter Reiz diente in beiden Studien Hitze, die elektrisch appliziert wurde. Beide Forschergruppen konnten bei den gesunden Probanden und auch bei den PVS-Patienten teilweise Aktivität in der so genannten *Schmerzmatrix*[264] messen. Als Schmerzmatrix wird das Netzwerk unterschiedlicher Hirnregionen bezeichnet, die an der Schmerzentstehung und -verarbeitung beteiligt sind, dazu zählen der primäre somatosensorische Cortex (S I), der sekundäre somatosensorische Cortex (S II), die mediale und posteriore Inselregion, das parietale Operculum, der anteriore Anteil des Gyrus cinguli und das supplementärmotorische Areal (SMA). Laureys et al. konnten Aktivität im S I, jedoch nicht im S II messen. Dies ist aus medizinischer Sicht höchst bedeutsam, denn es wird angenommen, dass Aktivität im S I allein nicht ausreichend ist, um von einer bewussten Schmerzempfindung ausgehen zu können. Darauf weisen Laureys et al. selbst hin. Da die Aktivität im S I vom Rest der Schmerz-

---

[261] Bislang wurden keine Studien zu chronischen Schmerzen bei komatösen Patienten, sondern ausschließlich welche zu akuten Schmerzen, durchgeführt.

[262] Siehe LAUREYS et al. 2002.

[263] Siehe KASSUBEK et al. 2003.

[264] Für weitere Informationen über die so genannte Schmerzmatrix siehe Kapitel III.2.1.

matrix isoliert gewesen sei, könne sie kaum als Zeichen für bewusste Schmerzempfindungen interpretiert werden.

> „We found no evidence of stimulation related downstream activation beyond S1. More importantly, functional connectivity assessment showed that the observed activation of primary sensory cortex seems to subsist as an island, dissociated from higher-order cortices that would be necessary to produce awareness [...].“[265]

Kassubeck et al. hingegen konnten bei den PVS Patienten auch Aktivität im S II messen, was schon eher die Vermutung nahelegt, dass die Indizierung elektrischer Impulse nicht nur bei den Kontrollpersonen, sondern auch bei den untersuchten PVS-Patienten Schmerzempfindungen hervorrief:

> „Areas that showed significant hyperfusion in the hemisphere opposite to the stimulus application were the posterior insula/SII, the postcentral gyrus/SI, and the cingulate gyrus. In addition, a significant perfusion increase could be found in the area of the posterior insula in the hemisphere ipsilateral to the stimulus.“[266]

Bei der Interpretation der Ergebnisse sind allerdings beide Forschergruppen vergleichsweise zurückhaltend. Laureys und Kollegen verweisen abschließend darauf, dass bislang kein spezifisches neurales Korrelat für Schmerzempfindungen ausgemacht werden konnte und dass es deswegen generell sehr schwierig sei Empfindungen und andere mentale Zustände komatöser Patienten zu beurteilen:

> „In the absence of a generally accepted neural correlate of pain and consciousness, it is difficult to make definite judgements about awareness in PVS patients. Pain and suffering are first-person subjective experiences.“[267]

Die gemessenen Daten würden aber dennoch einen wichtigen Beitrag auf dem Weg zu einem besseren Verständnis der neuralen Mechanismen der Schmerzentstehung leisten.

Auch Kassubek und Kollegen betonen, dass ihre Ergebnisse zwar ein neues Verständnis der zerebralen nozizeptiven Schmerzverarbeitung eröffnen würden, dass die Frage, ob VS-Patienten Schmerzen empfänden aber gleichwohl offen bleiben müsse:

> „The imaging analysis of cerebral responses to pain is able to provide deeper insights into the patients‘ central nociceptive system–although it can, of course,

---

[265] LAUREYS et al. 2002, 739.

[266] KASSUBEK et al. 2003, 88.

[267] LAUREYS et al. 2002, 739.

only complement the clinical assessment. Understanding the PVS patients' interaction with the external world might still be an unachievable aim, but detection of partially preserved cortical processes is a first step."[268]

Was zeigen uns diese beiden Studien? In beiden Studien konnten Parallelen zwischen der neuralen Aktivität von komatösen Patienten und gesunden Probanden beobachtet werden. Da den Patienten und Probanden schmerzhafte Reize zugefügt wurden, ist davon auszugehen, dass das spezifische Muster von neuraler Aktivität in Reaktion auf den elektrischen Reiz auftrat. Damit ist aber noch lange nicht belegt, dass die komatösen Patienten Schmerzen empfanden, während sie mit der PET untersucht wurden. Das spezifische neurale Muster könnte auch einfach nur eine Reaktion auf den elektrischen Reiz gewesen sein, der nur bei den gesunden Probanden, nicht aber bei den VS-Patienten zu einem schmerzhaften Erlebnis verarbeitet wurde. Vermutlich findet auch diese Verarbeitung zu einem schmerzhaften Erlebnis im Gehirn statt, welche neuralen Mechanismen eben diesem Prozess zugrunde liegen, das wissen wir nicht und können dementsprechend zum jetzigen Zeitpunkt auch nicht auf Grundlage von fMRT- oder PET-Daten beurteilen, ob eine Person im VS nun Schmerzen empfindet oder nicht.

An dieser Stelle ist es aufschlussreich noch einmal auf die im Kapitel „Schmerz und Sprache" vorgestellte Studie von Wissenschaftlern der Universität Jena zurückzukommen.[269] Der Psychologe Thomas Weiss und seine Arbeitsgruppe erforschten mit Hilfe der funktionellen Bildgebung, welche Muster neuraler Aktivität zeitgleich mit dem Hören von Worten, die normalerweise mit dem Empfinden von Schmerzen assoziiert sind, auftreten. Als Ergebnis halten Weiss und Kollegen fest, dass bei dem Hören schmerz-assoziierter Worte Teile der Schmerzmatrix aktiviert sind. Da dieser Prozess für den Probanden aber nicht unbedingt mit einer Schmerzempfindung einhergehen muss, drängt sich die Annahme auf, dass Teile der so genannten Schmerzmatrix auch dann aktiviert sein können, wenn eine Person keine Schmerzen empfindet. Aktivität in der Schmerzmatrix ist also vielleicht ein notwendiges, aber kein hinreichendes Kriterium für Schmerzempfindungen.

Kommen wir nun noch einmal zurück zu der von Owen und Kollegen durchgeführten Studie.[270] Die 23-jährige Patientin wurde, wie bereits angedeutet, fünf Monate nach der Untersuchung nicht mehr als VS-, sondern als MCS-Patientin eingestuft. So betrachtet können die gemessenen Daten als Anzeichen für die Veränderung des Bewusstseinszustandes der Patientin gedeutet werden. Ob sie zum Zeitpunkt der Untersuchung bereits bewusste Erlebnisse hatte, das heißt ob sie die ihr gestellte Aufgabe sich vorzustellen Tennis zu spielen oder im Raum umherzuwandern, wirklich bewusst ausführte, dies können wir jedoch nicht mit Sicherheit wissen. Es ist ebenso möglich, dass es sich hierbei nur um die unbewusste neurale Ver-

[268] KASSUBECK et al. 2003, 90.

[269] WEISS et al. 2010. Siehe ausführlich dazu Kapitel III.4.4.

[270] Siehe OWEN et al. 2006.

arbeitung akustischer oder anderer Reize handelte. Wir können dementsprechend auch mit Hilfe der funktionellen Bildgebung keine sichere Aussage darüber treffen, ob eine Person sich im VS oder im MCS befindet, das heißt, ob sie gar kein oder nur minimales Bewusstsein hat. Demgegenüber ist es allerdings durchaus denkbar, dass fMRT- oder PET-Messungen Aufschluss darüber geben, ob eine Person komatös ist oder sich im Locked-in-Syndrom befindet. Die neuralen Aktivitätsmuster eines Menschen, der bei vollem Bewusstsein ist und die einer Person, deren Bewusstseinsfähigkeiten stark beeinträchtigt sind, unterscheiden sich doch deutlich. Für die Locked-in-Patienten können die mit der funktionellen Bildgebung gewonnenen Daten also mitunter sehr hilfreich sein. Wenn ihr Zustand erkannt wird, ist auch ein optimaler Umgang mit ihnen möglich; beispielsweise wird nur dann versucht etwas aus dem Augenzwinkern einer Person abzulesen, wenn davon ausgegangen wird, dass sie bei Bewusstsein ist und sich nur auf diesem Wege verständigen kann.

Die funktionelle Bildgebung dient also zurzeit als ein Instrument mit dem festgestellt werden kann, ob eine Person bei vollem Bewusstsein ist (Locked-in), oder gar keine bewussten Erlebnisse mehr hat (Hirntod). Die Zuordnung zu einem der drei komatösen Zustände – Koma, VS, MCS – ist jedoch großen Problemen gegenübergestellt, die zurzeit nicht gelöst werden können.

Die Frage, ob eine Person Schmerzen empfindet ist noch viel spezifischer und wesentlich schwieriger zu beantworten als die, ob eine Person bei Bewusstsein ist. Bewusstsein ist die Voraussetzung dafür, dass ein Wesen überhaupt Schmerzen empfinden kann. Aber dass eine Person Bewusstsein hat bedeutet natürlich nicht automatisch, dass sie Schmerzen empfindet.

Zusammengefasst bedeutet das: Schmerzempfindungen korrelieren grundsätzlich mit neuralen Prozessen. Finden keine neuralen Prozesse statt, wie es bei hirntoten Menschen der Fall ist, so können Schmerzempfindungen ausgeschlossen werden. Wenn wir die neuralen Korrelate des Schmerzerlebens besser kennen würden, so wäre es vielleicht möglich, auf Grundlage von fMRT- oder PET-Aufnahmen, gültige Aussagen über das Schmerzerleben eines komatösen Patienten zu treffen. Das Wissen darüber, dass Schmerzempfindungen mit Aktivität in der so genannten Schmerzmatrix korrelieren, ist ein erster Schritt zu einem besseren Verständnis der neuralen Grundlagen des Phänomens. Wenn man aber erstens bedenkt, wie viele Hirnregionen der Schmerzmatrix zugeordnet werden und zweitens, wie viele mentale Zustände oder Ereignisse mit Aktivität in eben diesen Hirnregionen in Verbindung stehen, dann wird deutlich, dass wir zurzeit noch meilenweit davon entfernt sind, die neuralen Korrelate des Schmerzerlebens zu kennen. Die Frage, ob Patienten im VS Schmerzen empfinden, können wir im Einzelfall also nicht beantworten.[271]

[271] Hier schließen sich nun ethische Fragen nach dem angemessenen Umgang mit komatösen Patienten an, die in dieser Arbeit allerdings nicht berücksichtigt werden können.

5.3 Schmerz und Schlaf

Kommen wir nun zu einem anderen Zustand verminderten Bewusstseins, dem Schlaf. Patienten mit chronischen Schmerzen leiden häufig unter Schlafstörungen. Sie können schlecht einschlafen, haben weniger Tiefschlafphasen und wachen nachts immer wieder auf. Dies wiederum hat zur Folge, dass sie auch tagsüber müde sind. Problematisch dabei ist, dass der schlechte Schlaf und die Tagesmüdigkeit sich wiederum negativ auf die Schmerzverarbeitung auswirken können: Die Schmerzschwelle und Schmerztoleranz sinken, was dazu führt, dass Schmerzen schneller als unerträglich empfunden werden. Letztlich entsteht also eine Art Teufelskreis: Schmerzen führen zu schlechtem Schlaf, schlechter Schlaf verschlimmert den Schmerz und dieser stört wiederum den Schlaf.

Diese Überlegungen scheinen zu verdeutlichen, dass Menschen Schmerzen empfinden können, während sie schlafen. Wenn Schmerzen aber als Empfindungen verstanden werden, die grundsätzlich bewusst erlebt werden und der Schlaf als ein Zustand verminderten Bewusstseins betrachtet wird, dann ist es doch zumindest fraglich, ob Schmerzempfindungen im Schlaf überhaupt möglich sind. Unklar ist, wie es sein kann, dass wir von einem Schmerz aufwachen, wenn wir diesen doch zuvor gar nicht bewusst empfunden und so gesehen nicht gehabt haben. Was es bedeutet, dass Schmerzen immer bewusst empfunden werden, wurde bereits ausführlich dargelegt.[272] Inwieweit der Schlaf einen Zustand verminderten Bewusstseins darstellt, muss hingegen noch erläutert werden: Im Schlaf können wir die Außenwelt, ebenso wie unseren Körper, nicht bewusst wahrnehmen. Andererseits haben wir aber zweifellos mentale Zustände, die wir phänomenal erleben, nämlich dann, wenn wir träumen. Im Traum nehmen wir wahr, empfinden und fühlen. Wenn wir träumen, dann erleben wir etwas und sind normalerweise davon überzeugt, dass das im Traum Erlebte der Wirklichkeit entspricht. Im Traum haben wir, genau wie in der Realität, einen Körper und deswegen scheint es grundsätzlich auch möglich zu sein, im Traum beziehungsweise im Schlaf, Schmerzen zu empfinden. Allerdings handelt es sich hierbei nur um *geträumte Schmerzen* und zur Frage steht, ob es solche Schmerzen überhaupt geben kann.

Diese Überlegungen verdeutlichen, dass in diesem Kapitel letztlich zwei Fragen untersucht werden müssen: *Erstens* die Frage, ob wir Schmerzen empfinden können, während wir träumen (5.3.1 Schmerzempfindungen im Traum) und *zweitens* die Frage, ob es möglich ist, wegen eines Schmerzes aufzuwachen (5.3.2 Vom Schmerz aufwachen?).

[272] Siehe oben Kapitel III.5.1.

5.3.1 Schmerzempfindungen im Traum

Wenn wir träumen, dann wissen wir normalerweise[273] nicht, dass wir träumen und in dem Moment sind wir davon überzeugt, dass alle Dinge, Personen und Geschehnisse, die in unseren Träumen vorkommen, real existieren. Im Traum können wir mentale Zustände haben: ein Alptraum kann Angst und Trauer auslösen, ein schöner Traum kann Freude und Euphorie bewirken. Aber können wir im Traum auch Schmerzen empfinden? Besonders schwierig ist die Beantwortung dieser Frage, weil wir uns an unsere Träume oft nicht im Detail erinnern können. Oft ist der Inhalt eines Traumes nicht mehr präsent, sobald wir aufwachen.

Grundsätzlich müssen zwei mögliche Fälle, mit Blick auf das Thema Schmerz und Traum, differenziert werden: Zum einen kann es vorkommen, dass jemand, während er träumt, in einen körperlichen Zustand gerät, der potenziell mit Schmerzempfindungen verbunden sein kann, und trotzdem weiterschläft. So kann sich jemand im Schlaf den Kopf an der Bettkante stoßen, aus dem Bett fallen oder von einem Insekt gestochen werden. In solchen Fällen passiert es nicht selten, dass die realen Geschehnisse beziehungsweise dass die physiologischen Veränderungen in den Traum eingebunden und als schmerzhaft empfunden werden. Mit Blick auf solche Fälle muss die Frage, ob Schmerzen im Traum empfunden werden können, bejaht werden. Es kommt häufig vor, dass Ereignisse aus der Außenwelt – beispielsweise das Klingeln des Weckers, das Geschrei des Mitbewohners oder laute Musik – in Träume integriert werden. Warum also sollte nicht auch eine Schmerzempfindung in einen Traum einfließen können?

Wesentlich problematischer ist der zweite Fall. Nehmen wir an, jemand befindet sich in keinem dieser hier beschriebenen Zustände, die mit Schmerzempfindungen einhergehen. Eine physiologische Veränderung, wie sie vorkommt, wenn sich jemand an der Bettkante stößt, aus dem Bett fällt oder von einem Insekt gestochen wird, liegt nicht vor. Der Träumende, nennen wir ihn Oscar, liegt einfach nur da und schläft. Im Traum wird Oscar von einem Mann mit einem Messer verfolgt und schließlich attackiert. Oscar versucht zu fliehen, ist seinem Gegner aber hilflos ausgeliefert. Der Angreifer sticht immer wieder mit dem Messer auf Oscar ein, bis dieser schließlich zu Boden fällt und schweißgebadet aufwacht. Oscar hat große Angst und erst nach und nach realisiert er, dass er keine Stichwunden hat, dass alle Körperteile unversehrt sind und dass alles nur ein Traum war. Interessant ist nun die Frage, ob Oscar während dieses Alptraumes Schmerzen empfunden hat.

Schmerzen haben wir nicht einfach dadurch, dass wir uns vorstellen, welche zu haben. Wenn wir uns einbilden, dass uns jemand mit einem scharfen Messer tief in den Oberarm schneidet, dann zucken wir vielleicht zusammen und wir verziehen das Gesicht, aber wir empfinden keinen Schmerz, solange wir uns nicht wirklich mit

[273] Ausnahmen stellen so genannte „Klarträumer", oder auch „luzide Träumer" genannt, dar. Sie sind sich im Traum darüber bewusst, dass sie träumen und können das Geschehen steuern.

dem Messer in den Arm schneiden.[274] Es ist nicht möglich einen Schmerz selbst zu erzeugen, indem wir uns einfach nur vorstellen wir würden verletzt. Die Vorstellungskraft reicht hier nicht aus.[275] Unklar ist nun, ob geträumte Schmerzen auch eingebildet sind oder ob Schmerzen im Traum real erlebt werden.[276] Der Unterschied zwischen der Person, die versucht Schmerzen zu imaginieren und der, die träumt sie habe welche, besteht darin, dass der Träumende davon überzeugt ist Schmerzen zu haben, während derjenige, der sich Schmerzen vorstellt weiß, dass es sich nur um eine Imagination handelt.

Der geträumte Schmerz geht in dem hier skizzierten Fall, im Gegensatz zu dem oben beschriebenen (zum Beispiel Schmerzen, die jemand im Traum empfindet, während er sich in Wirklichkeit gerade an der Bettkante gestoßen hat), offensichtlich nicht mit einer körperlichen Schädigung einher. Der Begriff der „Schädigung" wird in dieser Arbeit aber, wie bereits an unterschiedlichen Stellen dargelegt wurde, sehr weit gefasst.[277] Eine Schädigung muss nicht unbedingt eine Gewebeschädigung sein, sondern kann auch auf neuraler Ebene verortet werden und muss deswegen hier eher als mit dem Schmerz korrelierender spezifischer physiologischer Prozess verstanden werden. Da wir, wie in Kapitel III.3.4 dargelegt, zum jetzigen Zeitpunkt nur sehr wenig über solche mit dem Schmerz korrelierenden physiologischen Prozesse wissen, ist es nicht möglich auf Grundlage von Daten, die den körperlichen Zustand einer Person repräsentieren, zu sagen, ob jemand Schmerzen empfindet oder nicht. Die Schmerzempfindungen schlafender Personen scheinen also genauso schwer fassbar zu sein, wie die von Wachkoma-Patienten.[278]

Letztlich besteht aber doch ein Unterschied: Wachkoma-Patienten erwachen in der Regel nicht mehr aus dem Koma und wenn doch, dann sind die Betroffenen aufgrund der neuralen Schädigungen, die sie erlitten haben, häufig in ihren kognitiven Fähigkeiten stark beeinträchtigt. Normalerweise können diejenigen, die erwachen keine Aussagen darüber machen, was sie während des Komas empfunden haben. Im Gegensatz dazu ist der Schlaf ein temporärer Zustand. Personen sind teilweise in der Lage von den geträumten Erlebnissen zu berichten. Über Schmerzen im Traum kann also aus eigener Erfahrung referiert werden, über Schmerzempfindungen im Wachkoma hingegen gewöhnlich nicht.

---

[274] Vgl. hierzu auch DENNETT 1994, 87 ff.

[275] Vgl. hierzu den in Kapitel III.4.3 skizzierten Fall: Person Z kann sich nach wie vor gut an die unerträglichen Schmerzen erinnern, die sie empfand, nachdem sie Hähnchenfleisch verzehrt hatte, welches Salmonellen enthielt. Die Vorstellung des unerträglichen, schrecklichen Schmerzes ist ihr nach wie vor präsent. Das Erlebnis selbst hingegen ist vergangen. So sehr sie sich auch bemüht, sie wird den Schmerz nicht nachempfinden können, indem sie an ihn denkt.

[276] Dass Personen nicht einschlafen können, weil sie Schmerzen haben, ist nicht weiter erklärungsbedürftig.

[277] Siehe hierzu vor allem Kapitel III.3.2 und Kapitel III.3.4.

[278] Vgl. oben Kapitel III.5.2.

Wir müssen Oscar also fragen, ob er Schmerzen empfunden hat als mit dem Messer auf ihn eingestochen wurde, wenn wir wissen wollen, ob Schmerzempfindungen im Traum möglich sind. Nehmen wir einmal an, er antwortet mit „Ja". Wenn er behauptet, Schmerzen empfunden zu haben, während im Traum auf ihn eingestochen wurde, müssen wir ihm dann glauben? Problematisch ist, dass wir keine Möglichkeit haben seine Aussage zu überprüfen. Es gibt keine Schädigung und kein beobachtbares Schmerzverhalten. Wir können ihm entweder glauben oder aber davon ausgehen, dass er selbst nicht ganz verstanden hat, was Schmerzen eigentlich sind. Vielleicht hat er die große Angst, die er empfunden hat, weil er im Traum verfolgt und attackiert wurde, fälschlicherweise als Schmerzen interpretiert. Wenn wir träumen, dann haben wir zwar einen Körper, aber dieser entspricht nicht dem echten, realen Körper. Es ist nur ein geträumter Körper, ein *Traum-Körper.* Im Gegensatz zu diesem *Traum-Körper* steht der echte Körper in enger Verbindung mit dem Gehirn. Wenn der echte Körper geschädigt wird, dann werden Reize von den Nozizeptoren, über das Rückenmark zum Gehirn geleitet und es entsteht eine Schmerzempfindung. Wird der *Traum-Körper* geschädigt, so können zwar auch neurale Prozesse ablaufen, diese scheinen aber nicht mit denjenigen vergleichbar zu sein, die normalerweise Schmerzen auslösen.

Es spricht doch vieles dafür, dass im Traum zwar Zustände wie Angst, Traurigkeit und Niedergeschlagenheit, aber keine Schmerzen empfunden werden können, es sei denn, die träumende Person erleidet wirklich eine Schädigung, beispielsweise weil sie sich an der Bettkante gestoßen hat. Entscheidend ist also, ob der reale oder der Traum-Körper eine Schädigung aufweist: Ist der reale Körper verletzt, so sind Schmerzen im Traum möglich. Treten hingegen Schädigungen an dem Traum-Körper auf, wie im Fall von Oscar, so sind Schmerzempfindungen vermutlich auszuschließen, da der Traum-Körper nicht über Nozizeptoren und das Rückenmark mit dem realen Gehirn verbunden ist, wie es für eine Schmerzempfindung notwendig wäre.[279]

Betrachten wir das Problem nun einmal von der anderen Seite. Können wir umgekehrt sagen, dass jemand der Schmerzen empfindet, nicht träumt? Mit dieser Frage beschäftigt sich John O. Nelson in einem in den *Philosophical Studies* veröffentlichten Aufsatz aus dem Jahr 1966.[280] In *Comics*, so erklärt er, würden häufig Szenen dargestellt, in denen sich der Held selbst kneife („pinching himself"[281]), um feststellen zu können, ob er träume oder wach sei: Wenn er keinen Schmerz empfinde, dann träume er, empfinde er hingegen welchen, so habe er die Gewissheit, dass er

[279] Da Schmerzen aber nicht nur dann entstehen können, wenn ein Reiz von den Nozizeptoren über das Rückenmark zum Gehirn gesendet wird, sondern auch durch neurale Prozesse verursacht sein können, kann letztlich nicht mit Sicherheit ausgeschlossen werden, dass der Träumende Schmerzen empfindet. Stellung bezogen wird zu dieser Problematik am Ende dieses Unterkapitels.

[280] Siehe NELSON 1966.

[281] NELSON 1966, 81.

wach sei. Nelson prüft in seinem Aufsatz die Validität eines solchen Vorgehens. Konkret untersucht er, ob sich hieraus ein Argument gegen das cartesianische Traumargument ableiten lässt, welches Descartes in seiner zweiten Meditation entwickelt.[282] Mit dem Ziel ein *fundamentum inconcussum*, eine sichere Wissensgrundlage, erarbeiten zu können, begeht Descartes einen radikalen methodischen Zweifel. In einem ersten Schritt bezweifelt er, dass all das, was wir mit Hilfe unserer Sinne wahrnehmen wahr ist. In seinem Traumargument schließlich erklärt er, dass kein Kriterium für die Unterscheidung zwischen Wach- und Schlafzuständen bereitgestellt werden könne und dass dementsprechend auch mathematische Wahrheiten und andere Gesetzmäßigkeiten dem radikalen Zweifel nicht standhielten. Nelson behauptet nun, dass ein solches Kriterium durch die Schmerzempfindung bereitgestellt werde. Es sei zwar durchaus möglich von Situationen zu träumen, in denen man sich so verhalte als habe man Schmerzen, letztlich sei die Schmerzempfindung aber ein eindeutiges Indiz dafür, dass jemand wach sei. Er schreibt:

> „Hence, I can meet the Cartesian dream argument in the following way. Whenever it gives rise in my mind to the question ‚Can I now tell whether I am dreaming or waking?' I need merely pinch myself. If I have a feeling of pain, I cannot be dreaming that I do. Thus, I now pinch myself and I now feel pain. I conclude with certainty that I am not dreaming. But if I am not dreaming, and if I am conscious (which I am), it follows that I am awake."[283]

Er begründet seine Theorie damit, dass „pinching oneself" zu Schmerzen führe und zweitens, dass sich jemand der träume er kneife sich selbst in Wirklichkeit nicht kneife und dementsprechend eben auch keinen Schmerz empfinde. Seiner Meinung nach können Schmerzempfindungen als eindeutiges Prüfkriterium herangezogen werden, wenn es darum geht, einen Schlaf- von einem Wachzustand zu unterscheiden: „Then, I want to claim, pain is a mark belonging to waking experiences and never to dream experiences."[284]

Kritisiert werden diese Ausführungen Nelsons drei Jahre später von Michael P. Hodges und William R. Carter, wiederum in den *Philosophical Studies*.[285] Ihrer Meinung nach fußt das Argument Nelsons auf einer fehlerhaften Annahme und sei deswegen unhaltbar: Im Gegensatz zu Nelson gehen sie davon aus, dass es durchaus möglich sei, dass jemand etwas träume, was auch tatsächlich der Fall sei und so könne es sein, dass jemand der sich im Traum selbst kneife zugleich wirklich selbst kneife: „In these cases, it is not logically impossible for the dreamer to dream of doing something and actually do it"[286]. Dementsprechend dürfe die Aussage „drea-

---

[282] Vgl. DESCARTES *Meditationen.*
[283] NELSON 1966, 82.
[284] NELSON 1996, 82.
[285] Siehe HODGES / CARTER 1969.
[286] HODGES / CARTER 1969, 44.

ming that one is in pain“ nicht gleichgesetzt werden mit „feels something that did not really exist“[287]. Jemand der träume, er empfinde Schmerzen, könne durchaus gleichzeitig Schmerzen empfinden, beispielsweise dann, wenn er sich selbst kneife. Sie schreiben:

> „With this revision Nelson's argument ironically turns on what is a characteristically Cartesian thesis, namely, that a dreamer is deceived by whatever is dreamed. This in turn depens on the quite dubious claim that dreaming that P entails believing that P. It ist his thesis which is crucial both to the Cartesian dream argument and to Nelson's counterattack, Unfortunately neither the Cartesian nor Nelson has mustered any convincing evidence for such a claim.“[288]

Hodges und Carter legen überzeugend dar, dass „pinching oneself“ kein ausreichendes Kriterium zur Widerlegung des cartesianischen Traumargumentes ist.

Unabhängig davon kann das von Nelson entwickelte Kriterium schon allein deswegen keine Gültigkeit beanspruchen, weil es natürlich auch sein kann, dass sich eine Person „selbst kneift“, keine Schmerzen empfindet und dennoch wach ist. Dies trifft beispielsweise bei Personen zu, die an der kongenitalen Analgesie leiden, auf die bereits an unterschiedlichen Stellen eingegangen wurde oder auch bei denjenigen, denen starke Analgetika verabreicht wurden.

Die Frage, ob jemand Schmerzen empfinden kann während er träumt, muss differenziert betrachtet werden. Befindet sich der Körper in einem physiologischen Zustand der normalerweise mit Schmerzen einhergeht, so kann dies in den Traum integriert werden und geträumte Schmerzen sind durchaus möglich. Nicht mit Sicherheit beantwortet werden kann die Frage, ob eine Person, deren realer Körper keine Schädigung aufweist, im Traum Schmerzen empfindet. Schmerzempfindungen gehen grundsätzlich mit spezifischen physiologischen Zuständen einher. Liegen diese Zustände im Traum nicht vor, so spricht doch vieles dafür, dass der Träumende keine Schmerzen empfindet. Berichten Personen über Schmerzempfindungen im Traum, so muss grundsätzlich geprüft werden, ob sie sich wirklich auf Schmerzen beziehen oder den Begriff falsch verwenden und in Wirklichkeit auf Gefühle wie Angst oder Traurigkeit referieren.

Zur Frage steht, ob bei Personen, die im Traum verletzt werden, neurale Aktivitätsmuster beobachtet werden können, die normalerweise in Verbindung mit Schmerzempfindungen auftreten. Interessant wäre es deswegen Personen mit der funktionellen Bildgebung zu untersuchen, während sie träumen, sie würden verletzt. Eine solche Untersuchung ist allerdings Problemen gegenübergestellt: Zum einen dürfte es schwierig sein eine Person dazu zu bringen zu träumen sie würde verletzt, während sie im Scanner untersucht wird. Zum anderen wissen wir zum jetzigen

[287] HODGES / CARTER 1969, 45.
[288] HODGES / CARTER 1969, 45.

Zeitpunkt, wie an unterschiedlichen Stellen bereits angedeutet, sehr wenig über so genannte neurale Korrelate von Schmerzempfindungen.

Dargelegt werden konnte außerdem, dass das *sich selbst Kneifen* kein Kriterium darstellt, mittels dessen überprüft werden kann, ob jemand gerade träumt oder wach ist, weil es zum einen Fälle gibt, in denen Personen eindeutig wach sind, aber keinen Schmerz empfinden, wenn sie sich selbst kneifen und weil es zum anderen auch sein kann, dass sich jemand im Schlaf wirklich gerade selbst kneift, während er träumt eben dies zu tun und dementsprechend auch Schmerzen empfindet.

5.3.2 Vom Schmerz aufwachen?

Wie eingangs bereits skizziert, haben Menschen, die an chronischen Schmerzen leiden, oft Einschlaf- aber auch Durchschlafstörungen. Dass Schmerzen sich negativ auf den Schlaf auswirken ist allseits bekannt und kann wohl kaum sinnvoll bezweifelt werden. Zur Frage steht gleichwohl, ob es wirklich der Schmerz ist, der Betroffene aufwachen lässt. Vor dem Hintergrund der Annahme, dass Schmerzen nur bewusst erlebt werden können und dass wir im Schlaf nur über verminderte Bewusstseinseigenschaften verfügen, stellt sich hier doch ein Problem: Wie kann es sein, dass wir einerseits keinen Schmerz empfinden während wir schlafen (jedenfalls dann nicht, wenn wir nicht träumen, denn in diesem Zustand empfinden wir schließlich nichts), andererseits aber wegen des Schmerzes aufwachen?

Nehmen wir einmal an eine Person, nennen wir sie Mia, wacht mitten in der Nacht auf und spürt einen heftigen Zahnschmerz. Wichtig ist, dass Mia nicht einfach aufwacht und nach einer Weile feststellt, dass sie Zahnschmerzen hat, so wie sie manchmal erst kurz nach dem Aufwachen realisiert, dass Sonntag ist und dass sie noch nicht aufstehen muss.[289] Der Schmerz ist direkt da, sie muss nicht erst überlegen, was sie geweckt haben könnte. Der Schmerz ist ihr bewusst, sobald sie wach ist und gerade dies spricht doch für die Vermutung, dass sie durch den Schmerz aufgewacht ist. Dazu müsste sie den Schmerz empfunden haben als sie noch schlief. Dies scheint jedoch nicht möglich zu sein, denn schließlich hat sie traumlos geschlafen und nichts empfunden oder wahrgenommen.

Nehmen wir deswegen einmal an, es sei nicht der Schmerz, der sie wach werden lässt. Was ist es dann? Terry Dartnall hat einen Lösungsvorschlag entwickelt.[290] Er geht davon aus, dass schlafende Personen keine bewussten, wohl aber unbewusste Wahrnehmungen haben können, die dazu führen, dass sie aufwachen. Er versucht seine Annahme zu stützen, indem er zwischen den Redeweisen „being present *in* consciousness" und „being present *to* consciousness" unterscheidet. Die Schmerzempfindung die dazu führe, dass eine Person aufwache sei zwar „in your consciousness", hingegen nicht „present to consciousness". Die Empfindung, so

[289] Vgl. hierzu DARTNALL 2001, 95.

[290] DARTNALL 2001.

erklärt es Dartnall, war bereits da als die Person noch schlief und dementsprechend war diese sich ihrer selbst nicht bewusst. Die Empfindung ist daher im Bewusstsein, die Person ist sich ihrer aber nicht bewusst. Er geht also davon aus, dass es unbewusste Empfindungen geben kann, die zwar im Bewusstsein sind, die aber erst dann bewusst erlebt werden, wenn wir ihnen Aufmerksamkeit schenken. Manchmal, so erklärt er, müsse man seine Aufmerksamkeit auf etwas lenken, um zu bemerken, dass man eine bestimmte Wahrnehmung habe. So bemerke man eine Empfindung im linken Fuß erst dann, wenn man seine Aufmerksamkeit auf ihn lenke, gleichwohl sei die Empfindung im Fuß bereits vorher gegenwärtig.

Der Lösungsvorschlag Dartnalls ist wenig überzeugend und weist zudem große Parallelen zu der Theorie Blocks auf.[291] Die Wahrnehmungen und Empfindungen, die einer Person, gemäß Dartnalls Ausführungen, „in your consciousness" aber nicht „present to consciousness" sind, sind der Person die sie hat phänomenal, aber nicht zugriffsbewusst. Seine Theorie baut also auf der Theorie Blocks auf. Eben diese Annahme ist meiner Meinung nach, wie oben ausführlich dargelegt, nicht haltbar.[292] Schmerzempfindungen zeichnen sich wesentlich dadurch aus, dass sie bewusst erlebt werden. Wenn ein Lebewesen Schmerzen empfindet, so weiß es dies auch, es richtet seine Aufmerksamkeit auf den Schmerz.[293] Schmerz zeichnet sich gerade dadurch aus, dass er erlebt wird. Erlebt wird wiederum nur das, was einer Person bewusst widerfährt. So betrachtet ist also auch die Rede von unbewusstem Erleben falsch. Jemand kann nur dann etwas erleben, wenn er bei Bewusstsein ist. In einer Operation unter Vollnarkose beispielsweise empfindet der Patient keinen Schmerz. Dass Greifen nach einer Kaffeetasse hingegen kann unbewusst ablaufen.

Es ist also nach wie vor ungeklärt, wie es sein kann, dass im Schlaf keine Schmerzen empfunden werden, dass es aber scheinbar dennoch möglich ist, wegen eines Schmerzes aufzuwachen. Letztlich gibt es aber doch eine recht simple Erklärung für diese Inkongruenz: Jemand der schläft befindet sich in einem Zustand, in dem er seinen Körper sowie die ihn umgebende Außenwelt nicht bewusst wahrnimmt. Je nach Schlafstadium können nur sehr starke akustische oder taktile Reize zum Aufwachen führen. Ein solcher Reiz muss nun nicht unbedingt von außen auf den Körper treffen, vielmehr kann auch ein innerer physiologischer Zustand – dazu zählen neurale Aktivitätsmuster ebenso wie eine Zahnwurzelentzündung oder physiologische Zustände, die normalerweise mit Kopfschmerzen einhergehen – herbeiführen, dass eine Person aufwacht. So betrachtet ist also nicht der Schmerz ursächlich dafür, dass Mia aufwacht. Verantwortlich dafür sind vielmehr physiologische Prozesse, die dem Zahnschmerz, den sie im wachen Zustand empfindet, vorausgehen.

---

[291] Vgl. hierzu die Ausführungen in Kapitel III.5.1.

[292] Siehe Kapitel III.5.1.

[293] Die Rede von unbewussten Wahrnehmungen und Empfindungen ist, wie oben dargelegt, im Gegensatz zu der Rede von unbewussten Gefühlen und propositionalen Einstellungen, generell sinnlos; vgl. Ende des Kapitels III.5.1.

Diese Theorie kann als Gegenthese zu Dartnalls These verstanden werden. Nun könnte man natürlich einwenden, dass meine Theorie nicht erklären kann, warum, wie oben bereits angedeutet, der Schmerz unmittelbar beim Aufwachen empfunden wird. Dieser Einwand hält einer Prüfung jedoch nicht stand: Durch physiologische Veränderungen, die potenziell mit Schmerzen einhergehen können, wacht der Schlafende nicht abrupt, sondern allmählich auf, zunächst hat er noch nicht die Möglichkeit eindeutig zwischen Traumwelt und Realität zu unterscheiden. Graduell erlangt er mehr und mehr Bewusstsein. Der Schmerz setzt also erstmalig in einer Wachphase ein, dann folgen weitere Wechsel zwischen Wach- und Schlafphasen bis der Schmerz irgendwann so stark ist, dass es unmöglich ist wieder einzuschlafen.

Entgegen der Theorie Dartnalls ist es nicht möglich Schmerzen im Schlaf zu empfinden – es sei denn jemand träumt und erleidet gleichzeitig eine körperliche Schädigung beziehungsweise befindet sich in einem entsprechenden physiologischen Zustand. Schmerzempfindungen werden immer bewusst erlebt, unbewusste Schmerzempfindungen gibt es nicht. Ferner können physiologische Reize, die mit Schmerzempfindungen einhergehen, als Ursache für das Aufwachen ausgemacht werden, denn diese gehen der eigentlichen Empfindung voraus, womit die oben skizzierte Inkongruenz aufgelöst ist. Dass jemand aufwacht und unmittelbar Schmerzen empfindet und deshalb den Eindruck hat er wäre wegen des Schmerzes aufgewacht, kann damit erklärt werden, dass Personen in solchen Situationen nicht abrupt, sondern schrittweise aufwachen und eben schon mehrere bewusste Zustände durchlebt haben, bevor sie bei vollem Bewusstsein sind.

6. Die Lokalisation von Schmerzempfindungen

Wie in Kapitel III.1. dargelegt wurde, ist es ein wesentliches Merkmal von Schmerzen, dass sie immer *in* einem Körperteil oder einer Körperregion empfunden werden. So werden Schmerzen beispielsweise so empfunden als wären sie im Bauch, im Hals, in den Gliedern und Knochen, im Kopf oder auch überall im Körper. Die alltagssprachig häufig verwendeten Redeweisen „Schmerz der Trauer“ oder „Schmerz des Verlustes“, sind strenggenommen falsch, gerade weil es sich hierbei um Gefühle handelt, die eben nicht im Körper empfunden werden; es sind keine *Interozeptionen*.[294] In dieser Arbeit bislang ungeklärt ist allerdings, was es bedeutet, dass Schmerzen in einem Körperteil beziehungsweise in einer Körperregion empfunden werden. Wie ist dieses *in* zu verstehen, was sagt es über die Lokalisation des Schmerzes aus? Ist der Schmerz wirklich in dem Körperteil, in welchem er empfunden wird?

Folgendes Beispiel verdeutlicht die Problematik: Jemand schneidet sich mit einem scharfen Messer tief in den Finger und empfindet Schmerzen. ‚Der Schmerz ist im Finger‘ – würde man sicherlich zunächst vermuten, denn im Finger brennt,

[294] Siehe hierzu Kapitel III.1.

pocht und hämmert es. Nun ist es allerdings so, dass der Schmerz letztlich erst durch die Weiterleitung eines Reizes von den Nozizeptoren über das Rückenmark zum Gehirn, wie in Kapitel III.2. erklärt wurde, zustande kommt. Er wird also eigentlich erst empfunden, nachdem eine neurale Verarbeitung stattgefunden hat. So betrachtet ist doch unklar, ob der Schmerz wirklich im Finger ist. Alternativ könnte das Gehirn als Ort des Schmerzes angegeben werden. Andererseits wird der Schmerz aber keineswegs so empfunden als wäre er im Gehirn. Das Gehirn selbst empfindet nicht. Die Person, die sich mit dem Messer schneidet, empfindet; und zwar einen Schmerz im Finger. Wo also befindet sich der Schmerz nun in dem skizzierten Beispiel, im Finger oder im Gehirn?

Colin McGinn beschreibt die Problematik anschaulich mit den folgenden Worten:

> „Nun, es ist wohl wahr, daß sich der Schmerz als in meiner Hand befindlich präsentiert, aber dennoch gibt es bekannte Gründe dafür, dies nicht für bahre Münze zu nehmen. Ohne mein Gehirn würde ein solcher Schmerz nicht empfunden, und der gleiche Schmerz kann hervorgerufen werden, indem man einfach mein Gehirn stimuliert und die Hand ganz aus dem Spiel läßt (ich müsste nicht einmal eine Hand haben). Solche Tatsachen machen uns – vernünftigerweise – geneigt, zu sagen, daß sich der Schmerz in Wirklichkeit in meinem Gehirn befindet, wenn er überhaupt einen Ort hat, und nur dem Anschein nach in meiner Hand ist (eine Art von räumlicher Täuschung).“[295]

Deutlich wird die Problematik auch, wenn man die Frage der Lokalisation im Falle eines Phantomschmerzes zu beantworten versucht. Personen, die unter Phantomschmerzen leiden, empfinden Schmerzen in einem Körperteil, welches nicht mehr existiert. Aber wie kann sich etwas in etwas nicht mehr Existentem befinden? Interessant ist zudem die folgende Frage: Empfinden siamesische Zwillinge, die eine Schädigung an der Stelle ihrer körperlichen Verbindung haben, beispielsweise an der Hand, den gleichen Schmerz?[296] Hier kann kaum sinnvoll gesagt werden, die Schmerzen hätten einen unterschiedlichen Ort – schließlich deuten beide auf die gleiche Stelle, wenn sie gefragt werden, wo sie Schmerzen empfinden. Dennoch scheinen hier zwei unterschiedliche Schmerzempfindungen mit einem jeweils spezifischen phänomenalen Gehalt empfunden zu werden: Das Gehirn von Zwilling Nr. 1 bringt einen anderen Schmerz hervor als das von Zwilling Nr. 2. Deswegen hat Zwilling Nr. 1 einen anderen Schmerz als Zwilling Nr. 2.

Es deutet also zunächst vieles daraufhin, dass der Schmerz nicht im Finger, sondern im Gehirn verortet werden muss. Andererseits wird er doch gerade so empfunden als wäre er im Finger. Je intensiver ich mich *introspektiv* auf meinen Schmerz richte, umso eher bin ich doch davon überzeugt, dass er genau dort ist.

---

[295] McGinn 1995, 186 f.

[296] Ein ähnliches Beispiel diskutiert Tye; siehe Tye 2006, 100.

Eine Möglichkeit die hier skizzierte Problematik aufzulösen ist die folgende: Der Schmerz wird zwar in einem Körperteil empfunden, letztlich repräsentiert er aber nur einen bestimmten Zustand dieses Körperteiles, er ist also nicht wirklich in diesem Körperteil. Es gibt verschiedene Typen solcher repräsentationalistischer Theorien, die sich vor allem in der Erklärung phänomenalen Erlebens unterscheiden. Der *schwache Repräsentationalismus*[297] baut auf der These auf, dass alle Wahrnehmungen und Empfindungen einen repräsentationalen Gehalt haben, dass der phänomenale Gehalt aber nicht gänzlich repräsentational ist. Jemand der einen *starken Repräsentationalismus*[298] vertritt, geht hingegen davon aus, dass phänomenale Zustände keine Zustände eigener Art, sondern eine Teilklasse der Gruppe der repräsentationalen Zustände sind. Die Erlebnisqualität phänomenaler Zustände ist, dieser Theorie folgend, nichts anderes als eine bestimmte Art von repräsentationalem beziehungsweise intentionalem Inhalt.[299] Bei starken repräsentationalistischen Theorien handelt es sich um materialistische beziehungsweise physikalistische Ansätze. Phänomenale Zustände werden als eine natürliche Art von Zuständen angesehen, die mit den Mitteln der Naturwissenschaften genauer untersucht werden können. In dieser Arbeit wird die Konzeption Michael Tyes vorgestellt, die er selbst als starken Repräsentationalismus beschreibt. Eine Analyse seiner Theorie ist in diesem Rahmen angemessen, weil er sich ausführlich mit dem Schmerzphänomen und der Frage, wie dieses repräsentationalistisch erklärt werden kann, beschäftigt hat.[300]

Bevor die Theorie Tyes diskutiert werden kann, wird noch kurz in unterschiedliche Verwendungsweisen des Repräsentationsbegriffs eingeführt.[301] Kai Vogeley und Andreas Bartels weisen darauf hin, dass der Begriff der Repräsentation im Bereich der Neurowissenschaften erstaunlich breit benutzt wird.[302] Sie unterscheiden zwei Verwendungsweisen: Erstens den *kausal-korrelativen Repräsentationsbegriff* und zweitens den *nichtgegenständlichen-funktionalen*. Für die kausal-korrelative Verwen-

[297] Einen schwachen Repräsentationalismus vertreten beispielsweise Ned Block und David Chalmers; vgl. BLOCK 1990, 1996; CHALMERS 2010.

[298] Einen starken Repräsentationalismus vertreten Michael Tye und Fred Dretske; TYE 1995, 2005; DRETSKE 1995.

[299] Für eine Einführung in repräsentationalistische Analysen phänomenaler Zustände siehe auch die Ausführungen von Ansgar Beckermann und Alexander Staudacher, auf welche hier Bezug genommen wird; vgl. BECKERMANN 2008, STAUDACHER 2002.

[300] Die Grundzüge seiner repräsentationalistischen Schmerztheorie hat Tye in seinem 1995 erschienenen Werk *Ten Problems of Consciousness* entwickelt; siehe TYE 1995. Dort hat er sich bereits ausführlich mit dem Schmerzphänomen beschäftigt. In dem von Murat Aydede herausgegeben Sammelband *Pain* hat Tye seine repräsentationalistischen Theorien zum Schmerz noch einmal ausführlich dargelegt; siehe TYE 2006.

[301] Für ausführliche Informationen zum Repräsentationsbegriff und vor allem dessen Verwendung in den Neurowissenschaften sie VOGELEY / BARTELS 2006 und VOGELEY / BARTELS 2011.

[302] VOGELEY / BARTELS 2006, 99.

dungsweise des Repräsentationsbegriffs, welche in den Neurowissenschaften weit verbreitet sei und nur selten hinterfragt werde, legen sie zwei Eigenschaften fest:

Neurale Zustände (Prozesse) eines Systems S sind repräsentational, wenn sie
a) kausale Information über die sie verursachenden externen Zustände, Prozesse, Ereignisse etc. enthalten, die
b) durch das System zur Verhaltenssteuerung genutzt wird.[303]

Demzufolge seien zwei Merkmale entscheidend für den Repräsentationsbegriff: Zum einen die kausale Korrelation zwischen dem Gegenstand der Repräsentation und dem repräsentierenden Zustand, zum anderen der Gebrauch, den das System von seinen repräsentierenden Zuständen zu Zwecken der Verhaltenssteuerung macht.[304] Der kausal-korrelative Repräsentationsbegriff stellt, so erklären es Vogeley und Bartels, zwar einen legitimen begrifflichen Hintergrund für die Forschungspraxis der Neurowissenschaften dar. Letztlich erweise er sich aber als nicht umfassend genug, weil er ausschließlich auf eine gegenständliche Form der Repräsentation fokussiert sei, wobei Gegenstände auch Ereignisse, Prozesse oder Eigenschaften sein könnten.[305] Der repräsentationale Gehalt eines Zustandes könne nicht mit Gegenständen identifiziert werden, sondern müsse als spezifische funktionale Rolle aufgefasst werden. Als Vorteile eines solchen nichtgegenständlichen, funktionalen Repräsentationsbegriffs beschreiben sie die folgenden drei Punkte:

1. Der Begriff der Repräsentation ist nicht auf gegenständliche Repräsentation eingeengt.
2. Aus dem Begriff des repräsentationalen Gehalts selbst folgt, dass der Gebrauch eines repräsentationalen Zustands durch ein biologisches System konstitutiv für den repräsentationalen Gehalt des Zustands ist.
3. Der Begriff der Repräsentation erlaubt es, zu verstehen, worin Fehlrepräsentationen bestehen.[306]

In der vorliegenden Arbeit wird in Anlehnung an die hier vorgestellte Differenzierung nicht von einem kausal-korrelativen, sondern von einem nichtgegenständlichen, funktionalen Repräsentationsbegriff ausgegangen.

Michael Tye skizziert die Grundidee des Repräsentationalismus folgendermaßen: Um situationsgerecht handeln zu können, benötigen Lebewesen Informationen über das Umfeld, in welchem sie leben. Solche Informationen können sie mit Hilfe ihrer Sinnesorgane erlangen, indem Reize aus der Umwelt aufgenommen und entsprechende Signale an das Gehirn weitergeleitet werden. Dem Gehirn kommt die Aufgabe zu, aus den von den Sinnesorganen ankommenden Reizen eine adäquate Reprä-

---

303 Siehe VOGELEY / BARTELS 2006, 104.
304 Siehe VOGELEY / BARTELS 2006, 104.
305 Vgl. VOGELEY / BARTELS 2006, 105.
306 Siehe VOGELEY / BARTELS 2006, 108.

sentation der Umwelt zu erzeugen. Bei den höher entwickelten Lebewesen verläuft dies in zwei Schritten: Zunächst wird direkt aus den ankommenden Signalen ein System von *sensorischen Repräsentationen* erzeugt. In einem zweiten Schritt werden aus diesen wiederum *kognitive Repräsentationen* gebildet, in denen der Zustand des Lebewesens und seiner Umwelt explizit in einem begrifflichen Format repräsentiert ist. Bei der visuellen Wahrnehmung beispielsweise stellen die sensorischen Repräsentationen die Oberflächen der wahrgenommenen Dinge sowie deren Eigenschaften (zum Beispiel Form, Farbe, Neigung, Entfernung) dar. Die kognitiven Repräsentationen hingegen enthalten Informationen darüber, welche Eigenschaften diese Gegenstände haben und in welchen Beziehungen sie zueinander stehen.

Tye geht davon aus, dass nicht nur Wahrnehmungen, sondern auch Empfindungen Repräsentationen sind. Dementsprechend versteht er auch Schmerzen als Repräsentationen. Der Unterschied zwischen einer Schmerzempfindung und beispielsweise einer visuellen Wahrnehmung bestehe darin, dass Schmerzen Schädigungen oder Störungen im eigenen Körper repräsentierten, Wahrnehmungen hingegen Eigenschaften, die von Entitäten außerhalb des Körpers hervorgerufen würden.[307] Schmerzen haben Tye folgend, genau wie Rotempfindungen, einen intentionalen Gehalt, sie repräsentieren etwas. So repräsentiert die Rotempfindung die Röte eines Gegenstandes, die Schmerzempfindung hingegen repräsentiert den Zustand eines schmerzenden Körperteiles. Insgesamt zeichnen sich sensorische Repräsentationen laut Tye dadurch aus, dass sie einen zur weiteren Verarbeitung bereitstehenden, abstrakten, nicht-begrifflichen intentionalen Inhalt haben.[308] Er schreibt:

> „My proposal, then, is that pains are sensory representations of bodily damage or disorder. More fully, they are mechanical responses to the relevant bodily changes in the same way that basic visual sensations are mechanical responses to proximal visual stimuli. In the case of pain, the receptors (known as nociceptors) are distributed throughout the body. These receptors function analogously to the receptors on the retina. […] They are sensitive only to certain changes in the tissue to which they are directly connected (typically damage), and they convert this input immediately into symbols. Representations are then built up of external surfaces in the case of vision. These representations, to repeat, are sensory, they involve no concepts."[309]

Für die hier skizzierte Theorie spricht, dass Schmerzen, wie oben bereits erläutert, immer als Schmerzen in einem bestimmten Körperteil empfunden werden und dennoch nicht problemlos in diesem Körperteil verortet werden können. Der Repräsentationalismus bietet hierfür einen Ausweg: Ein Schmerz repräsentiert den Zu-

---

[307] Siehe Tye 1995, 111 ff.

[308] Bekannt geworden ist diese Theorie unter der Abkürzung PANIC (*Poised, Abstract, Nonconceptual, Intentional Content*); siehe Tye 1995, 137 ff.

[309] Tye 1995, 115 f.

stand des betroffenen Körperteiles, beispielsweise eine Gewebeschädigung am Finger. Wenn der Schmerz nur etwas repräsentiert, dann muss er nicht verortet werden – weder in einem Körperteil, noch im Gehirn. In Analogie dazu wird auch die Rotempfindung weder in einem roten Gegenstand, noch im Gehirn lokalisiert.[310]

Nun ist es aber bekanntermaßen häufig der Fall, dass jemand Schmerzen empfindet, ohne dass eine erkennbare Schädigung vorliegt.[311] Dies scheint zunächst ein Problem für repräsentationalistische Theorien darzustellen. Wie also erklärt Tye, der davon ausgeht, dass Schmerzen eine Schädigung des schmerzenden Körperteiles repräsentieren, Schmerzen ohne erkennbare Schädigung? Er spricht in solchen Fällen von *Fehlrepräsentationen* und diskutiert dazu zwei Beispiele:[312] Erstens den Phantomschmerz, der Schäden in einem nicht mehr existierenden Körperteil repräsentiert und zweitens Schmerzen, die in einer Körperregion empfunden werden, in der keine Schädigung vorliegt; beispielsweise Ohrenschmerzen, die mit einer entzündeten Zahnwurzel in Verbindung stehen.[313] Schmerzen repräsentieren, laut Tye, grundsätzlich eine Schädigung. Liegt keine Schädigung vor, wie beim Phantomschmerz, so handelt es sich um eine vom Gehirn verursachte Fehlrepräsentation. Gleiches treffe auf Schmerzen zu, die in einem Körperteil empfunden würden, welches keine Schädigung aufweise. Der Schmerz repräsentiere in solchen Fällen eine Schädigung, die so nicht vorliege. Er repräsentiere den Zustand des entsprechenden Körperteiles fehlerhaft. Unstrittig ist laut Tye allerdings, dass zwischen solchen Schmerzen und Schmerzen, die eine Schädigung repräsentieren, qualitativ überhaupt kein Unterschied bestehen kann. Schmerzempfindungen sind, so erklärt es Tye, epistemisch privilegiert.[314] Jemand der von sich selbst sagt er empfinde Schmerzen, empfinde diese auch. Über das Haben von Schmerzen könne sich eine Person nicht irren. Das Wissen über solche Empfindungen sei unkorrigierbar, was Schmerzen beispielsweise von Sinneswahrnehmungen unterscheide. Es kann sein, dass wir etwas sehen oder hören, was gar nicht da ist. Solche Halluzinationen treten sehr häufig auf. Ein Analogon zu Halluzinationen gibt es für den Schmerz nicht. Jemand dessen Schmerz eine Fehlrepräsentation darstellt, kann sich nicht über seinen Schmerz täuschen, sondern, wenn überhaupt, hinsichtlich einer Störung in seinem Körper. Phantomschmerzen sind dementsprechend auch nicht vergleichbar mit Halluzinationen. Phantomschmerzen sind, ebenso wie korrekt repräsentierte Schmerzen, schmerzhaft; hier besteht kein Unterschied. Halluzinationen und

---

[310] Tye ist, wie weiter unten noch erläutert wird, anderer Meinung. Er geht davon aus, dass das Gehirn der Ort des Schmerzes ist.

[311] Siehe ausführlich dazu Kapitel III.3.2.

[312] Siehe TYE 1995, 112 und 116.

[313] Siehe TYE 2006, 100 f.

[314] Dass Schmerzen epistemisch privilegiert sind, betont Tye bereits in *Ten Problems of Consciousness* und noch ausführlicher in seinem Aufsatz *Another Look at Representationalism about Pain*; siehe TYE 1995, 2005.

korrekt repräsentierte visuelle Wahrnehmungen hingegen unterscheiden sich wesentlich durch den Wahrheitsgehalt ihres Inhaltes.

Tye vertritt, wie oben bereits angedeutet, die These, dass der Gehalt eines Schmerzes – auch der phänomenale Gehalt – vollständig repräsentational ist. Dies wirft die Frage auf, wie es sein kann, dass sich Schmerzen sehr verschieden anfühlen, dass sie beispielsweise brennend, bohrend oder auch stechend sein können. Seine Erklärung ist die Folgende: Er geht davon aus, dass den unterschiedlich gefühlten Schmerzqualitäten jeweils unterschiedliche körperliche Bedingungen entsprechen.[315] Wenn unsere Muskeln stark gedehnt werden, dann fühlt sich dies anders an, als dann wenn es zu einer Verletzung des Gewebes kommt.

> „A throbbing pain represents a rapidly pulsing disturbance. A tracking pain is one that represents that the damage involves the stretching of internal bodily parts […].“[316]

Hier könnte nun eingewandt werden, dass es nicht möglich ist, wirklich für jeden Typ von Schmerz einen entsprechenden körperlichen Zustand anzugeben. Hinzu kommt, dass die gleiche Schädigung, die zu unterschiedlichen Zeitpunkten bei ein und derselben Person auftritt, nicht grundsätzlich den gleichen Schmerz hervorrufen muss, denn auch die aktuelle Situation, in der sich die Person gerade befindet, die aktuelle Stimmung und weitere Faktoren bestimmen die Intensität und den Gehalt des Schmerzes; nicht nur das Ausmaß und die Art der Schädigung. Diese Schwierigkeit wird zum Ende dieses Kapitels abschließend erörtert. Wenden wir uns zunächst noch einmal der eingangs skizzierten Problematik der Lokalisation des Schmerzes und Tyes Lösungsansatz zu.

Tye geht zwar davon aus, dass der Schmerz so empfunden wird als wäre er in einem Körperteil, also beispielsweise im Finger. Jedoch handelt es sich hierbei nur um eine Repräsentation. Der Schmerz befindet sich laut Tye nicht wirklich im Finger, wenn er überhaupt irgendwo verortet werden könne, dann im Gehirn:

> „[T]he experience of pain is in my brain, if it is anywhere […].“[317]

Tye beschreibt zwei weitere Strategien, mit der Lokalisationsproblematik zu verfahren, hält aber an der alleinigen Gültigkeit seiner repräsentationalistischen Theorie fest.[318] Erstens werde gelegentlich behauptet, Schmerzen seien *reale Objekte* der Schmerzempfindung. Verfechter dieser These verorten den Schmerz wirklich in

---

[315] Siehe TYE 1995, 113 und TYE 2006, 101.

[316] TYE 1995, 113.

[317] TYE 2006, 106. In dieser Arbeit wird die These vertreten, dass der Schmerz weder in dem Körperteil, in dem er empfunden wird, noch im Gehirn lokalisiert werden kann; siehe unten in diesem Kapitel.

[318] Siehe TYE 2006, 103.

dem Köperteil, in welchem er empfunden wird. Tye hält diese Theorie für verfehlt. Er schreibt: „[M]ental objects cannot exist in chests or legs any more than such objects can exist in walls or tables."[319] Wer eine so genannte *Akt-Objekt-Analyse* von Schmerzen akzeptiere habe Schwierigkeiten genauer zu präzisieren wo sich ein Schmerz als mentales Objekt genau befinden solle.[320] Würde man trotz genauer Inspektion in dem schmerzenden Körperteil keinen Schmerz finden, dann scheine dies zu bedeuten, dass sich der Schmerz nicht im objektiven physikalischen Raum befinden könne.

Zweitens werde in der Diskussion häufig die Theorie hervorgebracht, der Schmerz müsse zwar in einem Körperteil lokalisiert werden, das Wort „in" habe in diesem Verwendungskontext allerdings eine spezielle Bedeutung. Wenn Vertreter dieser Theorie sagen, der Schmerz sei „im Finger", dann meinen sie damit, dass er durch etwas im Finger verursacht wird, dieses „in" darf, so wird betont, allerdings nicht räumlich verstanden werden. Diejenigen, die für diese Theorie argumentieren,[321] verweisen gelegentlich darauf, dass Schlussfolgerungen der folgenden Art ungültig seien:[322]

(1) Ich habe Schmerzen im Finger.

(2) Der Finger ist *in* meinem Mund.

Daraus folgt:
(3) Der Schmerz ist in meinem Mund.

In Analogie dazu wird die Ungültigkeit des folgenden Arguments betont:

(1) In meinem Schuh ist ein Loch.

(2) Der Schuh ist in einer Box.

Daraus folgt:
(3) In der Box ist ein Loch.

Diese ungültigen Argumente sollen zeigen, dass „in" nicht immer räumlich verstanden werden dürfe. Eine solche Theorie ist Tye zufolge nicht haltbar: Zu behaupten der Schmerz sei in einem Körperteil, wobei dieses „in" nicht räumlich verstanden werden dürfe, sei vollkommen unplausibel. Warum, so fragt er, redet man dann überhaupt noch von einem Schmerz im Finger.

Tyes repräsentationalistische Theorie kann die Lokalisationsproblematik, im Gegensatz zu den anderen beiden skizzierten Konzeptionen, sinnvoll auflösen. Er legt überzeugend dar, warum Schmerzen, obwohl sie grundsätzlich in Körperteilen empfunden werden, nicht in diesen verortet werden können. Auch die Theorie, dass es

[319] TYE 2006, 103.

[320] Vgl. hierzu auch die Ausführungen von STAUDACHER 2002, 338 f.

[321] Zu nennen sind insbesondere Frank Jackson, Ned Block und Paul Noordhof; siehe JACKSON 1977; BLOCK 1983; NOORDHOF 2001.

[322] Die folgenden Beispiele diskutiert Tye selbst; siehe TYE 2006, 104.

sich bei Phantomschmerzen und bei Schmerzen, die in Körperregionen empfunden werden, in denen keine Schädigung vorliegt, um Fehlrepäsentationen handelt, ist korrekt. Nicht in Vergessenheit geraten darf in diesem Zusammenhang, was Tye ja auch selbst betont, dass es für die Qualität des Schmerzes unerheblich ist, ob es sich um eine Fehlrepräsentation handelt oder nicht. Nicht der Schmerz ist fehlrepräsentiert, sondern der Zustand des Körperteiles, in welchem der Schmerz empfunden wird. Wer Schmerzen empfindet, der hat diese auch, unabhängig davon, ob eine Schädigung vorliegt oder nicht. Schmerzen sind, so sei noch einmal betont, epistemisch privilegiert und Annahmen über die eigenen Schmerzempfindungen sind unkorrigierbar, vorausgesetzt die schmerzempfindende Person verwendet den Begriff „Schmerz" korrekt.

Wenden wir uns nun noch einmal der oben bereits eingeleiteten Frage, ob der phänomenale Gehalt von Schmerzempfindungen vollständig repräsentationaler Natur ist, wie Tye es behauptet, zu. Tye geht davon aus, dass sich Schmerzempfindungen auf eine bestimmte Art und Weise anfühlen, weil sie jeweils eine bestimmte Art von Schädigung repräsentieren. Differenzen im Schmerzerleben führt er dementsprechend auf unterschiedliche Schädigungen und damit auf einen unterschiedlichen repräsentationalen Gehalt zurück. Problematisch ist allerdings, dass die gleichen Schädigungen, bei verschiedenen Personen und selbst bei ein und derselben Person zu unterschiedlichen Zeitpunkten, nicht unbedingt mit den gleichen Schmerzempfindungen einhergehen. Aktuelle Stimmungen, Erwartungen und ähnliche Faktoren fließen dabei ebenso ein, wie die Schwere und Art der Verletzung.[323] Der phänomenale Gehalt des Schmerzes scheint also doch von anderen Faktoren abzuhängen als nur von der repräsentierten Schädigung.

Wie kann eine repräsentationalistische Theorie solche Unterschiede im phänomenalen Schmerzerleben erklären? Tye schlägt, wie oben bereits angedeutet wurde, folgende Lösung vor: Schmerzen werden als schmerzhaft und damit als unangenehm empfunden, weil sie grundsätzlich kognitive Reaktionen auslösen, zum Beispiel den Wunsch, dass der Schmerz aufhören soll. Er verweist in diesem Zusammenhang auf Melzack und Casey, die bereits im Jahr 1968 die Theorie aufgestellt haben, dass zwei Komponenten bei der Schmerzentstehung und -verarbeitung beteiligt sind: die *sensorische* und die *affektiv-emotionale* Komponente.[324] In den letzten Jahrzehnten sei diese Theorie durch medizinische, im Besonderen neurowissenschaftliche Daten, untermauert worden. Normalerweise sind in einer Schmerzerfahrung beide Komponenten präsent, so erklärt es Tye. Es gebe jedoch Fälle, in denen Schmerzen sensorisch, aber nicht affektiv-emotional wahrgenommen würden. Bei-

[323] Beachtet werden muss zudem, dass es sich bei Schmerzen nach Tye um nicht begriffliche Repräsentationen handelt. Ein Schmerz kann daher eine bestimmte Form von Gewebeschädigung repräsentieren, ohne dass der Betroffene dafür über Begriffe wie „Gewebe" oder „Überdehnung" verfügen müsste.

[324] Siehe TYE 2006, 106. Vgl. MELZACK / CASEY 1968. Die Theorie von Melzack und Casey wurde bereits in Kapitel III.2.1 vorgestellt.

spielhaft verweist er auf Personen, bei denen eine *Lobotomie*[325] durchgeführt worden sei, um deren Schmerzen zu lindern. Nach dem Eingriff würden diese Patienten häufig davon berichten, dass sie immer noch Schmerzen empfänden, dass ihnen diese aber nichts mehr ausmachen würden. Sie seien vollkommen entspannt und fühlten sich von ihrem Leid befreit. Als weiteres Beispiel nennt er Menschen, die hypnotisiert worden seien und ähnliche Erfahrungen gemacht hätten: Der Schmerz werde unter Hypnose zwar noch empfunden, jedoch als weniger schlimm bewertet.

Fraglich ist allerdings, ob in solchen Fällen wirklich noch sinnvoll von Schmerzen gesprochen werden kann. Wie im Kapitel III.3.3 (Können Schmerzen *angenehm* sein?) gezeigt wurde, zeichnen sich Schmerzempfindungen grundsätzlich dadurch aus, dass sie unangenehm sind. Empfindungen, die nicht unangenehm sind, sind deswegen keine Schmerzen.[326] Noch ist nicht ganz ersichtlich, wie genau Tye hier verstanden werden will. Betrachten wir zum besseren Verständnis noch einmal den von ihm selbst angesprochenen und oben bereits skizzierten Fall der siamesischen Zwillinge, die an der Stelle der körperlichen Verbindung, nehmen wir einmal an es wäre ein Arm, von einer Biene gestochen werden. Durch den Bienenstich wird eine Reizung der Nozizeptoren ausgelöst, welche schließlich von beiden als schmerzhaft empfunden wird. Wäre der phänomenale Gehalt des Schmerzes vollkommen repräsentational, dann müssten Zwilling Nr. 1 und Zwilling Nr. 2 den gleichen Schmerz empfinden, denn der repräsentationale Gehalt ist identisch. Tye schlägt aber folgende Interpretation vor: Zwilling Nr. 1 und Zwilling Nr. 2 haben zwar ein identisches sensorisches Erlebnis, die *sensorische Komponente* ist also gleich. Zu unterschiedlichen Schmerzerlebnissen kann es aber dennoch kommen, sobald die *affektiv-emotionale Komponente* einsetzt und das Schmerzerleben kognitiv bewertet wird. So könnte es rein theoretisch sein, dass Zwilling Nr. 1 ein Masochist ist und will, dass der Schmerz anhält. Zwilling Nr. 2 hingegen hat den starken Wunsch, dass der brennende Schmerz, welcher die durch den Bienenstich ausgelöste Schädigung repräsentiert, endlich nachlässt. In diesem Fall müssten wir von zwei Schmerzen sprechen, die zwar dieselbe Schädigung repräsentieren, die aber sehr unterschiedlich erlebt werden. Tye geht also davon aus, dass identische Schädigungen grundsätzlich zu gleichen sensorischen Schmerzerlebnissen führen, dass diese aber letztlich doch divergent erlebt werden können. Als unangenehm werden Schmerzen aber, so erklärt er es, grundsätzlich und nicht erst durch eine kognitive Bewertung empfun-

[325] Bei der Lobotomie (synonym: Leukotomie) werden Nervenbahnen zwischen Thalamus und Frontallappen sowie Teile der grauen Substanz durchtrennt. Als Folge der Lobotomie können Persönlichkeitsveränderungen, Störungen des Antriebs und der Emotionalität auftreten, deswegen wird sie nicht mehr angewandt.

[326] Diese Annahme sollte eigentlich auch Tye vertreten, wenn er, wie in Kapitel III.3.3 davon ausgeht, dass Schmerzen grundsätzlich unangenehm sind.

den.[327] Allein die sensorische Komponente des Schmerzes sei ausreichend, um einen Schmerz als unangenehm zu erleben.

> „To experience tissue damage as bad is to undergo an experience that represents that damage as bad. Accordingly, in my view, the affective dimension of pain is as much a part of the representational content of pain as the sensory dimension is."[328]

Tye stützt seine These über die Identität von phänomenalem und repräsentationalem Gehalt schließlich noch auf die, vor allem von George Edward Moore[329] geprägte, *Transparenzthese*, welche Folgendes besagt: Wenn wir unsere Aufmerksamkeit auf die Merkmale einer Wahrnehmung richten, dann enden wir in der Regel bei den Merkmalen, die die Dinge, die wir wahrnehmen, haben oder zu haben scheinen. Nehmen wir beispielsweise an jemand hat den visuellen Eindruck einer Tomate – ob er wirklich eine Tomate sieht oder ob es sich nur um eine Halluzination handelt ist vollkommen unerheblich. Richtet dieser jemand seine Aufmerksamkeit voll und ganz auf diese Wahrnehmung, dann wird er die Röte und die Form als Eigenschaften der Tomate wahrnehmen. Es ist nicht möglich, die Aufmerksamkeit von den Eigenschaften der Tomate weg auf die Merkmale der visuellen Erfahrung selbst zu richten. Die Eigenschaft *rot zu sein*, kann nicht unabhängig von dem wahrgenommenen Objekt betrachtet werden. Gleiches gilt laut Tye nun für die Schmerzempfindung. Wenn wir einen Schmerz im Finger empfinden und unsere Aufmerksamkeit voll und ganz auf den Schmerz richten, dann, so Tye, entdecken wir dort keine spezifische Erlebnisqualität, keinen besonderen phänomenalen Gehalt, sondern nur die Eigenschaften, die den Schmerz ausmachen, nämlich die Eigenschaften, die er repräsentiert.

> „When I try to focus on [my experience of pain], I 'see' right through it, as it were, to the entities it represents [...] On the basis of introspection, I know what it is like for me phenomenally on the given occasion. Via introspection, I am directly aware of certain qualities that I experience as being qualities of my finger or episodes inside it, qualities some of which I react to in a very negative way, *and thereby* I am aware of the phenomenal character of my experience."[330]

Wenn sich die Empfindung in einem entsprechenden Körperteil ändert, dann ändert sich damit auch der phänomenale Gehalt des Schmerzes, so Tye. Deswegen sei auch der phänomenale Gehalt vollständig repräsentational.

---

[327] Tyes Thesen über den unangenehmen Gehalt von Schmerzempfindungen wurden im Kapitel III.3.3 teilweise vorgestellt.

[328] TYE 2006, 107.

[329] Vgl. MOORE 1903.

[330] TYE 2006, 108 f.

Wie muss Tyes Theorie nun abschließend bewertet werden? Positiv an seiner Theorie ist, wie oben bereits ausgeführt, dass er die Lokalisationsproblematik auflösen kann: Schmerzen haben einen repräsentationalen Gehalt und werden deswegen zwar so empfunden als wären sie in einem Körperteil, gleichwohl können sie dort nicht verortet werden. Es gibt durchaus Vertreter der Philosophie des Geistes, die dies ablehnen. Colin McGinn beispielsweise argumentiert entschieden gegen einen repräsentationalen Gehalt von Schmerzempfindungen. Er schreibt:

> „[...] bodily sensations do not have an intentional object in the way that perceptual experiences do. We distinguish between a visual experience and what it is an experience of; but we do not make this distinction in respect of pains. Or again, visual experiences represent the world as being a certain way, but pains have no such representational content."[331]

Schmerzen korrelieren grundsätzlich mit physiologischen Zuständen und dieses korrelative Verhältnis kann meiner Meinung nach sehr wohl repräsentationalistisch gedeutet werden. Schmerzen repräsentieren den Zustand eines Körperteiles. Bei Phantomschmerzen und vielen anderen Formen chronischer Schmerzen handelt es sich um Fehlrepräsentationen. Nicht überzeugend ist hingegen Tyes Argument über die vollständige Naturalisierbarkeit des phänomenalen Gehaltes der Schmerzempfindung. Tye versteht seine Theorie selbst als eine starke Form des Repräsentationalismus, weil er davon ausgeht, dass der phänomenale Gehalt vollständig repräsentational ist.[332] Einen solchen starken Repräsentationalismus lehne ich ab und verfolge eine eher schwache repräsentationalistische Theorie, weil meiner Meinung nach nicht überzeugend dargelegt werden kann, dass Schmerzen vollständig repräsentational sind. Schmerzen haben zwar einen repräsentationalen Gehalt. Der phänomenale Gehalt kann aber nicht vollständig repräsentationalistisch erklärt werden.[333]

Die Frage der Lokalisation kann, so betrachtet, nicht abschließend beantwortet werden. Gezeigt werden konnte, dass Schmerzempfindungen nicht in den Körperteilen zu verorten sind, in denen sie empfunden werden und dass Schmerzempfindungen mit neuralen Prozessen korrelieren.[334] Dass Schmerzempfindungen aber stattdessen im Gehirn zu verorten sind, wie Tye es vorgeschlagen hat, ist nicht eindeutig belegt. Schmerzempfindungen werden zwar erst durch die Verarbeitung im Gehirn hervorgebracht und so betrachtet stellt ein funktionierendes Gehirn eine notwendige Voraussetzung dafür dar, dass ein Wesen überhaupt schmerzempfin-

[331] McGinn 1982, 8.

[332] Siehe Tye 2006, 99.

[333] Eine ähnliche Theorie vertreten Ned Block und David Chalmers; vgl. Block 1996; Chalmers 2010.

[334] Ersteres wurde in diesem, Letzteres hingegen in Kapitel III.2 sowie in Kapitel III.5 gezeigt.

dungsfähig ist. Der phänomenale Gehalt, der eine jede Schmerzempfindung auszeichnet, darf deswegen aber nicht zwangsläufig vollständig auf neurale Prozesse reduziert und deswegen auch nicht unbedingt vollständig im Gehirn verortet werden.

7. Die Erklärungslücke

Schmerzempfindungen korrelieren mit neuralen Prozessen. Zur Frage steht allerdings, nach wie vor, wie genau dieses korrelative Verhältnis aussieht. Die Analyse über die Lokalisationsproblematik hat einerseits gezeigt, dass Schmerzempfindungen einen repräsentationalen Gehalt haben. Andererseits wurde aber auch deutlich, dass der phänomenale Gehalt, der eine jede Schmerzempfindung auszeichnet, nicht vollständig repräsentational ist und deswegen nicht problemlos auf neurale Zustände reduziert werden kann. Zur Frage steht, ob überhaupt eine vollständige Theorie darüber aufgestellt werden kann, wie der spezifische phänomenale Gehalt entsteht oder ob diesbezüglich ein ungelöstes Rätsel bestehen bleiben wird. Diskutiert wird in diesem Zusammenhang über eine so genannte *Erklärungslücke*, die zu bestehen scheint, wenn alle physischen, damit aber noch nicht alle mentalen Tatsachen verstanden sind. Ob es eine solche Erklärungslücke in Bezug auf das Schmerzphänomen gibt, wird nun, als letzter Untersuchungsschritt im Rahmen der Phänomenbeschreibung, erörtert.

Geprägt wurde der Begriff der „Erklärungslücke" primär von Joseph Levine. In seinem Aufsatz *Materialism and qualia: The explanatory gap*[335] versucht er zu zeigen, dass mentale Phänomene mit subjektiven Erlebniskomponenten verbunden sind, die seiner Meinung nach neurowissenschaftlich nicht erklärt werden können. Er bezieht sich explizit auf Schmerzempfindungen, indem er die psychophysische Identitätsaussage ‚Schmerz ist identisch mit C-Fasern-Feuerung' mit der wissenschaftlichen Identitätsaussage ‚Wärme ist Molekülbewegung' vergleicht.[336] Laut Levine ist die zweite der beiden Aussagen vollständig explanatorisch, da unser physikalisches und chemisches Wissen verständlich machen könne, dass die mittlere kinetische Energie der Moleküle eines Gases genau diese kausale Rolle spiele.[337] Die erste der beiden Aussagen hingegen scheine etwas ganz Entscheidendes auszulassen und sei somit nicht vollständig explanatorisch. Obschon Schmerz offensichtlich durch die Verletzung von Gewebe verursacht werde und zumindest teilweise durch das Feuern von C-Fasern erklärt werden könne, umfasse der Begriff letztlich mehr, als das, was seine kausale Rolle ausmache. Neben einer kausalen Rolle referiere der Begriff „Schmerz" immer auch auf einen qualitativen Erlebnischarakter, der von der Erklärung der kausalen Rolle qua Identitätsaussage nicht mit erfasst werde.[338]

---

[335] Siehe LEVINE 1983.
[336] Siehe LEVINE 1983, 354. Vgl. auch KRIPKE 1980.
[337] Vgl. LEVINE 1983, 357.
[338] Vgl. BECKERMANN 2008, 404.

„However, there is more to our concept of pain than its causal role, there is its qualitative character, how it feels; and what is left unexplained by the discovery of C-fiber firing is why pain should feel the way it does! For there seems to be nothing about C-fiber firing which makes it naturally ‚fit' the phenomenal properties of pain, any more than it would fit some other set of phenomenal properties."[339]

Levines Argument für eine Erklärungslücke stellt sich wie folgt dar: Es gibt phänomenale Zustände, die nicht nur durch eine bestimmte kausale Rolle, sondern auch dadurch charakterisiert sind, dass es sich auf eine jeweils spezifische Weise anfühlt, in diesen Zuständen zu sein. Zusätzlich gilt, dass für keinen möglichen Hirnzustand aus den allgemeinen Gesetzen der Neurowissenschaften folgt, dass es sich auf eine spezifische Weise anfühlt, in diesen Zuständen zu sein. Infolgedessen können phänomenale Zustände nicht durch Hirnzustände realisiert sein.[340]

Unklar bleibt zunächst, warum für keinen möglichen Hirnzustand aus den allgemeinen Gesetzen der Neurowissenschaften folgen soll, dass es sich auf eine spezifische Weise anfühlt, in diesen Zuständen zu sein. Dieser Frage geht Levine in seinem Aufsatz *On leaving out what it's like*[341] nach und nimmt zu ihrer Beantwortung Bezug auf die so genannten *Brückenprinzipien.* Vorab erklärt er, dass das zu Reduzierende bei einer Reduktion notwendig aus dem folgen muss, auf das es reduziert wird, was bereits im *Hempel-Oppenheim-Schema* der wissenschaftlichen Erklärung dargelegt wurde.[342] Dies scheint laut Levine bei mentalen Zuständen nicht der Fall zu sein.[343] Nun spielen Brückenprinzipien bei einer Reduktion eine entscheidende Rolle. Brückenprinzipien haben die Funktion, die Ebene der Teile eines komplexen Gegenstands mit der Ebene des Ganzen zu verbinden und sind notwendig, so erklärt es Levine, wenn gezeigt werden soll, dass aus den allgemeinen Gesetzen, welche für die Teile eines Systems gelten, Merkmale für das System als Ganzes gefolgert werden sollen.[344]

Auf die Frage, warum für keinen möglichen neuralen Zustand aus den allgemeinen Gesetzen der Neurowissenschaften folgen kann, dass es sich auf die für Schmerzen charakteristische Weise anfühlt, in diesem Zustand zu sein, antwortet Levine, dass aus den Gesetzen der Neurowissenschaften nur folge, unter welchen Bedingungen welche Neuronen mit welcher Geschwindigkeit feuern. Jedoch, so argumentiert er, gibt es hier keinerlei *Brückenprinzipien,* die das Feuern von Neuronen mit bestimmten Erlebnisqualitäten verbinden können. Es ist wahr, so führt er weiter aus, dass immer dann, wenn im menschlichen Körper C-Fasern feuern, die Person

---

339 LEVINE 1983, 357.

340 Siehe BECKERMANN 2008, 405 f.

341 LEVINE 1993.

342 Vgl. HEMPEL / OPPENHEIM 1984.

343 Siehe LEVINE 1993, 131 ff.

344 Vgl. LEVINE 1993, 132 ff.

Schmerzen fühlen kann. Jedoch könne man hier nicht von einem *Brückenprinzip* sprechen, da es durchaus möglich sei, dass eine C-Fasern-Feuerung eintrete, die Person aber dennoch keine Schmerzen spüre – wie es beispielsweise bei Personen, die an einer kongenitalen Analgesie leiden der Fall ist.

Levine zufolge ist die Rückführbarkeit mentaler auf physische Ereignisse also nicht möglich, womit er eine nicht-physikalistische Position einnimmt. Die Kluft zwischen den Erklärungen der Neurowissenschaften und dem Auftreten phänomenaler Eigenschaften, beispielsweise beim Schmerzerleben, könne nicht überwunden werden. Seiner Meinung nach wird es bei phänomenalen Zuständen immer eine unüberbrückbare Erklärungslücke geben. Neben Levine gibt es andere Vertreter *nicht-physikalistischer Positionen*, welche sich dahingehend einig sind, dass eine Erklärungslücke besteht, die letztlich nicht geschlossen werden kann. Die *nicht-Schließbarkeit* der Lücke wird allerdings unterschiedlich begründet:

Der von Descartes vertretene *interaktionistische Substanzdualismus* bestreitet nicht nur die Möglichkeit, dass ein neurowissenschaftlicher Zugang zu den mentalen Zuständen anderer Personen möglich ist, sondern auch die Annahme, dass mentale Zustände immer in Korrelation mit bestimmten Hirnprozessen auftreten.[345] Die Erklärungslücke zwischen physikalischen und phänomenalen Erlebnissen wird aus Sicht des interaktionistischen Substanzdualismus bestehen bleiben, da eine vollständige Erklärung mentaler Zustände mittels naturwissenschaftlicher Methoden generell nicht möglich ist. Zu den wenigen Philosophen, die noch an der Theorie des interaktionistischen Substanzdualismus festhalten, zählen Karl Popper und John Eccles.[346]

Alle anderen Spielarten des Dualismus gehen hingegen davon aus, dass mentale Zustände immer in Korrelation mit physikalischen Zuständen auftreten. Gleichwohl wird eine Schließung der Erklärungslücke von allen Vertretern des Dualismus abgelehnt. So vertritt der *Eigenschaftsdualist* David Chalmers die These, dass wir nie verstehen werden, wie genau phänomenale Zustände entstehen.[347] Der Eigenschaftsdualismus ist eine von Chalmers etablierte Position, die im Gegensatz zum interaktionistischen Dualismus auf der These aufbaut, dass eine Person zwar aus nur einer (physikalischen) Substanz besteht, dass sie aber neben physikalischen auch mentale Eigenschaften hat. Der Dualismus betrifft also, wie die Bezeichnung „Eigenschaftsdualismus" ja bereits andeutet, nicht zwei Substanzen, sondern zwei Eigenschaften. In seinem Aufsatz *Facing up to the problem of consciousness* unterscheidet Chalmers zwischen den *easy problems* of consciousness und dem *hard problem* of consciousness.[348] Die *easy problems* umfassen all die psychischen Phänomene, die nicht direkt von einem bestimmten subjektiven Erlebnisgehalt abhängen, wie beispiels-

[345] Der interaktionistische Dualismus behauptet, mentale Eigenschaften könnten unabhängig von physikalischen Eigenschaften auftreten.

[346] Vgl. POPPER / ECCLES 1977.

[347] Siehe CHALMERS 1995, 2007.

[348] Siehe CHALMERS 1995, 200 f.

wiese Lernen, Gedächtnis, Denken oder Problemlösen. Sie können, so denkt auch Chalmers, im Zuge des neurowissenschaftlichen Fortschritts, wenn auch frühestens in einem oder sogar zwei Jahrhunderten, gelöst werden. „There is no real issue about whether these phenomena can be explained scientifically.“[349] Das *hard problem* hingegen bezeichnet seiner Meinung nach die Unerklärbarkeit von Erfahrung und Erleben. Auch dann, wenn die easy problems nach und nach einer Lösung zugeführt werden könnten – möglicherweise mittels fMRT- und PET-Studien – und somit vollständiges physikalisches Wissen über die Strukturen und Funktionen des menschlichen Gehirns verfügbar wäre, könnte noch nicht erklärt werden, wie das subjektive Erleben des Einzelnen zustande kommt. Chalmers wirft den Physikalisten vor, dass diese nur die *easy problems* und eben nicht das *hard problem* lösen können. Für ihn entsteht das Erleben von Zuständen zusätzlich zu einer bestimmten kausalen Rolle von mentalen Zuständen. So argumentiert er für einen Extra-Bestandteil, den eine mögliche Erklärung von Bewusstsein enthalten muss.[350] Die Schließung der Lücke ist laut Chalmers also nicht möglich.

Im Gegensatz dazu gehen Anhänger physikalistischer Theorien, wie Fred Dretske, David Lewis und auch Frank Jackson[351], davon aus, dass alle mentalen Zustände neural realisiert sind und dass sich das Problem der Erklärungslücke infolgedessen gar nicht erst stellt. Gelegentlich wird behauptet, dass letztlich keine epistemische Asymmetrie zwischen dem Wissen über die eigenen mentalen Zuständen und dem Wissen über die mentalen Zustände anderer besteht.[352] Die Neurowissenschaftler werden ihrer Meinung nach auch ohne einen Zugang über die Erste-Person-Perspektive ein vollständiges Wissen über die mentalen Zustände anderer Personen erlangen können. Dretske, Lewis und Jackson gelten als so genannte *a priori-Physikalisten*, die davon ausgehen, dass die Korrelationen zwischen mentalen Zuständen und physikalischen Zuständen *a priori* erkennbar sind.[353] Sie behaupten, dass mentale Zustände *a priori* aus physikalischen Zuständen abgeleitet werden können.

Demgegenüber vertreten die *a posteriori-Physikalisten*, zu denen Ned Block und Robert Stalnaker zählen, die Auffassung, dass es zwar eine Erklärungslücke gebe, dass diese aber *a posteriori* geschlossen werden könne, wenn im Laufe der Zeit immer mehr Korrelationen zwischen Hirnzuständen und mentalen Zuständen innerhalb von neurowissenschaftlichen Studien aufgezeigt werden können.[354] „There is a pervasive and comprehensive system of correlations between mental events and brain

---

[349] CHALMERS 1995, 201.
[350] Vgl. CHALMERS 1995, 201 ff. und CHALMERS 2010.
[351] Gemeint ist hier die neue Position Jacksons nach seinem Wechsel zum Physikalismus; vgl. JACKSON 2003.
[352] Vgl. die Ausführungen über die epistemische Asymmetrie im Kapitel III.4.
[353] Vgl. DRETSKE 1993, 1995; LEWIS 1994; JACKSON 2003.
[354] Vgl. BLOCK 2007; STALNAKER 2002.

processes“[355], schreibt auch Kim; dies sei jedoch nichts, was *a priori* bekannt sei. Wir wissen es, so denkt er, aufgrund von empirischen Erfahrungen. Das Wissen, welches die Lücke schließen soll, ist deswegen *a posteriori*, weil es nur über die Erfahrung, demnach im Fall der funktionellen Bildgebung nur durch die Befragung der Untersuchungspersonen, also nur über Aussagen aus der Ersten-Person-Perspektive, zusammengetragen werden kann. Der a posteriori-Physikalist geht davon aus, dass mittels neurowissenschaftlicher Untersuchungsmethoden sicheres Wissen über die neurale Realisierung mentaler Phänomene gewonnen werden kann. Wenn Studien zeigen, dass eine Hirnregion in allen untersuchten Fällen dann besonders aktiv ist, wenn eine Person einen stechenden Schmerz empfindet, dann darf, laut Meinung der a posteriori-Physikalisten, im Umkehrschluss bei allen Menschen von der erhöhten Aktivität in dieser Region auf eine stechende Schmerzempfindung geschlossen werden.

Wenn an einer Erklärungslücke festgehalten wird, dann können ihr gegenüber, wie gezeigt wurde, unterschiedliche Meinungen eingenommen werden. Erstens kann die Annahme vertreten werden, dass sie geschlossen werden wird, wie es die a posteriori-Physikalisten behaupten. Zweitens kann in Anlehnung an Chalmers die Meinung vertreten werden, dass es keine Möglichkeit gibt sie zu schließen. Drittens kann behauptet werden, dass sie zwar prinzipiell geschlossen werden kann, dass dies für den Menschen, aufgrund seiner kognitiven Begrenztheit, jedoch nicht realisierbar ist, wie Colin McGinn es annimmt.[356]

Es ist nun Zeit für eine eigene Positionierung. Kann der phänomenale Gehalt des Schmerzerlebens naturalistisch erklärt werden oder muss hier eine Erklärungslücke angenommen werden? In Kapitel III.2. (Schmerz aus medizinischer und neurowissenschaftlicher Perspektive) wurde der aktuelle Stand der medizinischen und damit zusammenhängend neurowissenschaftlichen Forschung zum Schmerzphänomen skizziert. Es konnte gezeigt werden, dass wir die physiologischen Mechanismen, die der Schmerzentstehung und -verarbeitung zugrunde liegen, zunehmend besser verstehen. So können Phänomene wie der Phantomschmerz, der Placeboeffekt, die Chronifizierung von Schmerzen und vieles mehr zumindest teilweise medizinisch beziehungsweise neurowissenschaftlich erklärt werden. Unzählige Fragen, die das Phänomen betreffen, sind aber nach wie vor ungeklärt. Dies belegen Fälle von Menschen, die ständig über Schmerzen klagen, für die keine Ursache ausgemacht werden kann, sehr gut. Wir wollen erklären was Schmerz ist, wie er zustande kommt und wodurch sein Erleben beeinflusst wird. Indem wir physiologische Prozesse, vor allem neurale Prozesse, beobachten, die dann auftreten, wenn jemand Schmerzen empfindet, gelingt es uns Stück für Stück die Korrelate des Schmerzempfindens aufzudecken. In den nächsten Jahrzehnten und Jahrhunderten werden, vorausgesetzt die medizinische und neurowissenschaftliche Forschung zum Schmerzphänomen wird weiterhin erfolgreich betrieben, vermutlich viele solcher

---

[355] KIM 1998, 47.
[356] Siehe MCGINN 1989, 349.

Korrelationen aufgedeckt werden können. Auf diesem Wege können wir aber nicht erklären, warum sich bestimmte neurale Zustände schmerzhaft anfühlen, andere hingegen nicht. In der Terminologie Chalmers gesprochen: Die *easy problems,* die bei der Analyse des Schmerzphänomens auftreten, werden vermutlich nach und nach einer Lösung zugeführt werden können. Das *hard problem* hingegen wird bestehen bleiben. Es bleibt also, was den phänomenalen Gehalt des Schmerzerlebens betrifft, eine Erklärungslücke bestehen, die, da stimme ich David Chalmers zu, nicht geschlossen werden kann. Wir wissen, dass Schmerzempfindungen immer mit spezifischen physiologischen Zuständen korrelieren, aber wir wissen nicht, wie diese Zustände das spezifische Schmerzempfinden hervorbringen.

8. Zwischenfazit

Bevor im nächsten Kapitel die anthropologische Bedeutung des Schmerzphänomens erörtert wird, müssen die in der Phänomenbeschreibung gewonnenen Erkenntnisse zusammengetragen werden. In Kapitel III.3.4 (Zusammenfassung) wurden bereits erste Ergebnisse gesammelt. Festgehalten wurde erstens, dass Schmerzen immer irgendwo im Körper empfunden werden, weshalb negative Gefühle, die beispielsweise mit Trauer, Angst oder Enttäuschung einhergehen, keine Schmerzen sind, obwohl sie metaphorisch gewöhnlich als „Schmerzen" oder „schmerzhafte Zustände" beschrieben werden. Als Ergebnis formuliert wurde zweitens, dass dem Gehirn die zentrale Rolle bei der Schmerzentstehung und -verarbeitung zukommt und dass die funktionelle Bildgebung deswegen eine Methode zu sein scheint, mit der das Schmerzphänomen sehr gut untersucht werden kann – solange die mit ihr durchgeführten Studien angemessen durchgeführt und die Ergebnisse korrekt interpretiert werden. Drittens wurde gezeigt, dass Schmerzen grundsätzlich mit spezifischen physiologischen Prozessen korrelieren. Immer wieder angesprochen wurde die Frage, was denn diese physiologischen Prozesse eigentlich sind. Die Verwendung des Begriffes „Schaden" beziehungsweise „Schädigung" ist nicht unbedingt geeignet, um das hier angesprochene korrelative Verhältnis zu beschreiben. Schmerzen können mit Gewebeschädigungen, Knochenbrüchen, Knorpelschäden und anderen Verletzungen, die eine Reizung der Nozizeptoren bewirken, einhergehen. Sie können aber auch mit physiologischen Veränderungen auf neuraler Ebene korrelieren. Dass es viele Menschen gibt, die ständig über Schmerzen klagen, für die aber, trotz umfangreicher medizinischer Untersuchungen, kein solcher spezifischer physiologischer Zustand ausgemacht werden kann, ist so gesehen nicht verwunderlich: Wir kennen nur sehr wenige der mit Schmerzen korrelierenden physiologischen Prozesse, besonders die neuralen Mechanismen sind in vielerlei Hinsicht unverstanden. Oft wird in diesem Zusammenhang auch von „Schmerzen ohne Ursache" berichtet. Diese Redeweise ist in zweierlei Hinsicht problematisch: Zum einen können auch äußere Faktoren, beispielsweise Stress oder andere negativ erlebte mentale Zustände, ursächlich für Schmerzempfindungen sein. Zum anderen sind die Schmerzursachen mit den uns zum jetzigen Zeitpunkt zur

Verfügung stehenden Mitteln nicht unbedingt erkennbar. Dementsprechend sollten wir uns zurückhalten und doch eher von „Schmerzen ohne erkennbare Ursache" oder „Schmerzen ohne erkannte Ursache" sprechen. Gezeigt wurde ferner, dass Schmerzen immer unangenehm sind, allerdings in positive Gesamterlebnisse einfließen können. Es wurden aufbauend auf diesen Teilergebnissen drei typische *Schmerz-Charakteristika* aufgelistet:

(1) Schmerzen werden immer irgendwo im Körper empfunden.

(2) Schmerzen korrelieren mit spezifischen physiologischen Prozessen.

(3) Schmerzen werden grundsätzlich als unangenehm empfunden, sie können aber in positive Gesamterlebnisse einfließen.

Diese Liste kann nun ergänzt werden. Die Untersuchung über das Verhältnis von Schmerz und Sprache hat gezeigt, dass Schmerzen sehr subjektive Phänomene sind, deren Qualität sich grundsätzlich dadurch auszeichnet, dass sie erstpersonell empfunden werden. Es besteht dementsprechend eine unüberwindbare *epistemische Asymmetrie* zwischen dem Wissen über die eigenen Schmerzempfindungen und dem Wissen über die Schmerzempfindungen anderer Personen. Demgegenüber gestellt werden kann aber, in Anlehnung an die Theorie Wittgensteins, eine *semantische Symmetrie*. Schmerzempfindungen können verbalisiert werden. In dem Satz ‚Ich habe Zahnschmerzen' hat das Prädikat ‚Zahnschmerzen haben' keine andere Bedeutung als in dem Satz ‚X hat Zahnschmerzen'. Es ist vielmehr durchaus sinnvoll und möglich über Schmerzen zu sprechen. Zwar wird man anderen Personen nicht mitteilen können, wie es sich für einen selbst anfühlt einen spezifischen Schmerz zu empfinden. Die Art des Schmerzes, die Intensität und die durch den Schmerz ausgelösten Gedanken, Gefühle und persönlichen Folgen können aber kommuniziert werden. Schmerzen werden, so konnte aufbauend auf diesen Überlegungen gezeigt werden, berechtigterweise als höchst subjektive Empfindungen beschrieben. Privat sind sie hingegen nicht unbedingt, da sie durchaus sprachlich kommuniziert werden können. Zusammengefasst bedeutet das:

(4) Es besteht eine epistemische, aber keine semantische Asymmetrie zwischen den eigenen Schmerzempfindungen und denjenigen anderer Personen.

(5) Schmerzen werden zwar subjektiv erlebt, sie sind deswegen aber nicht unbedingt privat.

Das Kapitel über Schmerz und Bewusstsein hat ferner gezeigt, dass Schmerzempfindungen grundsätzlich die Aufmerksamkeit der schmerzempfindenden Person erfordern. Schmerzen, die eine Person empfindet, ohne sich dessen gewahr zu sein, gibt es nicht. Schmerzen werden deswegen grundsätzlich phänomenal und zugriffsbewusst empfunden. Im Gegensatz zu Gefühlen und propositionalen Einstellungen, wie Wünschen oder Überzeugungen, können Schmerzen nicht unbewusst vorhanden sein. Gleiches gilt für alle anderen Empfindungen und Wahrnehmungen, da auch sie die Aufmerksamkeit des empfindenden beziehungsweise wahrnehmenden Subjekts erfordern. Die von Block getroffene Differenzierung in phänomenales Bewusstsein und Zugriffsbewusstsein ist deswegen nur teilweise hilfreich. Untersucht wurde aufbauend auf diesen Überlegungen die Frage, ob Wachkoma-Patienten Schmerzen empfinden. Die Frage selbst konnte zwar nicht beantwortet werden, die Analyse konnte aber wichtige Erkenntnisse über den aktuellen Stand neurowissenschaftlicher Forschungen zum Thema Schmerz hervorbringen: Wenngleich in den letzten Jahrzehnten viele neurale Korrelate von Schmerzempfindungen aufgezeigt werden konnten, so ist nach wie vor unklar, wie genau Schmerzen im Gehirn verarbeitet werden. Das Wissen über die so genannte Schmerzmatrix ist, so wurde deutlich, relativ nutzlos, wenn man bedenkt, dass Aktivität in den Hirnregionen, die dieser Matrix zugeordnet werden, auch dann gemessen werden kann, wenn eine Person Wörter hört, die normalerweise mit Schmerzen assoziiert werden.

Als weiteres Zwischenergebnis kann formuliert werden: Schmerzen werden zwar so empfunden, als wären sie in Körperteilen oder Körperregionen, sie können aber nicht dort lokalisiert werden. Dies kann damit begründet werden, dass sie nur den Zustand des schmerzenden Körperteiles repräsentieren. Phantomschmerzen und andere Schmerzempfindungen, die mit keiner Schädigung in dem schmerzenden Körperteil in Verbindung stehen, können als Fehlrepräsentationen verstanden werden. Nicht in Vergessenheit geraten darf, dass sich korrekt repräsentierte Schädigungen und Fehlrepräsentationen in ihrem qualitativen Gehalt nicht unterscheiden. Zu betonen ist außerdem, dass der phänomenale Gehalt des Schmerzerlebens nicht vollständig repräsentational ist.

Abschließend konnte festgestellt werden: Es besteht eine Erklärungslücke. Auch wenn wir alle körperlichen Mechanismen der Schmerzentstehung und -verarbeitung durchblicken würden, so wüssten wir noch nicht, wie phänomenales Schmerzerleben entsteht.
Es gilt deswegen:

(6) Schmerzen werden immer phänomenal und zugriffsbewusst erlebt.

(7) Schmerzempfindungen, aber auch andere mentale Zustände und Akte, korrelieren mit neuraler Aktivität in der so genannten Schmerzmatrix.

(8) Schmerzen haben einen repräsentationalen Gehalt, der phänomenale Gehalt kann allerdings nicht vollständig repräsentational erklärt werden.

(9) Zum jetzigen Zeitpunkt kann nicht erklärt werden, warum sich spezifische neurale Aktivitätsmuster schmerzhaft anfühlen und andere nicht, es besteht deswegen eine Erklärungslücke.

IV. Die anthropologische Bedeutung des Schmerzphänomens

Nachdem im Kapitel III. eine ausführliche Phänomenbeschreibung vorgenommen worden ist, wird nun untersucht, ob Schmerzempfindungen eine spezifische anthropologische Bedeutung haben. Dazu werden zunächst Unterschiede im Schmerzerleben zwischen Mensch und Tier skizziert (1. Unterschiede im Schmerzerleben zwischen Mensch und Tier). Anschließend wird untersucht, inwiefern sich Schmerzempfindungen auf die Eigenschaft des Menschen ein selbstbestimmtes Wesen zu sein auswirken können (2. Schmerz und Selbstbestimmung). Seinen Abschluss findet das Kapitel mit Überlegungen über den Sinn beziehungsweise Zweck von Schmerzempfindungen (3. Schmerz und Sinn).

1. Unterschiede im Schmerzerleben zwischen Mensch und Tier

Im Mittelpunkt der vorliegenden Arbeit steht der Mensch. Es wird untersucht, wie physische und psychische Faktoren bei der Schmerzentstehung und -verarbeitung interagieren, was Schmerz eigentlich ist, welche anthropologische Bedeutung er hat und ob Schmerzempfindungen begutachtet werden können. Nicht nur Menschen, sondern auch viele Tiere sind schmerzempfindungsfähig und es stellen sich in diesem Zusammenhang, insbesondere aus ethischer Perspektive, wichtige und interessante Fragen nach einem angemessenen Umgang mit ihnen. Diskutiert wird in diesem Kontext häufig darüber, welche moralischen Rechte Tiere aufgrund ihrer Schmerzempfindungsfähigkeit haben und inwieweit die Nutzung von Tieren für menschliche Interessen, beispielsweise in Form von Tierversuchen oder als Nahrungsmittel, vertretbar ist – Verfechter *pathozentristischer Ansätze* fordern, dass alle leidensfähigen Wesen Adressaten moralischer Handlungen sein müssten.[1] Im Rahmen dieser Untersuchung wäre es jedoch nicht zweckmäßig solche tierethischen Debatten aufzugreifen. Um die anthropologische Bedeutung des Schmerzphänomens herausstellen zu können, ist es gleichwohl erforderlich Unterschiede im Schmerzerleben zwischen Menschen und Tieren darzustellen. Zu zeigen, welche Rechte Tiere haben, weil sie schmerzempfindende Wesen sind beziehungsweise wie ein moralischer Umgang mit ihnen gestaltet sein muss, ist nicht Ziel des folgenden Kapitels. Dargelegt wird vielmehr, dass Schmerzen für Menschen eine andere Bedeutung haben als für Tiere.

Im Folgenden wird *erstens* der Frage nachgegangen, ob Tiere überhaupt schmerzempfindungsfähig sind beziehungsweise wie ein Wesen physiologisch konstituiert sein muss, damit es Schmerzen empfinden kann. Zwar scheint es intuitiv plausibel

[1] Als Begründer des Pathozentrismus gilt Jeremy Bentham; vgl. BENTHAM 1780.

zu sein, dass viele Tierarten schmerzempfindungsfähig sind, aber auch diese Annahme bedarf einer Begründung. *Zweitens* wird dargelegt, dass Schmerzen für Menschen eine andere Bedeutung haben als für Tiere, weil Menschen kognitive Fähigkeiten haben, die Tieren nicht zukommen.

Wenden wir uns der ersten Frage zu: *Empfinden Tiere überhaupt Schmerzen?* Wie oben bereits gezeigt, entstehen Schmerzempfindungen gewöhnlich dann, wenn nozizeptive Reize über das Rückenmark an das Gehirn weitergeleitet und dort zu einer Schmerzempfindung verarbeitet werden.[2] Schmerzen können aber auch durch das Gehirn selbst erzeugt werden.[3] Um Schmerzen empfinden zu können muss ein Wesen ein Gehirn beziehungsweise ein hinreichend entwickeltes Nervensystem haben.[4] Obwohl es offensichtlich zu sein scheint, dass es viele Tiere gibt, die dieses Kriterium erfüllen, war bis ins 19. Jahrhundert hinein die Annahme verbreitet, dass Tiere keine Schmerzen empfinden können. Infolgedessen wurden Vivisektionen, das heißt Versuche an lebenden Tieren, sehr häufig durchgeführt. Mittlerweile ist hingegen allgemein akzeptiert, dass alle Tiere, die ein hinreichend hoch entwickeltes Nervensystem aufweisen, schmerzempfindungsfähig sind.

Neben der Erfüllung solcher physiologischer Voraussetzungen spricht für die Schmerzempfindungsfähigkeit von Tieren, dass sie auf potenziell schmerzhafte Reize mit sehr ähnlichen Verhaltensweisen reagieren wie Menschen. In der Medizin und auch in der Psychologie werden die physiologischen Voraussetzungen, ebenso wie die typischen Verhaltensweisen, häufig in unterschiedliche Schmerzkomponenten gegliedert.[5] Unterschieden werden die folgenden Komponenten:

A. Die *sensorisch-diskriminative Komponente*: Schmerzen beinhalten Informationen über die Art des Schmerzes (als ziehend, brennend, bohrend usw.), die Lokalisation (im Fuß, im Kopf usw.) sowie die Intensität.

B. Die *affektiv-emotionale Komponente*: Schmerzen werden in der Regel negativ evaluiert und in Reaktion darauf, soweit es geht, vermieden.

C. Die *vegetativ-autonome Komponente*: Schmerzempfindungen gehen meist mit Veränderungen von Blutdruck, Herzfrequenz, Atmung usw. einher.

D. Die *motorische Komponente*: Auf Schmerzen reagieren Wesen häufig mit reflexartigen Reaktionen, der Schonhaltung des schmerzenden Körperteiles, mit mimischen Reaktionen und Lautäußerungen.

---

[2] Vgl. Kapitel III.2.1.

[3] Nozizeptoren und Rückenmark sind deswegen keine unbedingt notwendigen Kriterien für die Schmerzempfindungsfähigkeit.

[4] Vgl. hierzu auch Kapitel III.5.2.

[5] Eine Aufteilung in solche Schmerzkomponenten findet sich in den meisten medizinischen und psychologischen Fachbüchern, in denen Schmerz thematisiert wird, vgl. beispielsweise KRÖNER-HERWIG et al. 2011; SCHANDRY 2003; SCHMIDT / SCHAIBLE 2006.

Die Beobachtung von Tieren lässt vermuten, dass sich auch ihr Schmerzempfinden durch die genannten vier Komponenten auszeichnet: Tiere ziehen sich zurück oder werden aggressiv, wenn ein Körperteil schmerzt. Tiere können, ebenso wie Menschen, aus Schmerzerfahrungen lernen. Tiere reagieren mit Lautäußerungen oder sogar mit mimischem Ausdruck auf Schmerzen. Es gibt sogar Studien, denen zufolge Tiere wie Menschen ein Schmerzgedächtnis entwickeln und infolgedessen chronische Schmerzen haben können.

Nun zeichnet sich das menschliche Schmerzerleben neben diesen vier Komponenten durch eine weitere aus: die *kognitive Komponente*. Der Mensch empfindet Schmerzen nicht einfach nur, sondern nimmt zugleich immer auch eine kognitive Bewertung seines Zustandes vor. Er stellt, häufig unbewusst, Überlegungen darüber an, mit welchen körperlichen Schädigungen und Krankheiten der aktual empfundene Schmerz in Verbindung stehen könnte. Er wägt ab, ob er so stark ist, dass er einen Arzt konsultieren und möglicherweise Medikamente einnehmen oder andere therapeutische Maßnahmen ergreifen sollte. Er denkt darüber nach, wie lange der Schmerz wohl andauern könnte, ob er noch schlimmer werden wird und welche Konsequenzen dies insgesamt für die Durchführbarkeit seiner Pläne hat. Solche Gedanken lösen nicht selten Ängste und Sorgen der schmerzempfindenden Person aus, die sie noch mehr quälen als der Schmerz es ohnehin schon tut.

Wichtig ist nun, dass diese kognitive Schmerzkomponente spezifisch menschlich ist. Das Schmerzerleben von Menschen kann sich, je nach Lebensalter und Bewusstseinszustand, mehr oder weniger durch eine solche Komponente auszeichnen.[6] Das Schmerzerleben des Tieres hingegen, so meine Vermutung, findet nicht derart kognitiv statt. Tiere denken weder über die Ursache ihrer Schmerzen nach, noch beschäftigen sie sich mit den Einschränkungen, die sie durch ihre aktual empfundenen Schmerzen erfahren könnten. Tiere haben, wie in Kapitel III.5.1 skizziert, phänomenales Bewusstsein und Zugriffsbewusstsein, hingegen kein Selbstbewusstsein. Die These, dass Tiere Schmerzen nicht in dem Maße kognitiv verarbeiten wie Menschen es tun, muss allerdings zunächst noch belegt werden. Dazu muss gefragt werden, was diese kognitive Komponente eigentlich ausmacht beziehungsweise welche Eigenschaften ein Wesen erfüllen muss, um Schmerzen kognitiv bewerten zu können.

Es ist eine weit verbreitete und selten hinterfragte Annahme, dass Menschen im Vergleich zu Tieren höhere Bewusstseinsformen und damit einhergehend höhere kognitive Fähigkeiten aufweisen. Gelegentlich wird sogar behauptet, Tiere hätten gar kein Bewusstsein beziehungsweise kein *Innenleben* und damit keine mentalen Zustände.[7] Eine solche These kann, wie die Ausführungen zum Problem des Fremd-

[6] Säuglinge beispielsweise, die vermutlich noch kein Selbstbewusstsein haben, nehmen keine kognitive Bewertung ihrer Schmerzen vor. Ihr Schmerzerleben ist, wie das des Tieres, nur durch die oben genannten vier Komponenten gekennzeichnet.

[7] René Descartes und Immanuel Kant sind Verfechter einer solchen These. Descartes betrachtet Tiere als „Automaten", Kant spricht von „Sachen"; siehe vor allem DESCARTES

psychischen gezeigt haben,[8] zwar nicht widerlegt werden, es spricht aber doch vieles dafür, dass Tiere mentale Zustände, das heißt Wahrnehmungen, Gefühle und Empfindungen haben. Berücksichtigt werden muss zudem, dass Menschen ein Innenleben beziehungsweise das Vorhandensein mentaler Zustände genauso abgesprochen werden kann. Wie im Kapitel über Schmerz und Sprache bereits dargelegt wurde, ist es aufgrund einer bestehenden epistemischen Asymmetrie zwischen den eigenen mentalen Zuständen und den mentalen Zuständen anderer prinzipiell nicht möglich sicheres Wissen über das Innenleben von anderen Individuen zu haben.[9] Das Problem des Fremdpsychischen kann nicht ausgeräumt werden, weder für Tiere noch für Menschen. Dennoch wird im Folgenden angenommen, dass Menschen und auch die meisten Tiere mentale Zustände und Bewusstsein haben.

Ein essentieller Unterschied zwischen Menschen und Tieren besteht aber doch: Tiere können ihre mentalen Zustände nicht in Worte fassen, uns keinen semantischen Zugang eröffnen. Wir Menschen können unsere Schmerzempfindungen verbalisieren.[10] Dementsprechend können wir über mentale Zustände von Tieren doch weit weniger erfahren als über die von unseren Mitmenschen.

Wie muss die eingangs gestellte, eher rhetorische, Frage, ob Tiere Schmerzen empfinden können, nun beantwortet werden? Aus erkenntnistheoretischer Perspektive kann einerseits festgehalten werden, dass wir über das Innenleben des Tieres, ebenso wie über das Innenleben von anderen Menschen, kein sicheres Wissen haben können. Die Frage kann also offenkundig nicht sicher beantwortet werden. Andererseits wäre es jedoch intuitiv völlig unplausibel Tieren Schmerzempfindungen abzusprechen, denn alle Tiere, die über ein ZNS verfügen reagieren auf potenziell schmerzhafte Reize mit Verhaltensweisen, die wir normalerweise als Reaktionen auf schmerzhafte Erlebnisse interpretieren würden. Tiere haben mit gleicher *(Un)Sicherheit* wie Menschen phänomenale Zustände und somit auch Schmerzempfindungen, die sich für sie auf eine bestimmte Art und Weise anfühlen.

Bislang ungeprüft ist nun allerdings die These, dass sich menschliches Schmerzerleben gegenüber tierischem dadurch auszeichnet, dass es eine kognitive Komponente hat. Um dem nachzukommen wenden wir uns nun der eingangs gestellten Frage, *Haben Schmerzen für den Menschen eine andere Bedeutung als für das Tier?*, zu. Gesucht wird hier ein Unterschied zwischen Mensch und Tier, der das Schmerzerleben wesentlich mitbestimmt. Ein solches Vorgehen wird in der Debatte über *Bewusstsein bei Tieren* gelegentlich als *differentialistisch* bezeichnet, denn gesucht werden keine Gemeinsamkeiten zwischen den beiden Spezies, wie es Vertreter eines *Assimilationismus*

Discours de la méthode und Kant *Metaphysische Anfangsgründe der Tugendlehre.* Gleichwohl lehnt Kant die schlechte Behandlung von Tieren ab, weil durch Abstumpfung die Moralität des Menschen geschwächt beziehungsweise zerstört werde, womit er eine Pflicht gegenüber sich selbst verletze; siehe KANT MS II, AAVI, 443.

[8] Siehe den Exkurs zum Problem des Fremdpsychischen im Kapitel III.4.

[9] Vgl. Kapitel III.4.1.

[10] Vgl. hierzu ausführlich Kapitel III.4.

tun, gesucht wird vielmehr eine „anthropologische Differenz“[11]. Der Ausgangspunkt solcher Überlegungen ist, dass Menschen Tiere besonderer Art sind. Die Mensch-Tier-Unterscheidung dient, so formuliert es Marcus Wild, auf dessen Ausführungen im Folgenden Bezug genommen wird, „der Beantwortung der (nicht nur kantischen) Frage, was der Mensch sei.“[12] Die Antwort gerinne oft, so erklärt er weiter, in einer „Der-Mensch-ist-das-Tier-das-X-Formel“[13], wobei X als die anthropologische Differenz, die den Menschen gegenüber anderen Wesen auszeichne, verstanden werden müsse. So wird der Mensch als das Tier verstanden, das denken und sprechen kann, Vernunft besitzt, nach dem Sinn fragt, seine Vergangenheit kennt, über den Tod Bescheid weiß, Selbstbewusstsein hat und exzentrisch positioniert ist.

Wild weist darauf hin, dass die Debatte über mögliche Unterschiede zwischen Menschen und Tieren besonders von dem Philosophen Michel de Montaigne geprägt wurde.[14] Dass Menschen Tieren prinzipiell kognitiv überlegen sind hält Montaigne für eine vorschnelle und folgenschwere Annahme. Der Mensch darf, so erklärt er es, nicht unbegründet als kognitiv überlegen betrachtet werden, denn dann könne das Verhalten des Tieres, was auch immer es tue, äußere oder lerne, nur als defizitär gelten.[15] Er vertritt die These, dass bei Menschen und Tieren von gleichen Wirkungen auf gleiche Ursachen geschlossen werden müsse und eine anthropologische Differenz dementsprechend nicht ohne weiteres angenommen werden dürfe. Wie er diese These mit Blick auf die Mensch-Tier-Differenz verstanden wissen will, erläutert er anhand eines Beispiels: Ein Mensch und ein Hund stehen an einer Weggabelung. Beide betreten nach kurzem Zögern einen der drei Wege. Laut Montaigne gibt es zwei Möglichkeit eine solche Situation zu interpretieren: Entweder der Mensch und der Hund haben zunächst darüber nachgedacht, welchen Weg sie gehen wollen und sich schließlich für eine der drei Optionen entschieden. In beiden Fällen darf also von einem bestimmten Verhalten auf einen bestimmten *kognitiven Prozess*, hier die Überlegung, geschlossen werden. Oder aber der Mensch und auch der Hund haben nicht wirklich nachgedacht, sondern sind durch gewisse Reize dazu gebracht worden, einen der drei Wege einzuschlagen. In diesem Fall wird von einem spezifischen Verhalten auf eine *nicht-kognitive Ursache* geschlossen. Montaigne fordert dazu auf bei Tieren und Menschen von komplexen Verhaltensweisen auf *kognitive Ursachen* zu schließen oder eben bei beiden *nicht-kognitive Ursachen* anzunehmen. Seiner Meinung nach können keine gültigen Argumente dafür angeführt werden, dass Menschen höhere kognitive Fähigkeiten haben als Tiere.

Wenngleich Montaigne sicherlich zuzustimmen ist, dass in dem genannten Beispiel nicht automatisch davon ausgegangen werden darf, dass nur der Mensch nicht

[11] Ausführlich dargestellt wird die Diskussion über die *anthropologische Differenz* in WILD 2006.

[12] WILD 2006, 3.

[13] WILD 2006, 3.

[14] Siehe MONTAIGNE *Essais* II.

[15] Siehe MONTAIGNE *Essais* II.

aber der Hund nach kognitiven Überlegungen einen der drei Wege wählt, so ist seine Theorie insgesamt doch wenig überzeugend. Ethologische Langzeitstudien, in denen das Verhalten von Tieren in den Blick genommen wurde, zeigen doch relativ eindeutig, dass das Verhalten von Menschen mit höheren kognitiven Prozessen einhergeht als das von Tieren.

Eine zu der Auffassung Montaignes konträre Theorie vertritt René Descartes. Eine *Mensch-Tier-Differenz* ist Folge seines dualistischen Ansatzes. Tiere haben seiner Meinung nach nur einen materiellen Körper (*res extensa*). Menschen haben zusätzlich einen immateriellen Geist (*res cogitans*) und deswegen höhere kognitive Fähigkeiten. Eine Mensch-Tier-Differenz nimmt Descartes aber auch außerhalb seiner Dualismus-These an.[16] Im *Discours de la Méthode* schlägt er Kriterien vor mittels derer es möglich sein soll, Menschen von Maschinen zu unterscheiden. Das erste Kriterium betrifft das Sprachvermögen: Um herausfinden zu können, ob eine sprechende Entität tatsächlich ein Mensch sei, müsse getestet werden, ob sie Wörter so miteinander verbinden könne, dass sie etwas mitteile. Das zweite Kriterium bezieht sich auf das Handlungsvermögen: Menschen könnten intelligente Handlungen durchführen. Eine Maschine hingegen erkenne man dadurch, dass sie auf bestimmte Bewegungsmuster festgelegt sei. Descartes geht davon aus, dass Tiere nichts anderes sind als Maschinen, die keine mentalen Zustände haben. Er schreibt:

> „Nun, durch diese zwei Mittel, kann man auch den Unterschied, den es zwischen den Menschen und den Tieren gibt, erkennen. Denn es ist ein sehr bemerkenswerter Sachverhalt, dass es – die Verrückten nicht ausgenommen – keine so stumpfsinnigen und dummen Menschen gibt, die nicht fähig wären, verschiedene Worte zusammenzustellen und daraus eine Rede zu bilden, durch die sie ihre Gedanken verständlich machen; und dass es umgekehrt kein anderes Tier gibt, das, so vollkommen und glücklich veranlagt es auch sein mag, Ähnliches leistet […] Dass, was sie besser als wir machen, beweist also nicht, dass sie Geist besitzen […].“[17]

Aufgegriffen wurde die Diskussion über die Mensch-Tier-Differenz schließlich auch im 20. Jahrhundert von Vertretern der philosophischen Anthropologie. So vertritt Helmuth Plessner in seinem Werk *Die Stufen des Organischen und der Mensch* die These, dass es zum Wesen des Menschen gehöre, nicht nur wie ein Tier im und durch den Körper zu leben, sondern sich als Person außerhalb dieses vitalen Zentrums stellen zu können. Die anthropologische Differenz besteht seiner Meinung nach also darin, dass der Mensch sich in ein Verhältnis zu seinem Körper positionieren und seine Empfindungen, Wahrnehmungen und Gedanken reflektieren kann. Er schreibt:

---

[16] Vgl. zu diesen Überlegungen WILD 2006.
[17] DESCARTES *Discours de la méthode.*

> „Die Schranke der tierischen Organisation liegt darin, daß dem Individuum sein selber Sein verborgen ist, weil es nicht in Beziehung zur positionalen Mitte steht, während Medium und eigener Körperleib ihm gegeben, auf die positionale Mitte, das absolute Hier-Jetzt bezogen sind. Sein Existieren im Hier-Jetzt ist nicht noch einmal bezogen, denn es ist kein Gegenpunkt mehr für eine mögliche Beziehung da. Insoweit das Tier selbst ist, geht es im Hier-Jetzt auf [...] Das Tier lebt aus seiner Mitte heraus, in seine Mitte hinein, aber es lebt nicht als Mitte. Es erlebt Inhalte im Umfeld, Fremdes und Eigenes, es vermag auch über den eigenen Leib Herrschaft zu gewinnen, es bildet ein auf es selber rückbezügliches System, ein Sich, aber es erlebt nicht – sich."[18]

Der Mensch kann sich gegenüber seinem Körper verhalten, das Tier nicht. Plessner spricht hier von der *exzentrischen Positionalität* des Menschen. Tiere sind *zentrisch*, Menschen hingegen *exzentrisch* positioniert. Tiere leben, wie Plessner es formuliert, „aus ihrer Mitte heraus" [19]. Sie haben zwar einen inneren Antrieb, ein Zentrum, sie können sich aber nicht selbst auf dieses Zentrum beziehen, sondern gehen im „Hier und Jetzt" [20] auf. Dagegen können Menschen in ein Verhältnis zu sich selbst treten. Dementsprechend schlussfolgert Plessner: Tiere sind ihr Leib, Menschen haben außerdem einen Körper. Tiere gehen im Erleben auf, Menschen können sich zusätzlich auf ihr Erleben beziehen – sich beim Erleben erleben.

Mit Unterschieden im Schmerzerleben von Mensch und Tier beschäftigt hat sich auch Buytendijk – er widmet dem Thema in seinem Buch *Über den Schmerz*[21] ein ganzes Kapitel. Buytendijk fasst ähnlich wie Plessner zusammen:

> „Das Verhalten der Tiere lehrt uns, daß sie Schmerz empfinden, selbst heftig bis zur Ratlosigkeit. [...] Was aber aus den allgemeinen Eigenschaften des Tierlebens hervorgeht und nicht direkt aus dem Verhalten abgelesen werden kann – und deshalb oft nicht gesehen wird –, ist, daß das Tier an seinem durchlebten Schmerz nicht leiden kann."[22]

Kommen wir nun, nach diesen Überlegungen über die Mensch-Tier-Differenz, wieder zurück zu unserer Ausgangsfrage. *Inwiefern haben Schmerzen für den Menschen eine andere Bedeutung als für das Tier?* Wie eingangs bereits erwähnt, besteht ein Unterschied zwischen menschlichem und tierischem Schmerzerleben. Schmerzempfindungen können Menschen und Tiere gleichermaßen haben, Schmerzerlebnisse hingegen nicht. Diese Unterscheidung zwischen *Schmerzempfindungen* und *Schmerzerlebnissen* ist essentiell. Empfindungen sind, wie oben bereits ausgeführt, grundsätzlich mit einer

---

[18] PLESSNER 1975, 288.

[19] PLESSNER 1975, 288.

[20] Plessner 1975, 288.

[21] Siehe BUYTENDIJK 1948. Übersetzt wurde dieses Werk von Helmuth Plessner.

[22] BUYTENDIJK 1948, 89.

bestimmten Erlebniskomponente verbunden und deswegen mündet jede Schmerzempfindung zwangsweise in einem Schmerzerlebnis beziehungsweise deswegen ist jede Schmerzempfindung zugleich ein Schmerzerlebnis. Unterschiede im Schmerzerleben können auf unterschiedliche kognitive Fähigkeiten zurückgeführt werden. Das Schmerzerleben des Menschen zeichnet sich gegenüber dem des Tieres dadurch aus, dass es eine kognitive Komponente hat.
Zusammengefasst werden kann zunächst:

- Schmerzempfindungen sind grundsätzlich mit einem phänomenalen Charakter verbunden, das heißt sie fühlen sich auf eine bestimmte Art und Weise an.
- Schmerzen empfinden können nur Lebewesen, die über ein hinreichend entwickeltes Nervensystem verfügen.
- Phänomenales Bewusstsein ist ein notwendiges, aber kein hinreichendes Kriterium für höhere kognitive Fähigkeiten.
- Höhere kognitive Fähigkeiten liegen nur dann vor, wenn ein Wesen über Selbstbewusstsein verfügt, das heißt fähig ist sich selbst (den eigenen Körper, die eigenen Handlungen, aber auch die eigenen mentalen Zustände) reflexiv betrachten zu können.
- Tiere haben kein Selbstbewusstsein.
- Die Schmerzempfindungen von Tieren und Menschen münden in Schmerzerlebnissen, aber der Mensch kann Schmerzempfindungen aufgrund seiner kognitiven Fähigkeiten anders bewerten beziehungsweise er nutzt andere Bewertungskriterien.
- Menschen und Tiere haben Schmerzempfindungen gleichermaßen, unterscheiden sich jedoch im Schmerzerleben.

Sehen wir uns die Unterschiede im Schmerzerleben zwischen Mensch und Tier noch etwas genauer an: Ein Tier, welches Schmerzen empfindet, reagiert mit Kampf oder Flucht, mit Aggression oder Rückzug, nimmt eine Schonhaltung ein oder zeigt andere Verhaltensweisen. Dies lässt vermuten, dass Tiere Schmerzen, genau wie Menschen, als unangenehm empfinden. Aber wie erleben Tiere Schmerzen? Ein Tier, das Schmerzen empfindet, ist in seinem Aktivitätsspielraum beeinträchtigt, es kann je nach Schädigung nicht mehr laufen, fressen, schlafen und jagen. Es ist ferner davon auszugehen, dass das Tier Erinnerungen an Schmerzzustände im Gedächtnis speichern kann, genauso wie es Informationen darüber speichert, wo der Futternapf steht und wo sich angenehme Schlafplätze befinden. Dies hat zur Folge, dass das Tier Situationen, die schon einmal zu einem schmerzhaften Erlebnis geführt haben, scheut – so reagiert die Katze beispielsweise aggressiv, wenn sie in einen Katzenkorb eingesperrt wird, weil sie ahnt, dass sie nun zum Tierarzt gebracht werden wird, welcher ihr schon einmal Schmerzen zugefügt hat. Diese Überlegungen zeigen, dass Tiere Schmerzerlebnisse als negativ bewerten und als negativ in Erinnerung behalten.

Wie erlebt nun, auf der anderen Seite, der Mensch Schmerzempfindungen? Auch seine Schmerzen können so stark sein, dass er in seinem Aktivitäts- beziehungsweise Handlungsspielraum beeinträchtigt ist. Allerdings denkt er nun zusätzlich darüber nach, welche Folgen dieser Schmerzzustand für ihn haben könnte. Er ordnet seine Schmerzen ein in ein Gefüge aus Vergangenheit, Gegenwart und Zukunft. Ein Mensch, der Schmerzen erlebt, stellt sich, häufig unbewusst, die folgenden Fragen:

- Was bedeutet der Schmerz für meine aktuelle Situation?
- Kann ich mein Vorhaben verwirklichen, obwohl ich jetzt gerade starke Schmerzen empfinde?
- Mit welchen Folgen für mein privates und berufliches Leben ist der möglicherweise andauernde Schmerz insgesamt verbunden?
- Wird der Schmerz jemals nachlassen?
- Warum empfinde ich Schmerzen?
- Bin ich möglicherweise schwer krank?

Häufig wird bei der Beantwortung solcher Fragen auf Erlebnisse aus der Vergangenheit Bezug genommen. Beispielsweise treten Gedankenmuster der folgenden Art auf: So einen Schmerz hatte ich schon einmal und er wurde immer schlimmer und schlimmer und niemand konnte mir helfen. Häufig wird von einer bestimmten Schmerzempfindung auch automatisch auf das Vorliegen einer lebensbedrohlichen Erkrankung geschlossen und nicht selten passiert es, dass sich die Schmerzen dadurch verschlimmern.

Auch das Tier richtet seine Aufmerksamkeit auf den Schmerz, aber auf eine andere Art und Weise. Es will, dass der Schmerz nachlässt, aber es stellt keine Überlegungen darüber an, wo er herkommt und wo er hinführt. Im Gegensatz zum Menschen denkt das Tier nicht darüber nach, dass es ein sterbliches Wesen ist. Dementsprechend deutet es Schmerzen auch niemals als Zeichen einer lebensbedrohlichen Erkrankung beziehungsweise eines lebensbedrohlichen physiologischen Zustandes. Das Tier hat auf der anderen Seite auch keine Pläne, die es verfolgen möchte und die durch den plötzlich auftretenden Schmerz ins Wanken gebracht werden könnten. Es handelt instinktiv, es führt keine überlegten Handlungen aus und dementsprechend denken Tiere nicht über die möglichen Folgen, die der aktual empfundene Schmerz haben könnte, nach. Die Kriterien, mittels derer Schmerzempfindungen bewertet und zu einem Schmerzerlebnis verarbeitet werden, unterscheiden sich bei Menschen und Tieren folglich grundlegend. Menschen sind zu vielen Zeitpunkten ihrer Existenz selbstbewusste Wesen, die über sich selbst und ihre Zukunft nachdenken. Tiere hingegen sind instinktiv gesteuerte Wesen, die weder rational denken, noch planen können.

Interessant ist nun auch die Frage, ob Schmerzen beim Menschen auf andere Art und Weise entstehen können als beim Tier. Wie eingangs bereits angedeutet wurde und weiter unten noch ausführlich untersucht wird, gibt es viele Menschen, die ständig über Schmerzen klagen und für die, trotz umfangreicher medizinischer

Untersuchungen, keine Ursache ausgemacht werden kann. In Ermangelung einer Diagnose werden solche Schmerzen häufig als psychosomatisch verursachte Schmerzen bezeichnet, weil angenommen wird, dass sie in Folge negativer mentaler Zustände, beispielsweise wegen andauerndem Stress oder übermäßiger Angst, auftreten. Solche psychosomatisch verursachten Schmerzen treten bei Menschen viel häufiger auf als bei Tieren. Zwar belegen Studien, dass Tiere, die Stressoren ausgesetzt sind, intensiver auf schmerzhafte Reize reagieren als in stressfreien Situationen, was vermuten lässt, dass eine Verbindung zwischen psychischen und physischen Faktoren bei der Schmerzverarbeitung auch bei Tieren angenommen werden kann. Anzunehmen ist aber, dass eben diese psychischen Faktoren beim Menschen, aufgrund seiner kognitiven Überlegenheit, ganz anders gestaltet sind und dass Schmerzen beim Menschen viel eher durch psychische Faktoren verursacht werden können als beim Tier. Da Menschen in ein Verhältnis zu sich selbst treten, das heißt sich selbst und ihre Stellung in der Welt reflexiv betrachten können, nehmen sie Schmerzerlebnisse anders wahr als Tiere. Sie empfinden ihren Schmerz ähnlich, aber sie erleben ihn in einer anderen Dimension.

Abschließend sei in diesem Unterkapitel über Unterschiede im Schmerzerleben zwischen Mensch und Tier gesagt, dass die Rede von „dem Tier" wie sie hier oft verwendet wurde, im Grunde unzulässig ist. Natürlich gibt es höhere und niedere Tiere, die sich in ihren kognitiven Fähigkeiten und damit auch in ihrem Schmerzerleben stark unterscheiden. Und auch die Rede von „dem Menschen" ist nicht unproblematisch, denn es macht einen großen Unterschied, ob eine These über das Schmerzerleben des Säuglings, dessen kognitive Fähigkeiten erst noch entwickelt werden müssen, über einen erwachsenen Menschen oder über einen komatösen Patienten, der zumindest kein Schmerzverhalten mehr zeigen kann, aufgestellt wird.[23] Was aber bedeutet es nun für den Menschen, dass sein Schmerzerlebnis eine kognitive Komponente hat beziehungsweise was ist die anthropologische Bedeutung des Schmerzphänomens? Diese Frage wird in den folgenden beiden Kapiteln untersucht.

2. Schmerz und Selbstbestimmung

Wie soeben dargelegt, erlebt der Mensch Schmerzen auf seine eigene Art und Weise. Im Gegensatz zum Tier ordnet er seine Empfindungen ein in ein Gerüst aus Vergangenheit, Gegenwart und Zukunft. Dies liegt daran, dass Menschen, im Gegen-

[23] Ferner sei noch einmal betont, dass die Frage, welche Arten von Bewusstsein Tieren nun zugesprochen werden können, in diesem Rahmen nicht diskutiert werden kann. Verwiesen sei auf die von Marcus Wild verfassten Werke *Tierphilosophie zur Einführung* (WILD 2008) und *Die anthropologische Differenz* (WILD 2006) sowie auf den Band *Der Geist der Tiere* (PERLER / WILD 2005).

satz zu Tieren, zu bestimmten Zeitpunkten ihrer Existenz *Personen* sind.[24] Ein wesentliches Merkmal des Personseins ist die potenzielle Eigenschaft selbstbestimmt handeln zu können. Als eine Unterform der Selbstbestimmung kann die *Autonomie* betrachtet werden. Der Begriff „Autonomie" wurde vor allem von Immanuel Kant geprägt und kann mit „Selbstgesetzgebung" (von *autos* = Selbst und *nomos* = Gesetz) übersetzt werden. Selbstbestimmung ist aber mehr als nur Selbstgesetzgebung. Selbstbestimmt ist eine Person dann, wenn sie ihr Leben und das Zusammenleben mit anderen aktiv gestalten kann. Gerade dies scheint bei Personen, die unter Schmerzen leiden, aber nicht möglich zu sein. Vor allem chronische Schmerzpatienten klagen darüber, dass sie ihren Alltag nicht so gestalten können, wie sie es gerne möchten. Ihr Leben führen sie nicht mehr selbstbestimmt, es ist vom Schmerz bestimmt.

Schmerz und Akzeptanz

Zur Frage steht nun, ob und wie die Selbstbestimmung derjenigen Personen, die an chronischen Schmerzen leiden, erhalten bleiben kann. Gibt es eine Möglichkeit trotz dauerhafter Schmerzen selbstbestimmt zu bleiben? Zentrale Bedeutung kommt in diesem Zusammenhang dem Begriff „Akzeptanz" zu. Diejenigen Personen, denen es gelingt zu akzeptieren, dass sie an chronischen Schmerzen leiden, haben die Möglichkeit ihre Selbstbestimmung zurückzuerlangen, so meine Vermutung. Für diese Hypothese können Arbeiten aus der Psychologie angeführt werden. Im Mittelpunkt der psychologischen Erforschung des Schmerzphänomens steht schon seit einigen Jahren die Frage, wie sich Schmerzempfindungen einerseits und Gefühle, Einstellungen und Erwartungen andererseits gegenseitig beeinflussen können. Primäres Ziel der psychologischen Schmerzforschung ist es Therapien entwickeln zu können, mittels derer das Leiden chronischer Schmerzpatienten verringert werden kann, indem diese ihre Einstellung zum Schmerz und damit einhergehend ihr Verhalten ändern.

Personen, die an chronischen Schmerzen leiden, kommen erfahrungsgemäß häufig an einen Punkt, an dem sie völlig verzweifelt und davon überzeugt sind, nie wieder schmerzfrei leben zu können. Um einen Patienten mit chronischen Schmerzen angemessen behandeln zu können, ist es wichtig zunächst etwas darüber zu erfahren, welche Einstellungen er gegenüber seinen Schmerzen hat und vor allem, welche Schmerzbewältigungsstrategien, in der Psychologie *Coping-Strategien* genannt, ihm zur Verfügung stehen. Solche Strategien werden mit dem *Coping Strategies Questionaire* (CSQ) gemessen. Dieser wurde 1983 in den USA entwickelt,

[24] Die Frage, welche Eigenschaften und Fähigkeiten konkret vorliegen müssen, damit einem Wesen der Personenstatus zugesprochen werden kann, wird in der Philosophie schon seit langem diskutiert. Als Ausgangspunkt der Debatte wird häufig die Theorie John Lockes benannt. Im Rahmen dieser Arbeit kann die Debatte um den Personenbegriff nicht aufgegriffen werden. Verwiesen sei aber auf STURMA 2008.

liegt aber mittlerweile auch in deutscher Fassung vor.[25] Der CSQ besteht aus 50 Fragen, wobei sich der Patient bei jeder Frage für eine der sechs Antwortoptionen (‚Ich stimme zu' von ‚nie' bis ‚immer') entscheiden muss. Unter anderem muss Stellung zu den folgenden Sätzen bezogen werden:[26]

- Ich komme mit meinen täglichen Aufgaben klar, egal wie stark meine Schmerzen sind.
- Es ist in Ordnung Schmerzen zu erleben.
- Es ist für mich notwendig meine Schmerzen im Griff zu haben, um mein Leben gut bewältigen zu können.
- Obwohl ich an chronischen Schmerzen leide, führe ich ein erfülltes Leben.
- Wenn ich Schmerzen habe, kostet es mich große Überwindung etwas zu machen.

Nachdem ein solcher Test (Dauer: ca. 15 Minuten + Auswertung 5 Minuten) durchgeführt worden ist, kann eine grobe Aussage darüber getroffen werden, wie der Patient mit seinen Schmerzen umgeht und welche Gedanken und Gefühle seinem Verhalten zugrunde liegen.

Ziel vieler psychologischer Schmerztherapien ist es, wie oben bereits angekündigt, die Denk- und Verhaltensmuster des Patienten derart zu verändern, dass er sein Leben und das Zusammenleben mit anderen trotz dauerhafter Schmerzen selbstbestimmt gestalten kann. Zur Frage steht allerdings, wie ein solcher optimaler Umgang mit Schmerzen aussehen sollte. Kommen wir, um diese Frage beantworten zu können, noch einmal auf die eingangs skizzierte Problematik zurück: Jemand der ständig Schmerzen empfindet ist in seiner Selbstbestimmung stark eingeschränkt, sobald er sein Leben nicht mehr aktiv gestalten kann. Chronische Schmerzpatienten denken ständig über ihren Schmerz nach, der Schmerz ist immer im Vordergrund, überlagert alle anderen Gedanken, kreuzt sämtliche Pläne, gerät nie in Vergessenheit. Die Selbstbestimmung des chronischen Schmerzpatienten kann nur dann erhalten bleiben beziehungsweise zurückerlangt werden, wenn es ihm gelingt, dem Schmerz weniger Aufmerksamkeit zu widmen. Nun wurde aber in Kapitel III.5.1 (Zugriffsbewusstsein und phänomenales Bewusstsein) festgestellt, dass von Schmerzen grundsätzlich nur dann gesprochen werden darf, wenn sich jemand darüber bewusst ist, dass er Schmerzen hat. Schmerz und Aufmerksamkeit stehen in einem sehr engen Verhältnis. Wenn jemand Schmerzen empfindet, dann weiß er dies auch, dann ist seine Aufmerksamkeit, zumindest teilweise, auf den Schmerz gerichtet. Wird der Schmerz nicht mehr bewusst empfunden, so existiert er auch nicht mehr, dies sollte Kapitel III.5.1 hinreichend verdeutlicht haben. Durch Ablenkung könnte

[25] Für die deutsche Version des CSQ siehe NILGES / KÖSTER / SCHMIDT 2007; vgl. zur Diskussion auch KRANZ / BOLLINGER / NILGES 2010.

[26] Siehe NILGES / KÖSTER / SCHMIDT 2007, 66.

es somit gelingen, die Aufmerksamkeit vom Schmerz *wegzulenken* und ihn dadurch zu verringern oder sogar gänzlich zu beseitigen. Im Prinzip könnte das Leiden der hier angesprochenen Personengruppe also verringert werden, wenn es gelingen würde den Schmerz zu verdrängen, zu überspielen, von ihm abzulenken.

Nun ist es aber, selbst mit großer Willensanstrengung, nicht möglich Schmerzen einfach wegzudenken. Wir können nicht einfach an etwas anderes denken oder etwas anderes machen und dann erwarten, dass der Schmerz nachlässt. So einfach ist es leider nicht. Manchmal scheint der gegenteilige Fall einzutreten: Schont sich jemand nicht, obwohl er starke Schmerzen empfindet, dann wird der Schmerz immer stärker. Ein solcher ignoranter Umgang mit Schmerzempfindungen kann schlimmstenfalls tödlich enden. Jemand der beispielsweise eine Grippe nicht ernst nimmt und möglicherweise mit Fieber Sport treibt, riskiert eine Herzmuskelentzündung, die unentdeckt zum Tode führen kann. Dies verdeutlicht noch einmal, dass Schmerzen nicht grundsätzlich negativ sind, sondern eine Warnfunktion haben können, nämlich dann, wenn sie auf Schädigungen hinweisen, die Schonung verlangen.

Problematisch ist allerdings, dass Schmerzen, die chronisch empfunden werden, eine solche Warnfunktion häufig gar nicht mehr haben, gerade weil sie mit keiner erkennbaren Schädigung einhergehen. Im Kapitel III.2. (Schmerz aus medizinischer und neurowissenschaftlicher Perspektive) wurden die Mechanismen die der Chronifizierung von Schmerzen zugrunde liegen, ausführlich beschrieben. Häufig gehen chronische Schmerzen mit einem so genannten *Schmerzgedächtnis* einher, das heißt sie entstehen im Gegensatz zu akuten Schmerzen nicht dadurch, dass ein Reiz von den Nozizeptoren über das Rückenmark zum Gehirn weitergeleitet wird. Sie werden direkt auf neuraler Ebene verursacht, weisen also, wenn überhaupt, nur auf einen neuralen, nicht aber auf einen körperlichen Defekt hin und scheinen so betrachtet sinnlos zu sein. Schonung trägt in solchen Fällen nicht dazu bei, die Ursache des Schmerzes zu beseitigen. Sie kann im Gegenteil zur Folge haben, dass sich der Zustand verschlechtert; ein Gelenk beispielsweise kann sich versteifen, wenn es nicht mehr bewegt wird. Die Sinnfrage des Schmerzes wird uns im nächsten Kapitel noch einmal beschäftigen, hier soll sie noch nicht abschließend beantwortet werden. Deutlich geworden ist aber schon jetzt, dass chronische Schmerzen, im Gegensatz zu akuten, vollkommen nutzlos zu sein scheinen und gerade dies treibt Patienten, die an chronischen Schmerzen leiden, oft in große Verzweiflung und tiefe Abgründe.

Nun ist es notwendig den Begriff der „Akzeptanz" und damit einhergehend meine oben aufgestellte Hypothese noch einmal in den Blick zu nehmen. Die Personen, denen es gelingt zu akzeptieren, dass sie an chronischen Schmerzen leiden, haben die Möglichkeit ihre Selbstbestimmung zurückzuerlangen. Diese Vermutung sehe ich durch die vorausgegangenen Überlegungen bestätigt. Wer Schmerzen empfindet, der sucht immer nach dem Sinn, den diese Schmerzen haben könnten. Chronische Schmerzen haben aber jeglichen Sinn verloren. Nur wer dies akzeptieren kann, hat die Möglichkeit weiterhin selbstbestimmt zu leben.

Gestützt werden kann die hier aufgestellte Vermutung durch die Ergebnisse einer Studie, die im Jahr 2010 im *European Journal of Pain* von dem Psychologen Dirk

Kranz und seinen Kollegen durchgeführt worden ist.[27] In ihrer Studie untersuchten die Forscher 150 Patienten, die zum Untersuchungszeitpunkt im Durchschnitt bereits 58 Monate an chronischen Schmerzen litten. Als Ergebnis der Studie halten die Psychologen fest, dass die Patienten, die bereits akzeptiert hatten, dass sie chronische Schmerzen haben, wesentlich zufriedener und lebensfroher seien als diejenigen, die immer noch versuchten, die Ursache des Schmerzes zu finden und zu beseitigen.

Chronische Schmerzen akzeptieren und damit zugleich ihre Sinnlosigkeit erkennen, kann als eine Strategie festgehalten werden, mit der an chronischen Schmerzen Leidende ihre Lebenssituation verbessern können. Ob und wie dies in der Praxis durchführbar ist, ist allerdings eine ganz andere Frage. Gesprächstherapien, vor allem Verhaltenstherapien, sind sicherlich die geeignete Therapieform, um solche *Coping-Strategien* zu entwickeln. Viele gute psychologische Schmerztherapien werden bereits erfolgreich eingesetzt und es bleibt zu hoffen, dass auf dem Gebiet der psychologischen Schmerzforschung in den nächsten Jahrzehnten große Fortschritte erzielt und weitere brauchbare Schmerztherapien entwickelt werden.

Schmerz und Kontrolle

Wenden wir uns nun, nachdem wir uns ausführlich mit dem Verhältnis von Schmerz und Akzeptanz beschäftigt haben, noch einem weiteren Begriff zu, der im Zusammenhang mit dem Thema Schmerz und Selbstbestimmung diskutiert werden sollte: dem Begriff „Kontrolle". Ein wesentliches Merkmal selbstbestimmter Handlungen ist, dass sie kontrolliert ablaufen. Schmerzen zeichnen sich aber nun gerade dadurch aus, dass sie einer Person einfach widerfahren. Schmerzen scheinen sich der Kontrolle zunächst einmal zu entziehen. Es stellt sich nun die Frage, ob eine Korrelation zwischen der Schmerzempfindung einer Person und ihrer Möglichkeit eben diese Schmerzempfindung kontrollieren zu können, besteht. Wie könnte eine solche Korrelation aussehen? Erfahrungsgemäß werden Schmerzen, von denen man weiß, dass sie beendet werden können, als wesentlich angenehmer bewertet als solche Schmerzen, die sich der eigenen Kontrolle entzogen haben. Die Schmerzen, die jemand beim Sport empfindet und von denen er weiß, dass sie nachlassen werden sobald er die sportliche Aktivität beenden wird, sind vermutlich unangenehm, aber doch viel weniger intensiv als chronische Schmerzen, für die keine Prognose über deren Verlauf gestellt werden kann. Während Schmerzen im ersten Fall kontrollierbar sind, entziehen sich chronische Schmerzen der Kontrolle.

David Morris verweist in diesem Zusammenhang auf Immanuel Kant.[28] Kant, der an Gicht und daher häufig an quälenden Schmerzen litt, schaffte es den eigenen Schmerz zu kontrollieren, indem er sich mit aller Kraft auf einen beliebigen Gegenstand konzentrierte. So stellte er sich beispielsweise Cicero vor und alles was in Verbindung mit Cicero gedacht werden konnte. Diese Methode der Schmerzbe-

[27] Siehe KRANZ / BOLLINGER / NILGES 2010.
[28] Vgl. MORRIS 1996, 17 f.

kämpfung war angeblich so erfolgreich, dass er sich am Morgen gelegentlich gefragt habe, ob er sich die Schmerzen vielleicht nur eingebildet habe.[29]

Die hier angestellten Vermutungen wurden durch neurowissenschaftliche Arbeiten bestätigt. Besonders interessant ist eine im Jahr 2006 von Katja Wiech und Kollegen veröffentlichte Studie im *Journal of Neuroscience*. Die Forscher untersuchten mit der funktionellen Bildgebung, welche Auswirkungen die Überzeugung den Schmerz kontrollieren zu können auf das Schmerzerleben selbst haben kann und mit welchen neuralen Aktivitätsmustern ein solches Kontrollgefühl einhergeht.[30] 12 Probanden wurden, mittels auf den Handrücken angebrachten Elektroden, leichte aber schmerzhafte Elektroschocks zugefügt. In einem ersten Durchlauf des Tests konnten die Teilnehmer selbst entscheiden, wann sie den Strom ausschalteten und damit die Schmerzen stoppen wollten. Im zweiten Durchlauf wurde ihnen diese Kontrollmöglichkeit entzogen. Die Versuchsleiter teilten den Probanden mit, ein Computer oder ein Forscher würde die Intensität und Dauer der Elektroschocks nun bestimmen. Während beider Versuchsdurchläufe wurden die Probanden im fMRT untersucht. Wiech und Kollegen halten folgende Ergebnisse fest: Zum einen zeigten Befragungen der Versuchsteilnehmer, dass der Schmerz im zweiten Versuchsdurchlauf (keine Möglichkeit den Schmerz selbst zu stoppen) durchweg als intensiver und unangenehmer empfunden wurde. Zum anderen konnte im ersten Versuchsdurchlauf (Möglichkeit Schmerz selbst zu stoppen / Kontrolle) erhöhte Aktivität im präfrontalen Kortex gemessen werden, im zweiten Versuchsdurchlauf (keine Kontrolle) hingegen nicht. Generell halten sie fest: Je schwächer die Aktivität im präfrontalen Kortex, desto stärker empfanden die Probanden die Schmerzen. Wiech und Kollegen ziehen aus ihrer Studie die Schlussfolgerung, dass es besser sei, den Schmerz zu akzeptieren als ständig gegen ihn anzukämpfen, denn je stärker das Gefühl des Kontrollverlustes sei, desto intensiver und unangenehmer sei das Schmerzerleben – diese Schlussfolgerungen bestätigen wiederum die oben aufgestellte These, dass Personen, die akzeptieren können, dass sie chronische Schmerzen haben, zufriedener sind.

Wichtig sind diese Überlegungen nun im Zusammenhang mit der Vergabe von Schmerzmitteln. In der Medizin und auch in der Medizinethik werden Debatten darüber geführt, ob und in welcher Dosis schmerzstillende Medikamente im Einzelfall verabreicht werden dürfen. Da solche Medikamente immer auch Nebenwirkungen haben, ist es wichtig sie nicht zu hoch zu dosieren. Auf der anderen Seite gibt es aber auch Untersuchungen, die zeigen, dass eine zu gering dosierte Schmerzmedikation die Entstehung eines Schmerzgedächtnisses und damit chronischer Schmerzen, begünstigen kann. Für das Verhältnis von Selbstbestimmung und Kontrolle muss mit Blick auf die Schmerzmedikation zunächst Folgendes festgehalten werden: Wer seine Schmerzen beseitigen oder zumindest lindern kann, indem er eine Tablette einnimmt, behält die Kontrolle über den Schmerz und bleibt

---

[29] KANT 1798, *Der Streit der Facultäten in drey Abschnitten*, III, 2.

[30] Siehe WIECH et al. 2006.

somit selbstbestimmt. Werden Analgetika aber in zu hohen Dosen eingenommen, so kann dies mit Nebenwirkungen einhergehen, die wiederum zu neuen Schädigungen und damit zu weiteren Schmerzen führen können. So betrachtet scheint die selbstbestimmte Schmerzmedikation im Ergebnis also auch zu mehr Schmerzen und weniger Selbstkontrolle führen zu können.

Diese Annahme widerspricht allerdings dem aktuellen Forschungsstand.[31] In Studien konnte gezeigt werden, dass Personen, die ihre Schmerzmittel selbst dosieren können, in der Regel weniger Schmerzmittel benötigen, gerade weil sie das Gefühl haben, den eigenen Schmerz kontrollieren zu können. Das Gefühl der Kontrolle wirkt sich also positiv auf das Schmerzerleben aus. Die so genannte Patientengesteuerte Schmerzmittelvergabe (*patient controlled analgesia* – PCA) ist mittlerweile eine weitgehend akzeptierte und häufig eingesetzte Methode. Erst kürzlich stelle Michael Haydon auf dem Jahrestreffen der *Society for Maternal-Fetal Medicine's* (SMFM) die Ergebnisse einer Studie zum Thema PCA bei der Geburt vor. Untersucht wurden 270 Frauen, die in drei Gruppen eingeteilt wurden: Gruppe 1 erhielt eine herkömmliche Betäubung des Rückenmarks (Periduralanästhesie – PDA), bei der das Schmerzmittel automatisch und kontinuierlich abgegeben wird; Gruppe 2 konnte die Abgabe des Schmerzmittels per Knopfdruck selbst kontrollieren; Gruppe 3 wurde mit einer Kombination beider Methoden behandelt. Wie sich herausstellte, benötigten die Teilnehmerinnen aus Gruppe 2, also die Frauen, die die Schmerzmittel selbst dosieren konnten, im Vergleich zu den anderen Gruppen 30% weniger Schmerzmittel. Ein Gefühl der Kontrolle kann Schmerzen also lindern.

Welche Ergebnisse können nun abschließend über das Verhältnis von Schmerz und Selbstbestimmung festgehalten werden? Gezeigt wurde zunächst, dass Schmerzempfindungen mit starken Beeinträchtigungen oder sogar mit dem Verlust der Selbstbestimmung einer Person einhergehen können. Dies betrifft vor allem Personen, die an chronischen Schmerzen leiden. Betroffenen, die akzeptieren können, dass sie chronische Schmerzen haben, geht es insgesamt besser, als denjenigen, die die verzweifelte Suche nach der Ursache des Schmerzes nicht aufgeben können. Beleuchtet wurde ferner das Verhältnis von Schmerz und Kontrolle. Schmerzen die kontrollierbar zu sein scheinen, sei es weil sie mit dem Beenden einer Aktivität nachlassen oder durch Analgetika gelindert werden können, werden als weniger unangenehm erlebt als solche, die sich der Kontrolle entziehen. Nicht in Vergessenheit geraten darf, wie schwierig es sein kann, Schmerzen zu akzeptieren. Hinzukommt, dass Personen häufig an Schmerzen leiden, die trotz aller Bemühungen eben nicht kontrolliert werden können. Es gibt Schmerzzustände, die weder mit medizinischen, noch mit psychologischen Therapien verbessert werden können. Zu hoffen bleibt, dass psychologische Schmerztherapien, vor allem bei der Behandlung chronischer Schmerzpatienten, wesentlich häufiger angewandt werden als es zurzeit der Fall ist. Nur in Gesprächstherapien können *Coping-Strategien* erlernt werden, die einen selbstbestimmten Umgang mit Schmerzen ermöglichen.

---

[31] Vgl. beispielsweise NOLAN / WILSON 1995.

3. Schmerz und Sinn

Eine sehr wichtige Frage, die bereits an verschiedenen Stellen teilweise aufgegriffen wurde, nun aber auch explizit behandelt werden muss, ist die nach dem Sinn von Schmerzen. Dass Schmerzen eine Warnfunktion haben und somit sinnvoll oder auch zweckmäßig sein können, weil sie auf eine Schädigung des Körpers hinweisen, wird wohl kaum jemand bezweifeln. Vor allem die bereits angesprochenen Fälle, in denen Menschen aufgrund einer *kongenitalen Analgesie* keine Schmerzen empfinden können, sprechen für einen solchen Sinn akuter Schmerzen – diese Personen sterben oft an eigentlich harmlosen, aber unerkannten und daher unbehandelten Verletzungen. Dass es andererseits viele Menschen gibt, die dauerhaft über Schmerzen klagen, für die keine Schädigung ausgemacht werden kann, ist allerdings problematisch und lässt vermuten, dass nicht jede Schmerzempfindung sinnvoll ist. Für diese Annahme spricht zudem, dass gerade viele lebensbedrohliche Erkrankungen, beispielsweise Krebserkrankungen, zunächst schmerzfrei verlaufen und daher lange unentdeckt bleiben. Ob und inwiefern neben akuten Schmerzen auch chronischen Schmerzen ein Sinn zugesprochen werden kann, wurde im vorangegangen Kapitel bereits teilweise untersucht. Diese Frage soll aber nun noch etwas genauer in den Blick genommen werden.

Vielseitig mit dem Sinn von Schmerzempfindungen beschäftigt hat sich David B. Morris. Er geht davon aus, dass sich in der heutigen modernen, technokratischen Gesellschaft die Überzeugung durchgesetzt hat, dass Schmerzen einfach und ausschließlich ein medizinisches Problem darstellen.[32] Der Gedanke an Schmerzen erwecke fast unmittelbar die Vorstellung von Ärzten, Medikamenten, Salben, Operationen und Krankenhäusern. Die Gesellschaft sei vollständig von einer wissenschaftlichen Weltsicht der Medizin beherrscht. Große Erfolge in der Anatomie und Physiologie von Forschern des 19. Jahrhunderts schufen laut Morris die Basis für die Überzeugung, dass Schmerzen lediglich das Resultat einer bestimmten Reizung der Nervenbahnen sind. Diese Auffassung hält er allerdings für verfehlt: Schmerz sei in jedem Fall mehr als eine Sache der Nerven und Neurotransmitter. Er geht davon aus, dass Kultur und innerste persönliche Überzeugungen Schmerzerlebnisse massiv prägen und fordert daher zu einem Dialog zwischen Fachleuten, dazu zählt er Ärzte und Forscher und einer breiten Öffentlichkeit auf. Er vertritt außerdem die Meinung, dass Schmerzempfindungen nicht zeitlos, sondern ein wandelbares Produkt spezifischer Epochen und eigener Kulturen sind.[33] Morris beschreibt sein Projekt selbst als eine Untersuchung des Konflikts zwischen einem medizinischen und nicht-medizinischen Schmerzverständnis oder auch als eine Studie über den kulturellen Wandel.[34] Den Schmerzzustand beschreibt er als einen

---

[32] Hier und im Folgenden siehe MORRIS 1996, 10 ff.

[33] Vgl. MORRIS 1996, 15.

[34] Vgl. MORRIS 1996, 17. Die Sinnfrage behandelt er in seinem Buch *Geschichte des Schmerzes* in einem eigenen Kapitel. Siehe MORRIS 1996, 49–82.

Krisenzustand – es handle sich um einen Zustand, in dem wir weit mehr empfänden als ausschließlich physisches Unbehagen. Er geht davon aus, dass Schmerzempfindungen grundsätzlich mit der Suche nach einer Deutung des Phänomens einhergehen. Ferner betont er, dass Schmerz immer eine soziale Komponente aufweise. So schreibt er:

> „Wahrscheinlich fühlt der Mensch sich nie so verlassen wie dann, wenn er von heftigen Schmerzen heimgesucht wird. Andere scheinen sich unverändert um ihre eigenen Angelegenheiten zu kümmern, in der Meinung die Welt sei immer noch dieselbe, aber der Leidende weiß es besser. Schmerz isoliert, daß ist nicht zu leugnen. Daher ist es besonders wichtig zu erkennen, dass Schmerz immer auch eine grundlegende soziale Komponente aufweist. Der Schmerz, den wir empfinden ist zum großen Teil von der Kultur geschaffen und geprägt worden, von der sich der Betroffene nun ausgeschlossen oder abgeschnitten fühlt."[35]

Auch Buytendijk beschäftigt sich in seinem viel zitierten Buch *Über den Schmerz* mit der Frage nach dem Wesen und Sinn des körperlichen Schmerzes, welche seiner Meinung nach in der modernen Gesellschaft nicht ausführlich genug behandelt werde.[36] Eine Schwierigkeit liegt seiner Meinung nach darin, dass das *Schmerzproblem* zu seiner Zeit, also zu Beginn des 20. Jahrhunderts, gleichgesetzt werde mit der Frage nach der *Schmerzbekämpfung*. Der Schmerz – gemeint ist laut Buytendijk der „echte", chronische Schmerz, der ausgehalten werden muss, nicht der „blitzartige akute Schmerz" wie er es formuliert – sei nicht nur eine allgemeine Störung unseres Befindens, sondern stets ein „Getroffen-Sein".[37] Ferner erklärt er, dass zwischen allen Arten geistigen Leidens und dem körperlichen Schmerz ein auffallender Unterschied bestehe. Zwar nicht in Heftigkeit, Tiefe und Nachwirkung, wohl aber in der fragenden Haltung, die der Emotion selbst entspringe. Im Gegensatz zu Glücksgefühlen, die häufig mit einem Aus-sich-heraus-Treten der Persönlichkeit verbunden seien, bringe Schmerz den Menschen zur Selbsteinkehr. Körperlicher Schmerz sei primär Erlebnis eines an sich sinnlosen Konfliktes in der eigenen Existenz. Wer an körperlichen Schmerzen leide, frage auf eine ganz andere Weise. Auch wenn der Auslöser des Schmerzes bekannt sei (zum Beispiel eine Verletzung, eine Erkrankung oder eine Entzündung), sei unklar warum dieses Organ oder Körperteil so heftig wehtun müsse.[38] Laut Buytendijk erfahren wir im Schmerz eine „Spaltung der natürlichsten aller organischen Einheiten, der Einheit nämlich zwischen unserem persönlichen und unserem körperlichen Sein". Er spricht von einer „Entzweiung von Ich und Leib".[39] Im Schmerz wird, so erklärt er es, eine Disharmonie und

35 MORRIS 1996, 58.
36 Siehe BUYTENDIJK 1948, 18 ff.
37 Vgl. BUYTENDIJK 1948, 22.
38 BUYTENDIJK 1948, 24.
39 BUYTENDIJK 1948, 25.

Machtlosigkeit gegen den Bruch zwischen dem Ich und seiner leibhaften Existenz erfahren.

> „Während wir unser eigenes Dasein und alles Leben als Äußerung von Selbstbewegung, Selbsterhaltung und Selbstverwirklichung erfahren, lehrt uns der Schmerz, wie unfrei, vergänglich, ohnmächtig wir sind, wie das Leben in sich die Möglichkeit birgt, zum Feinde seiner selbst zu werden."[40]

Schmerzen jeglichen Sinn abzusprechen, wie Buytendijk es macht, ist meiner Meinung nach falsch. Descartes hat bereits ausführlich dargelegt, dass akute Schmerzen durchaus sinnvoll sind, wenn sie eine Warn- oder Belehrungsfunktion einnehmen.[41] Wesentlich schwieriger ist allerdings die Beantwortung der Frage, ob auch chronische Schmerzen sinnvoll sein können. Dies wäre eigentlich nur dann der Fall, wenn auch sie eine Warn- oder Belehrungsfunktion erfüllen könnten. Problematisch ist aber, dass sie in der Regel mit keiner therapierbaren physiologischen Schädigung einhergehen. Sie können dementsprechend nicht ohne weiteres als Warnsignal für eine akute Verletzung oder Erkrankung gedeutet werden. Belehren können chronische Schmerzen die schmerzempfindende Person auch nicht, jedenfalls nicht in dem Sinne, wie es akute Schmerzen tun; so lernt das Kind, dass es nicht mit dem Feuer in Berührung kommen darf, weil dies Schmerzen auslöst. Meine Vermutung ist nun, dass chronische Schmerzen gelegentlich dennoch einen Sinn haben. Nämlich dann, wenn sie mit negativen Gedanken, Gefühlen und Einstellungen in Verbindung stehen, die durch psychische Probleme oder auch durch schwierige Lebensumstände ausgelöst wurden und die durch eine Änderung der Denk- und Verhaltensweisen gelindert werden können, wie es oben ja bereits angedacht wurde. Gelingt es einer Person ihr psychisches und damit auch ihr physisches Wohlbefinden zu verbessern, indem sie ihre Lebensweise ändert, so sind Schmerzen durchaus sinnvoll. Sie verdeutlichen der schmerzempfindenden Person, dass sie so nicht weiterleben sollte, weil sie zu viel arbeitet, zu viele negative Gedanken hat, ständig unzufrieden ist oder ähnliches. Eine solche Annahme ist allerdings nicht unproblematisch, da sie schnell zu Missverständnissen führen kann. Natürlich sind die meisten chronischen Schmerzen nicht ausschließlich auf psychosoziale Faktoren rückführbar. Und selbst den Patienten, deren Schmerzen durch solche Faktoren verursacht sind, gelingt es häufig nicht die Schmerzen zu lindern, indem sie ihre Lebensweise verändern. Die These muss daher in abgeschwächter Form formuliert werden: Chronischen Schmerzen kann in seltenen Fällen ein Sinn zugesprochen werden. Häufig sind sie aber vollkommen sinnentleert und damit nutzlos.

---

[40] BUYTENDIJK 1948, 26.

[41] Vgl. DESCARTES *Über den Menschen.*

V. Die Begutachtung von Schmerzen

1. Problemaufriss

Im Kapitel III.4. über das Verhältnis von Schmerz und Sprache beziehungsweise von Schmerzempfindung und Schmerzausdruck konnte gezeigt werden, dass Schmerzen sehr private Phänomene sind, die grundsätzlich subjektiv erlebt werden. Dargelegt wurde in diesem Zusammenhang, dass zwischen dem Wissen über die eigenen mentalen Zustände und dem Wissen über die mentalen Zustände anderer Personen eine *epistemische Asymmetrie* besteht, die nicht überwunden werden kann. Eine solche epistemische Asymmetrie besteht auch mit Blick auf Schmerzempfindungen: Von meinen eigenen Schmerzempfindungen habe ich ein anderes Wissen als von den Schmerzempfindungen anderer Wesen, dazu zählen Personen, aber auch alle anderen Lebewesen. Das Wissen über meine eigenen Schmerzempfindungen zeichnet sich durch drei Merkmale aus: Es ist erstens *unkorrigierbar*, zweitens *transparent* und drittens *kriterienlos*.[1] Das Wissen über die Schmerzempfindungen anderer Lebewesen hingegen ist unsicher. Nun gibt es aber Situationen, in denen es sehr wichtig ist, etwas über die Schmerzempfindungen anderer Personen zu erfahren, beispielsweise dann, wenn diese finanzielle Leistungen in Anspruch nehmen wollen. Menschen, die über einen längeren Zeitraum immer wieder starke Schmerzen empfinden, also an chronischen Schmerzen leiden, erfahren häufig starke Einschränkungen derart, dass sie ihr Alltags- und vor allem auch ihr Berufsleben nicht mehr wie gewohnt und gewollt gestalten können.[2] Nicht selten kommt es vor, dass Personen, die an chronischen Schmerzen leiden wegen ihrer anhaltenden Schmerzen *erwerbsunfähig* sind und dementsprechend umfassende finanzielle Unterstützung, nicht nur in Form von medizinischer und psychologischer Versorgung, sondern als Existenzsicherung, benötigen.[3] In Deutschland leiden etwa

---

[1] Vgl. hierzu Kapitel III.4.

[2] Vgl. LINDNER 1995.

[3] Es gibt vor allem drei Ansprüche, die ein an Schmerzen leidender Arbeitnehmer unter bestimmten Voraussetzungen geltend machen kann: Die *Entgeltfortzahlung*, das *Krankengeld* und die *Rente*. Anspruch auf Entgeltfortzahlung durch den Arbeitgeber hat ein Arbeitnehmer der arbeitsunfähig ist, das heißt seiner Arbeit aufgrund von Krankheit vorübergehend nicht nachgehen kann. Diese Fortzahlung von Lohn oder Gehalt entspricht in der Regel dem vollen Gehalt und wird normalerweise für sechs Wochen gezahlt. Nach diesen sechs Wochen erhält der Arbeitnehmer, bei Fortbestehen der Arbeitsunfähigkeit, von der Krankenkasse ein Krankengeld in Höhe von 80% des bisherigen Arbeitsentgelts. Wegen derselben Krankheit wird dieses für höchstens 78 Wochen in einem Zeitraum von drei Jahren gezahlt. Wenn der krankheitsbedingte Verlust oder die Verminderung der Erwerbsfähigkeit nicht nur vorübergehend und so gravierend ist, dass ein Arbeitnehmer nicht mehr oder nur noch sechs Stunden arbeiten

20 Millionen Menschen an chronischen Schmerzen. Die volkswirtschaftlichen Kosten von Behandlung, Arbeitsausfall sowie Frühberentung betragen ca. 38 Milliarden Euro jährlich.[4] Von staatlicher Seite und erst recht von privaten Unternehmen – vor allem privaten Versicherungsunternehmen – werden Leistungen nur an diejenigen vergeben, die glaubhaft darlegen können, dass sie Schmerzen empfinden. Da finanzielle Leistungen knapp sind, ist eine gerechte Verteilung von Ressourcen dringend geboten: Diejenigen, die durch ihre Schmerzen am stärksten beeinträchtigt sind, sollten die größte Hilfeleistung erfahren. Zur Frage steht allerdings, ob eine Begutachtung von Schmerzen möglich ist. Bei der Beantwortung dieser Frage müssen zwei Gruppen von Antragstellern, beispielsweise für eine Frühberentung wegen anhaltender Schmerzen, unterschieden werden:

– Erstens: Personen, deren Schmerzempfindungen eindeutig auf eine körperliche Schädigung zurückgeführt werden können, beispielsweise anhaltende Schmerzen nach einer Krebserkrankung, ein arthritisches Gelenk oder ein Bandscheibenvorfall.
– Zweitens: Personen, die dauerhaft über Schmerzen klagen, für die aber trotz umfangreicher medizinischer Untersuchungen keine Ursache ausgemacht werden kann.

Betrachten wir zunächst die Begutachtungspraxis innerhalb der ersten Gruppe. Können Schmerzen eindeutig mit einer körperlichen Schädigung in Verbindung gebracht werden, so wird in der Regel nicht unterstellt, dass die zu begutachtende Person ihre Schmerzen nur vortäuscht. Auch hier kann sich der Begutachtungsprozess in die Länge ziehen, beispielsweise dann, wenn unklar ist, wie stark die betroffene Person durch ihre Schmerzen nun wirklich beeinträchtigt ist. In der Regel müssen diese Personen aber nicht *beweisen*, dass sie sich wahrheitsgemäß über ihre Schmerzen äußern. In solchen Fällen dient die körperliche Schädigung meist als ausreichendes Indiz dafür, dass jemand Schmerzen empfindet und Hilfeleistungen benötigt.

Gleiches gilt normalerweise für Personen, die an Schmerzen leiden, die durch eine Verletzung oder eine Erkrankung ausgelöst wurden und seitdem chronisch auftreten. Beispielsweise chronische Schmerzen nach einer Knieoperation, bei der Nervenendigungen geschädigt wurden, chronische Schmerzen nach einem Bandscheibenvorfall oder eben auch Phantomschmerzen nach einer Amputation. Wenngleich die betroffene Körperregion aktual keine Schädigung mehr aufweist, so wird der Person doch nicht widersprochen, wenn sie behauptet, immer noch Schmerzen zu empfinden. Dies könnte vor allem damit zusammenhängen, dass das Wissen

---

kann, dann kann ihm dauerhaft oder auf Zeit eine Rente wegen voller oder teilweiser Erwerbsminderung gezahlt werden. Die Höhe der Rente hängt von verschiedenen Faktoren ab (zum Beispiel Ausmaß der Erwerbsminderung, Höhe des bisher versicherten Einkommens, Versicherungszeiten).

[4] Vgl. ZIMMERMANN 2004b.

über die Chronifizierung von Schmerzen mittlerweile, nicht nur unter Fachleuten, sondern auch unter Laien, sehr verbreitet ist. Viele Menschen haben Mal irgendwo gehört oder gelesen, dass sich Schmerzen in Form eines Schmerzgedächtnisses manifestieren können. Wissenschaftssendungen im Radio und Fernsehen, ebenso wie die Wissensrubriken renommierter Zeitschriften, informieren die interessierte Öffentlichkeit ausführlich über das so genannte Schmerzgedächtnis. Die Begutachtung von Personen, die an chronischen Schmerzen leiden, die eindeutig mit einem Schmerzgedächtnis in Verbindung gebracht werden können, fällt vermutlich zu Gunsten der Antragsteller aus.

Wenden wir uns nun der Begutachtungspraxis innerhalb der zweiten Gruppe und damit den Personen zu, die dauerhaft an Schmerzen leiden, für die aber, trotz umfangreicher medizinischer Untersuchungen, keine Ursache ausgemacht werden kann. Die Begutachtung solcher Personen, die häufig an einer *somatoformen Störung* leiden, ist mitunter problematisch. Wenn weder eine aktuale Schädigung, noch ein Schmerzgedächtnis oder eine Ursache für neuropathische Schmerzen identifiziert werden kann, dann ist es für die schmerzempfindende Person mitunter sehr schwierig darzulegen, dass sie sich wahrheitsgemäß äußert. Finanzielle Unterstützung wird sie aber nur dann erhalten, wenn ihr eben dies gelingt. Um die Begutachtungsproblematik begreifen zu können, ist es sinnvoll zunächst einmal einen genaueren Blick auf solche somatoformen Störungen zu werfen, bevor dann mögliche Lösungsansätze diskutiert werden können.

Somatoforme Störungen

Die klinische Medizin kam Ende des 18. Jahrhunderts, so formuliert es Nicolas Langlitz, mit einem Geburtsfehler zur Welt: dem Schmerz ohne Läsion.[5] Mit der Suche nach den pathologischen Korrelaten der Symptome seien zugleich auch die Grenzen der anatomisch-klinischen Methode zutage getreten. Im Falle mancher Schmerzen fanden sich, so erklärt er es, keine Verletzungen und kein Organ, das seinen Dienst nicht mehr tat. Man stand vor einem Symptom ohne Ursache, einem scheinbar sinnlosen Krankheitszeichen, das auf nichts verwies.

Obwohl auf dem Gebiet der Schmerzentstehung und -verarbeitung, vor allem im letzten Jahrhundert, enorme Fortschritte verzeichnet wurden, besteht das von Langlitz skizzierte Problem heute mehr denn je: Es gibt eine Vielzahl von Menschen, die an starken Schmerzen leiden für die keine Ursache ausgemacht werden kann und die dementsprechend, trotz des gegenwärtig breiten Spektrums an möglichen Therapien, nicht adäquat behandelt werden können. Medizin und Psychologie haben, auf diesen Umstand reagiert, indem sie eine eigenständige psychische Störung benannt haben die eben solche Fälle aufgreift – die *somatoforme*

---

[5] Siehe LANGLITZ 2007, 209 ff.

Störung.[6] Diese in ICD-10 und DSM-IV klassifizierte Störung bezieht sich auf Beschwerdebilder, deren gemeinsames Merkmal „die wiederholte Darbietung körperlicher Symptome ist, die in Verbindung mit hartnäckigen Forderungen nach medizinischen Untersuchungen auftritt trotz wiederholter negativer Ergebnisse und Versicherung der Ärzte, dass die Symptome nicht körperlich begründbar sind"[7].

Besonders problematisch ist nun, dass es neben Menschen, die an einer somatoformen Störung leiden und dementsprechend Schmerzen erleben, durchaus auch Menschen gibt, die, aus welchen Motiven auch immer, Schmerzempfindungen vortäuschen oder die tatsächlich erlebten Schmerzen stark übertrieben darstellen, um Leistungen geltend machen zu können. Zur Frage steht nun, wie zwischen solchen Fällen von *Simulation und Aggravation* auf der einen Seite und *somatoformen Störungen* auf der anderen Seite unterschieden werden kann. Als problematisch hat sich herausgestellt, dass häufig nicht die Versicherten, die durch andauernde Schmerzen am stärksten beeinträchtigt sind, die größte Entlastung durch Frühberentung und andere finanzielle Hilfsmittel erfahren, sondern diejenigen, die mit ihrem Arbeits- und Erwerbsleben am unzufriedensten sind.[8] Da immer mehr Menschen über anhaltende Schmerzen klagen und dementsprechend die Zahl der Anträge auf Frühberentung und die Genehmigung anderer staatlicher Leistungen in den letzten Jahren rapide zugenommen hat,[9] hofft man früher oder später eine Technik entwickeln zu können, mittels welcher Schmerzzustände sozusagen *messbar* sind. Der aktuelle Forschungsstand auf diesem Gebiet wird im Folgenden skizziert.

2. Lösungsansätze

Gutachten über die Beeinträchtigung einer Person wegen anhaltender Schmerzen werden besonders häufig von Versicherungen angefordert. Dabei kann es sich um Krankenversicherungen, Rentenversicherungen oder auch Pflegeversicherungen handeln. Für Krankenversicherungen beispielsweise ist es bedeutsam etwas darüber zu erfahren, ob die Erkrankung eine hinreichende Erklärung für die Arbeitsunfähigkeit der Person darstellt. Rentenversicherungen wollen mit Hilfe von Gutachten feststellen, ob der Versicherte trotz der Schmerzen noch in der Lage ist bis zu x% der normalen Arbeitszeit in seinem Beruf oder aber in einem anderen Beruf tätig zu

[6] Die hier zusammengetragenen Informationen über somatoforme Störungen orientieren sich an den Ausführungen in MORSCHITZKY 2007; DOHRENBUSCH 2007; DOHRENBUSCH / PIELSTICKER 2011.

[7] WHO 1993.

[8] Vgl. DOHRENBUSCH 2007; DOHRENBUSCH / PIELSTICKER 2011.

[9] Laut VDR-Statistik (Verband Deutscher Rentenversicherer) wurden in der BRD im Jahr 2002 aufgrund voller Erwerbsminderung ca. 320.000 und wegen teilweiser Erwerbsminderung ca. 50.000 Rentenanträge gestellt. Zum Vergleich: Im gleichen Zeitraum erhielten ca. 330.000 Personen erstmalig die Regelaltersrente.

sein. Generell sollen Gutachten offenlegen, ob der Versicherte die beklagten Beeinträchtigungen mit zumutbarer Anstrengung überwinden könnte.[10] Als Gutachter fungieren in der Regel Ärzte, Juristen oder auch Psychologen. Unter einem Gutachten wird eine wissenschaftliche Leistung verstanden, „die darin besteht, aufgrund wissenschaftlich anerkannter Methoden und Kriterien nach feststehenden Regeln der Gewinnung und Interpretation von Daten zu konkreten Fragestellungen fundierte Feststellungen zu treffen."[11]

Eine besondere Schwierigkeit besteht, wie bereits skizziert wurde, darin zwischen einer somatoformen Störung auf der einen und der Simulation oder Aggravation auf der anderen Seite zu unterscheiden. Eine Simulation liegt laut DSM-IV vor, wenn der Person das verzerrende Verhalten bewusst ist und wenn dieses ganz überwiegend oder vollständig durch äußere Verstärkerbedingungen erklärt werden kann.[12] Diese Verstärkerbedingungen können sein: Vermeidung des Militärdienstes, Vermeidung von Arbeit, Erhalt finanzieller Entschädigung, Beschaffung von Drogen, Möglichkeit gerichtlicher Verfolgung zu entgehen. Aggravations- und Simulationstendenzen können laut DSM-IV zudem dann in Betracht gezogen werden,

- wenn eine deutliche Diskrepanz zwischen den berichteten Belastungen oder Behinderungen und objektiven Befunden besteht,
- wenn der Proband einen Mangel an Kooperation bei den diagnostischen Untersuchungen und den medizinischen Handlungsmaßnahmen zeigt und
- wenn er die Kriterien für eine Antisoziale Persönlichkeitsstörung erfüllt.[13]

Ralf Dohrenbusch weist darauf hin, dass diese Kriterien allerdings wenig hilfreich sind, wenn es darum geht eine Simulation oder Aggravation von einer somatoformen Störung zu unterscheiden.[14] Gerade Personen mit somatoformen Störungen haben die Erfahrung gemacht, dass medizinische Untersuchungen zu keiner erfolgreichen Behandlung führen. Es ist also nicht verwunderlich, dass sie irgendwann die Hoffnung aufgeben und nicht mehr mit Medizinern kooperieren wollen. Dies könne kaum als Anzeichen für eine Simulation gewertet werden. Auch das Auseinanderfallen von objektiven Befunden und körperlichen Beschwerden ist, so erklärt es Dohrenbusch, typisch für somatoforme Störungen und begründet keinesfalls *per se* einen Simulationsverdacht.

Zur Frage steht nun, ob eine Begutachtung von Schmerzen und damit einhergehend die Differenzierung zwischen Simulation und somatoformer Störung überhaupt möglich ist. Zwei Begutachtungsmöglichkeiten werden im Folgenden disku-

---

[10] Vgl. DOHRENBUSCH 2007.
[11] DOHRENBUSCH 2011, 338.
[12] Siehe DSM-IV.
[13] Vgl. DSM-IV.
[14] Siehe DOHRENBUSCH 2007.

tiert: erstens die Begutachtung auf Grundlage von Schmerzverhalten und zweitens die Begutachtung mit Hilfe neurowissenschaftlicher Untersuchungsmethoden.

Die Begutachtung auf Grundlage von Schmerzverhalten

Wie im Kapitel über das Verhältnis von Schmerz und Sprache[15] deutlich geworden ist, gehen Schmerzempfindungen in der Regel mit einem bestimmten Verhalten einher. Menschen, die Schmerzen empfinden, können sich häufig nicht normal bewegen, nicht normal essen, nicht normal schlafen und schon gar nicht normal arbeiten. Es scheint intuitiv plausibel zu sein, dass nur die Personen, die keine Inkonsistenzen in ihrem Schmerzverhalten aufweisen auch wirklich Schmerzen empfinden. Psychologen, Juristen und Mediziner haben Fragebögen, Kriterienkataloge und andere diagnostische Hilfsmittel entwickelt, mit denen eben solche Inkonsistenzen aufgedeckt werden sollen. Verschiedene Lebensbereiche, aber auch Merkmale der zu begutachtenden Person, werden dazu analysiert. Auf der Grundlage bereits bestehender Kriterienkataloge haben Dohrenbusch und seine Kollegen beispielsweise eine Heuristik vorgeschlagen, die es Sachverständigen erleichtern soll, Verfälschungstendenzen auf möglichst breiter empirischer Basis zu beschreiben und zu begründen.[16] Die Heuristik soll helfen einen möglichen Aggravationsverdacht nicht auf zufällige Ereignisse oder Beobachtungen zu stützen, sondern auf ein möglichst sensitives und spezifisches Arsenal von Methoden, Beobachtungen und Vergleichen. Sie benennen folgende Merkmale, die zur Identifikation von Simulations- oder Aggravationstendenzen geeignet seien:[17]

- interindividuell auffällige Antworttendenzen bei Beschwerden,
- inkonsistente (intraindividuell widersprüchliche) Angaben,
- Antworttendenzen in neuropsychologischen Testverfahren,
- Antworttendenzen in der Persönlichkeitsbeschreibung,
- Persönlichkeitsauffälligkeiten,
- Nachweis relevanter äußerer Verstärkerbedingungen,
- Leugnungs- oder Dissimulationstendenzen.

Zur Frage steht nun, ob solche Heuristiken und Fragebögen geeignet sind, um Inkonsistenzen im Schmerzverhalten einer Person aufzudecken. Zwar scheinen solche Instrumente auf einen ersten Blick vielversprechend, letztlich sind sie aber doch einer Reihe von Problemen gegenübergestellt. Eine Schwierigkeit besteht darin, festzulegen, was nun als konsistentes und was als inkonsistentes Schmerzverhalten gelten sollte. Inkonsistenzen können nur ausgemacht werden, wenn klar ist, was ein

15 Vgl. Kapitel III.4.

16 Siehe DOHRENBUSCH et al. 2007, 235.

17 Vgl. DOHRENBUSCH et al. 2007, 235.

konsistentes Verhalten in Bezug auf Schmerz ist. Normalerweise wird, wie eingangs bereits skizziert, davon ausgegangen, dass jemand der Schmerzen empfindet beispielsweise das Gesicht verzieht, sich kaum bewegen kann, schreit, wimmert, aggressiv wird und eine Schonhaltung des betroffenen Körperteiles einnimmt. Jemand der an chronischen Schmerzen leidet wird sicherlich immer wieder ein solches Verhalten zeigen. Allerdings kann es natürlich auch sein, dass eine betroffene Person in einer Begutachtungssituation schmerzfrei ist und sich auch dementsprechend verhält. Um erwerbsunfähig zu sein, muss ein chronischer Schmerzpatient nicht durchgehend Schmerzen empfinden. Es kann durchaus sein, dass ein chronischer Schmerzpatient an einem Tag zu einem Begutachtungstermin erscheint und völlig schmerzfrei ist, dass er aber am nächsten Tag so starke Schmerzen empfindet, dass er kaum fähig ist aufzustehen.

Ein weiteres, meiner Meinung nach noch schwerwiegenderes Problem, welches die Begutachtung von Schmerzen auf Grundlage von Schmerzverhalten verkompliziert, ist die Tatsache, dass ein typisches Schmerzverhalten natürlich auch vorgetäuscht werden kann. Genau das ist es ja, was Menschen, die simulieren oder übertreiben tun, sie täuschen, sie schauspielern. Und somit führt uns die angedachte Lösung des Problems wieder zurück zu dem Problem selbst. Dass sich jemand so verhält als würde er Schmerzen empfinden, muss nicht bedeuten dass er wirklich Schmerzen empfindet. Die Begutachtung auf Grundlage von Schmerzverhalten könnte dazu führen, dass nicht wirklich das Schmerzempfinden, sondern vielmehr die schauspielerische Leistung bewertet wird.

Die Begutachtung auf Grundlage von Schmerzverhalten scheint auf einen ersten Blick vielversprechend, ist jedoch Problemen gegenübergestellt. Zu der Reichweite dieser Probleme wird weiter unten in einer abschließenden Bemerkung noch Stellung bezogen.

Die Begutachtung mit Hilfe neurowissenschaftlicher Untersuchungsmethoden

Festgestellt werden könnte, ob jemand Schmerzen empfindet oder dies nur vortäuscht, möglicherweise mit Hilfe der funktionellen Bildgebung. Mehr als deutlich geworden ist im Laufe der Untersuchung, dass Schmerzempfindungen mit spezifischen neuralen Mustern korrelieren. So betrachtet könnte die funktionelle Bildgebung eventuell ein Begutachtungsinstrument darstellen. In Kapitel III.2.2 (Neurale Korrelate von Schmerzempfindungen) wurde in die der fMRT und der PET zugrunde liegenden Mechanismen eingeführt und es wurden aktuelle neurowissenschaftliche Studien zum Schmerz vorgestellt. Es konnte gezeigt werden, dass das Gehirn bei der Schmerzentstehung und -verarbeitung eine essentielle Rolle spielt. Dank des neurowissenschaftlichen Fortschritts werden beispielsweise die neuralen Mechanismen, die der Chronifizierung von Schmerzen, dem Placeboeffekt und dem Phantomschmerz zugrunde liegen zunehmend besser verstanden. Aussagen über die Schmerzempfindungen einer Person ausschließlich auf Grundlage neuraler Messungen können jedoch nicht zuverlässig getroffen werden. Studien mit der fMRT und der PET haben zwar gezeigt, dass Schmerzempfindungen immer mit neuralen Mustern korrelieren. Es ist aber weitgehend unklar, welche Muster dies im Detail sind. Das Wissen über die so genannte Schmerzmatrix ist, wie an unterschiedlichen Stellen dieser Arbeit deutlich wurde, sehr grob und lückenhaft. Es ist jedenfalls nicht möglich, mit Hilfe neurowissenschaftlicher Untersuchungsmethoden festzustellen, ob eine Person Schmerzen empfindet oder diese nur vortäuscht beziehungsweise ob sie an einer somatoformen Störung leidet, nur simuliert oder empfundene Schmerzen übertrieben darstellt.

Interessant ist in diesem Zusammenhang die von mehreren Fachgesellschaften, der *Deutschen Gesellschaft für Neurologie* (DGN), der *Deutschen Gesellschaft für Psychosomatische Medizin und Psychotherapie* (DGPM), der *Deutschen Gesellschaft zum Studium des Schmerzes* (DGSS) und weiteren, entwickelte *Leitlinie für die Begutachtung von Schmerzen.*[18] Die Leitlinie soll, so heißt es, den Ablauf und Inhalt der Begutachtung von Patienten, die als Leitsymptom Schmerzen beklagen, vereinheitlichen und der Komplexität von Schmerz, Schmerzerleben und Schmerzbeeinträchtigung durch interdisziplinäres Zusammenwirken gerecht werden. In dieser Leitlinie wird explizit auf die Begutachtung von Schmerzen mit Hilfe bildgebender Verfahren eingegangen: Bildgebende oder neurophysiologische Verfahren seien bislang nicht geeignet das Ausmaß von Schmerzen darzustellen, wenngleich sie für den Nachweis von Gewebeschädigungen unverzichtbar seien. Auch zu der Anwendung von Selbsteinschätzungsskalen und Fragebögen zu bestehenden Funktionsbeeinträchtigungen bei der Begutachtung von Schmerzen, welche häufig Anwendung finden und im Sozialgerichtsverfahren auch ausdrücklich gefordert werden, wird in der Leitlinie Stellung bezogen. Es wird darauf hingewiesen, dass diese für die Begutachtungssituation nicht valide seien. Dies gelte insbesondere auch beim Einsatz von in Deutschland entwickelten Selbsteinschätzungsskalen bei fremdsprachigen Probanden und Probanden aus einem anderen Kulturkreis. Die Skalen und Fragebögen könnten die Eigenschilderung der Beschwerden lediglich ergänzen und dienten der Standardisierung von Befunden.

Auf die Frage, ob Schmerzempfindungen begutachtet werden können, gibt es drei mögliche Antworten:

A. Schmerzempfindungen sind privat, das heißt nur subjektiv zugänglich und können prinzipiell nicht begutachtet werden.

B. Auf Grundlage von Schmerzverhalten und Schmerzausdruck können Schmerzen begutachtet werden, indem das Verhalten einer Person sorgfältig beobachtet wird, intensive Gespräche mit ihr geführt und Fragebögen und Heuristiken als Hilfsmittel genutzt werden.

C. Schmerzempfindungen können zwar nicht anhand des Schmerzverhaltens bewertet werden, denn dieses kann auch vorgetäuscht/unterdrückt werden. Im

[18] Leitlinie für die Begutachtung von Schmerzen. URL http://www.awmf.org/uploads/tx_szleitlinien/030-102_S2k_Begutachtung_von_Schmerzen_03-2007_12-2010.pdf [11. Januar 2011].

Zuge des neurowissenschaftlichen Fortschritts wird es aber möglich sein, Empfindungen im Gehirn eindeutig zu lokalisieren und dementsprechend beobachten zu können.

Antwort B. ist meiner Meinung nach richtig. Gegen Antwort A spricht, dass Schmerzen in der Regel mit einem spezifischen Verhalten einhergehen, welches öffentlich beobachtbar ist. Schmerzempfindungen werden zwar grundsätzlich sehr subjektiv erlebt und nur die Person, die Schmerzen empfindet, kann wissen, wie sich diese anfühlen.[19] Wird das Verhalten einer Person aber über einen längeren Zeitraum sorgfältig beobachtet, dann kann durchaus festgestellt werden, ob sie Schmerzen nur vortäuscht oder diese wirklich erlebt. Ob Antwort C. jemals richtig sein wird, bleibt abzuwarten. Zum jetzigen Zeitpunkt ist es generell nur schwer vorstellbar, dass mit Hilfe neurowissenschaftlicher Methoden irgendwann eindeutige Aussagen über die Empfindungen, Gefühle, Gedanken und Wahrnehmungen einer Person getroffen werden können. Der aktuelle Forschungsstand zum Schmerz zeigt: Zwar kennen wir mittlerweile einige neurale Korrelate des Schmerzes, wir sind aber noch meilenweit davon entfernt mittels Daten über neurale Aktivität feststellen zu können, ob jemand Schmerzen empfindet, geschweige denn, wie sich diese anfühlen.

Gehen wir nun, nachdem wir gesehen haben, dass die Schmerzbegutachtung eine echte Herausforderung darstellt, noch der Frage nach, welche öffentlichen Meinungen über Schmerzen bestehen, für die keine Schädigung ausgemacht werden kann. Bereits angedeutet wurde ja, dass Schmerzen, die nicht mit einer Schädigung oder einem Schmerzgedächtnis in Verbindung gebracht werden können, häufig weniger Mitleid erregen und weniger ernst genommen werden als solche, die eben diese Kriterien erfüllen. Die solchen Gedankenmustern zugrunde liegenden Annahmen werden nun noch, in einem kurzen Exkurs, beleuchtet.

Schmerz wird als eine körperliche Empfindung wahrgenommen und infolgedessen meist nur dann ernst genommen, wenn er mit einer organischen oder physiologischen Schädigung oder Anomalie in Verbindung gebracht werden kann. So genannte „psychisch“ verursachte Schmerzempfindungen, die sich somatisch auswirken und deswegen als „psychosomatisch“ bezeichnet werden, werden hingegen als nicht körperlich verursacht eingestuft und intuitiv häufig für weniger bedeutsam gehalten. An Personen, die an Schmerzen leiden, weil sie zu viel Stress, zu viel Angst, zu viel negative Gefühle haben, werden ganz andere Erwartungen gerichtet als an diejenigen, bei denen eine Schädigung diagnostiziert werden konnte. Ein Schmerz der nur psychische Ursachen hat kann, so eine häufig nicht ausgesprochene aber doch verbreitete Meinung, durch Anstrengung viel eher überwunden werden als ein *echter* Schmerz. So wird eine Person, die über unerträgliche Schmerzen im Bauch klagt bemitleidet und bedauert, wenn beispielsweise eine Darmentzündung, die bekanntermaßen sehr schmerzhaft sein kann, diagnostiziert wird. Eine

---

[19] Vgl. hierzu ausführlich Kapitel III.4.

andere Person, die ebenfalls über unerträgliche Schmerzen im Bauch klagt, für die aber trotz umfangreicher medizinischer Untersuchungen keine Ursache ausgemacht werden kann, wird weit weniger Mitleid erregen, so jedenfalls zeigt es die Erfahrung. Wenn aber, und genau dies versuche ich zu zeigen, mentale Zustände, die beispielsweise mit Angst, Stress oder Verzweiflung einhergehen, dazu führen, dass jemand Schmerzen empfindet, dann dürfen diese Schmerzen nicht anders bewertet werden als solche, die problemlos mit einer Schädigung in Verbindung gebracht werden können. Jemand der behauptet Schmerzen zu empfinden, hat diese auch – vorausgesetzt er äußert sich wahrheitsgemäß. Schmerzempfindungen können vorliegen, ganz unabhängig davon, ob sie mit einer Schädigung einhergehen oder nicht.

***

Abschließen möchte ich das Kapitel über die „Begutachtung von Schmerzen" an dieser Stelle mit einem stichwortartigen Fazit:

- Schmerzen werden grundsätzlich subjektiv erlebt, weshalb eine *epistemische Asymmetrie* zwischen dem Wissen über die eigenen Schmerzempfindungen und dem Wissen über die Schmerzempfindungen anderer Personen besteht.
- Schmerzen sind sehr private Empfindungen, gehen in der Regel aber mit einem öffentlich beobachtbaren Verhalten einher.
- Schmerzen nehmen eine wichtige Rolle in der Öffentlichkeit ein, sie stellen ein zentrales Moment bei der Verteilung von Gesundheitsleistungen und anderen lebensverbessernden Maßnahmen dar.
- Finanzielle Leistungen stehen nur begrenzt zur Verfügung, weshalb eine gerechte Verteilung der Ressourcen dringend geboten ist, wobei diejenigen, die durch ihren Schmerz am stärksten in ihrem Leben beeinträchtigt sind, auch die größte Hilfeleistung erfahren sollten.
- Zwei Begutachtungsmöglichkeiten wurden diskutiert: erstens die Begutachtung auf Grundlage von Schmerzverhalten und zweitens die Begutachtung mittels neurowissenschaftlicher Untersuchungsmethoden.
- Die alleinige Begutachtung von Schmerzempfindungen auf Grundlage von Schmerzverhalten ist nicht unproblematisch, allerdings vielversprechend, wenn das Verhalten der zu begutachtenden Person sehr sorgfältig und über einen längeren Zeitraum hinweg analysiert wird.
- Die Begutachtung auf Grundlage neurowissenschaftlicher Untersuchungsmethoden ist nicht möglich. Mit Blick auf die Komplexität des menschlichen Gehirns ist nicht zu erwarten, dass auf Grundlage neuraler Daten jemals festgestellt werden kann, ob eine Person Schmerzen empfindet oder diese nur vortäuscht.

- Schmerzen, für die trotz umfangreicher Untersuchungen keine Ursache ausgemacht werden kann, werden häufig als „psychosomatisch" bedingte Schmerzen beschrieben.
- Intuitiv werden psychosomatisch bedingte Schmerzen (von Ärzten, Versicherern, Mitmenschen) häufig anders bewertet als Schmerzen, die eindeutig mit einer physiologischen Schädigung einhergehen.
- Das Leid chronischer Schmerzpatienten könnte verringert werden, wenn mit Schmerzen ohne erkennbare beziehungsweise erkannte Ursache anders umgegangen würde.

VI. Ergebnis

Die Untersuchung ist nun abgeschlossen, die Ergebnisse können formuliert werden. Ursprünglich sollte, wie in der Einleitung skizziert, die Frage, ob Schmerzen gemessen oder begutachtet werden können, im Mittelpunkt dieser Arbeit stehen. Recherchen haben dann aber schnell gezeigt, dass nicht nur diese, sondern zahlreiche Fragen, die das Schmerzphänomen betreffen, unbeantwortet sind und dass dementsprechend in vielerlei Hinsicht unklar ist, was Schmerzen eigentlich sind. Infolgedessen wurde eine umfassende Phänomenbeschreibung unter Berücksichtigung aktueller neurowissenschaftlicher Erkenntnisse als Ziel dieser Untersuchung formuliert und die Begutachtung von Schmerzen wurde als ein zu analysierendes Teilproblem klassifiziert. Bevor die Ergebnisse der Arbeit endgültig zusammentragen werden, wird noch einmal beleuchtet, warum Schmerzen rätselhafte Phänomene sind beziehungsweise welche das Schmerzphänomen betreffenden Fragen im Rahmen dieser Arbeit analysiert und wie diese jeweils beantwortet wurden. Elf Fragen sind untersucht worden, mit dem Ziel eine Theorie darüber entwickeln zu können, was Schmerzen eigentlich sind.

Frage 1: Sind Schmerzen Empfindungen oder Gefühle?

Unklar ist erstens, ob Schmerzen der Klasse der Empfindungen oder der der Gefühle zugeordnet werden müssen. In Alltagssprachen wird auf unterschiedliche Schmerzarten verwiesen. Schmerzen werden einerseits als Empfindungen verstanden, die mit körperlichen Schädigungen auftreten. Andererseits werden die Termini „Schmerz" und „schmerzhaft" aber auch häufig verwendet, um eine bestimmte Klasse von Gefühlen zu benennen, nämlich solche, die mit Angst, Trauer, Verzweiflung und anderen negativen mentalen Zuständen einhergehen können. Gibt jemand an Schmerzen zu haben, so ist deswegen unklar, in welchem Zustand er sich befindet beziehungsweise ob er auf eine schmerzhafte körperliche Empfindung oder ein negatives Gefühl referiert.

Antwort: Schmerzen sind Zustände, die so empfunden werden als wären sie im Körper und sie sind dementsprechend eindeutig der Klasse der Empfindungen zugehörig. Negative Gefühle, die beispielsweise in Verbindung mit Trauer, Angst oder Enttäuschung auftreten und nicht im Körper empfunden werden, sind keine Schmerzen. Die Differenzierung in zwei Schmerzarten, einen physischen beziehungsweise körperlichen und einen psychischen beziehungsweise mentalen oder seelischen ist problematisch. Da es zum einen sehr viele Gefühle gibt, die als negativ erlebt werden und zum anderen kein Grad an Negativität festgelegt werden kann, den ein Zustand erfüllen muss, um in die Kategorie „Schmerz" beziehungsweise „schmerzhaft" zu fallen, müssen dieser Aufteilung entsprechend sehr viele mentale Zustände als Schmerzen verstanden werden. So viele, dass es letztlich sinnlos wäre von Schmerzen zu sprechen. Schmerzen wären dann schlichtweg alle negativen

Gefühle und eine Analyse über den Schmerz müsste dann nicht nur körperliche Empfindungen, sondern eben auch alle diese Gefühle untersuchen.

Wesentlich problematischer ist aber, dass dann völlige Unklarheit darüber bestehen würde, auf welchen Zustand jemand, der überzeugt ist Schmerzen zu haben, referiert. Als ein Ergebnis der Untersuchung kann folglich festgehalten werden, dass Schmerzen immer irgendwo im Körper empfunden werden, weshalb negative Gefühle keine Schmerzen sind, obwohl sie metaphorisch gewöhnlich als „Schmerzen" oder „schmerzhafte Zustände" beschrieben werden.

Frage 2: Gehen Schädigungen grundsätzlich mit Schmerzen und Schmerzen grundsätzlich mit Schädigungen einher?

Klärungsbedarf besteht zweitens hinsichtlich der folgenden Problematik: Es ist eine weit verbreitete Meinung, dass (körperliche) Schmerzen immer mit Schädigungen einhergehen. Unklar ist aber, was Schädigungen eigentlich sind und wie Fälle einzuordnen sind, in denen eine Person überzeugt ist, Schmerzen zu haben, für die aber keine korrelierende Schädigung ausgemacht werden kann. In diesem Zusammenhang ist außerdem erklärungsbedürftig, warum Schädigungen nicht grundsätzlich mit Schmerzen einhergehen. Weshalb erlebt eine Person eine tiefe Schnittwunde in einer Situation als höchst schmerzhaft, während sie eine Schnittwunde der gleichen Art in einer anderen Situation gar nicht realisiert?

Antwort: Schädigungen gehen nicht grundsätzlich mit Schmerzen einher und Schmerzen stehen umgekehrt auch nicht immer mit Schädigungen in Verbindung. Nicht nur bei Personen, die an der kongenitalen Analgesie leiden, sondern auch bei denjenigen, deren nozizeptives System intakt ist, können mitunter schwere physiologische Schädigungen, wie Gewebeschädigungen oder Knochenbrüche, auftreten, die nicht als schmerzhaft empfunden werden. Beispielsweise dann, wenn Hormone oder andere körpereigene Opioide in Folge eines spezifischen Gefühlszustandes vermehrt ausgeschüttet werden. Die in dieser Arbeit diskutierte fMRT-Studie über den Placeboeffekt hat gezeigt, dass potenziell schmerzhafte Reize zudem nicht erst im Gehirn, sondern bereits im Rückenmark blockiert werden können.

Umgekehrt ist das Ausbleiben einer Schädigung kein Indiz dafür, dass kein Schmerz empfunden wird. Gezeigt wurde, dass Schmerzen grundsätzlich mit spezifischen physiologischen Prozessen korrelieren. Die Verwendung des Begriffes „Schaden" beziehungsweise „Schädigung" ist nicht unbedingt geeignet, um das hier angesprochene korrelative Verhältnis zu beschreiben. Schmerzen können mit Gewebeschädigungen, Knochenbrüchen, Knorpelschäden und anderen Verletzungen, die eine Reizung der Nozizeptoren bewirken, einhergehen. Sie können aber auch ausschließlich mit spezifischen neuralen Aktivitätsmustern korrelieren – dies belegt der aktuelle Wissensstand über das so genannte Schmerzgedächtnis, über neuropathische Schmerzen und den Phantomschmerz.

Dass es viele Menschen gibt, die ständig über Schmerzen klagen, für die aber, trotz umfangreicher medizinischer Untersuchungen, kein solcher spezifischer physiologischer beziehungsweise neuraler Zustand ausgemacht werden kann, ist so gesehen nicht verwunderlich: Wir kennen nur sehr wenige der mit Schmerzen korrelierenden physiologischen Prozesse und vor allem die neuralen Mechanismen sind in vielerlei Hinsicht unverstanden. Oft wird in diesem Zusammenhang auch von „Schmerzen ohne Ursache" berichtet. Diese Redeweise hat sich als in zweierlei Hinsicht problematisch herausgestellt: Zum einen können auch äußere Faktoren, beispielsweise Stress oder andere negativ erlebte mentale Zustände, ursächlich für Schmerzempfindungen sein. Zum anderen sind die Schmerzursachen mit den uns zum jetzigen Zeitpunkt zur Verfügung stehenden Mitteln nicht unbedingt erkennbar. Dementsprechend sollten wir uns zurückhalten und doch eher von „Schmerzen ohne erkennbare Ursache" oder „Schmerzen ohne erkannte Ursache" sprechen.

Frage 3: Können Schmerzen angenehm sein oder sind sie vielmehr grundsätzlich unangenehm?

Als undurchsichtig und klärungsbedürftig wurde zudem der folgende Sachverhalt herausgestellt: Die meisten Menschen würden Schmerzen als unangenehm beschreiben. Rätselhaft ist dann aber, warum sich manche Personen selbst schmerzhafte Verletzungen zufügen und infolgedessen von angenehmen Erlebnissen berichten. Dies lässt die Frage aufkommen, ob Schmerzen vielleicht gar nicht grundsätzlich unangenehm sind. Trifft dies zu, dann ist wiederum unklar, was Schmerzen wesentlich auszeichnet und was sie von anderen Empfindungen unterscheidet. Sind Schmerzen hingegen grundsätzlich unangenehm, so schließt sich eine andere Problematik an: Wie können Schmerzen von anderen unangenehmen körperlichen Empfindungen, wie Kälte- oder Wärmeempfindungen, Hunger oder einem Juckreiz, abgegrenzt werden?

Antwort: Unangenehm zu sein, ist eines der wesentlichen Merkmale von Schmerzempfindungen. Ist eine Empfindung nicht unangenehm, so kann sie infolgedessen nicht als Schmerzempfindung klassifiziert werden. Dennoch gibt es viele Situationen, in denen Schmerzen in Kauf genommen werden, um ein Ziel erreichen zu können. So werden schmerzhafte Therapien in Kauf genommen, um gesund zu werden und ein Marathonläufer nimmt Schmerzen in Kauf, weil er weiß, dass er nach vollbrachter Leistung vollkommen glücklich und zufrieden sein wird. Auch Menschen, die sich bewusst schmerzhafte Verletzungen zufügen, erstreben nicht den Schmerz selbst, sondern nehmen ihn nur in Kauf, weil er für sie Teil eines positiven Gesamterlebnisses ist. Dies gilt gleichermaßen für diejenigen, die an einer Borderline-Persönlichkeitsstörung leiden und sich selbst verletzen. Die empfundenen Schmerzen sind unangenehm, fließen aber in positive Gesamterlebnisse ein. Personen, die sich selbst tiefe Schnitte, beispielsweise an Armen und Beinen, zufügen, sind in der Regel in sehr schlechter psychischer Verfassung. Die negativen Gedanken und Gefühle sind so stark, dass der unangenehme Schmerz, im Vergleich zu diesen, positiv erlebt wird. Hinzu kommt, dass Schmerzen, im Gegensatz zu den negativen Gedanken und Gefühlen, erstens lokalisiert werden können und zweitens irgendwann nachlassen, was Personen, die an einer BPS leiden und sich selbst verletzen, als positive Merkmale beschreiben. Es ist Teil des phänomenalen Gehaltes der Schmerzempfindung, unangenehm zu sein. Deswegen sind Schmerzen nie *Zweck an sich*, sondern werden wenn überhaupt nur als *Mittel zum Zweck* in Kauf genommen.

Zur Frage steht dann aber, wie Schmerzempfindungen von anderen unangenehmen Empfindungen abgegrenzt werden können. Da Schmerzen grundsätzlich so empfunden werden als wären sie im Körper, muss letztlich nur dargelegt werden, wie Schmerzempfindungen von anderen Empfindungen unterschieden werden können, die beide Kriterien erfüllen, also unangenehm sind und so empfunden werden als wären sie im Körper. Konkret geht es also um die Differenzierung zwischen Schmerzen und anderen *Interozeptionen*, wie beispielsweise Kälte- oder Wärmeempfindungen, Hunger und Juckreiz. Alle diese Empfindungen können, wenn sie an Intensität zunehmen, in Schmerzen übergehen: Jemand, der Stunden lang mit dem falschen Schuhwerk und nassen Socken bei Minustemperaturen durch den Schnee wandert, wird zunächst Kälte, nach einer gewissen Zeit aber vermutlich auch Schmerzen in den Füßen empfinden, bis er seine Füße irgendwann gar nicht mehr spüren wird. Jemand der schon seit mehreren Stunden oder Tagen nichts mehr gegessen hat, wird zunächst Hunger, irgendwann aber auch Schmerzen verspüren, nämlich dann, wenn sich sein Magen in Folge der Leere zusammenkrampft. Besonders nah beieinander liegen die Schmerzempfindung und der Juckreiz: Derjenige, dessen Mückenstiche am Bein ununterbrochen jucken, wünscht sich normalerweise, dass diese unangenehme Empfindung endlich nachlässt. Kratzt er an den Stichen, so wird der Juckreiz schwächer, dann aber entstehen kleine Wunden, die wiederum schmerzhaft sein können. Unklar ist aber, was nun genau den Juckreiz und was den Schmerz kennzeichnet. Der Schmerz brennt, pocht und hämmert und zieht in das Innere des Beines. Der Juckreiz aber wird nur an der Hautoberfläche empfunden. Andererseits lösen gerade die hier skizzierten *Kratzwunden* häufig auch nur Schmerzen an der Hautoberfläche aus.

Diese Überlegungen verdeutlichen, dass der starke Juckreiz, das Empfinden extremer Kälte oder Wärme und der Hunger, als Unterformen des Schmerzes verstanden werden müssen. Die Grenzen zwischen diesen und anderen Interozeptionen und Schmerzempfindungen sind dann fließend, wenn die Interozeptionen so intensiv sind, dass sie schon als unangenehm empfunden werden und der Wunsch besteht, dass sie aufhören. Es kann kein Punkt benannt werden, ab dem diese Interozeptionen im Einzelfall als Schmerzen klassifiziert werden sollten. Deutlich geworden ist in dieser Arbeit aber, dass sich Schmerzen im Vergleich zu allen anderen Interozeptionen dadurch auszeichnen, dass sie als besonders unangenehm empfunden werden. Je unangenehmer eine Interozeption empfunden wird, umso eher wird sie als schmerzhaft erlebt beziehungsweise umso eher ist sie eine Schmerzempfindung. Schmerzen gehen deswegen grundsätzlich mit dem Verlangen einher, der Zustand möge nachlassen. Dies gilt zwar teilweise auch für Temperaturempfindungen, den Hunger und den Juckreiz und zwar auch dann, wenn sie noch nicht als schmerzhaft erlebt werden. Beim Schmerz ist dieser Wunsch aber am stärksten ausgeprägt.

Frage 4: Inwieweit sind Schmerzempfindungen verbalisierbar?

Klärungsbedarf besteht ferner hinsichtlich der Einordnung des Schmerzphänomens als subjektiv und privat und damit hinsichtlich des Verhältnisses von Schmerz und Sprache. Schmerzen werden subjektiv erlebt. Unterschiedliche Meinungen bestehen aber darüber, ob sie deswegen auch grundsätzlich privat sind. Während die einen behaupten, Schmerzempfindungen seien verbalisierbar und auf diesem Wege öffentlich zugänglich, gehen andere davon aus, dass mit Blick auf Schmerzempfindungen nicht nur eine epistemische, sondern auch eine semantische Asymmetrie besteht und dass Schmerzen dementsprechend nicht sprachlich ausgedrückt werden können und folglich höchst private Phänomene sind.

Antwort: Schmerzen sind verbalisierbar und es besteht dementsprechend keine semantische Asymmetrie zwischen dem Wissen über die eigenen Schmerzempfindungen und dem Wissen über die Schmerzempfindungen anderer Personen. In dem Satz ‚Ich habe Schmerzen' hat der Begriff „Schmerzen" dieselbe Bedeutung wie in dem Satz ‚X hat Schmerzen'. Das Wort „Schmerz" hat, in diesem Punkt ist der Theorie Wittgensteins zu folgen, eine öffentliche Bedeutung und bezieht sich damit nicht auf einen privaten, inneren Zustand. Eine epistemische Asymmetrie, zwischen dem Wissen über die eigenen Schmerzempfindungen und dem Wissen über die Schmerzempfindungen anderer Personen, kann hingegen, ebenso wie das Problem des Fremdpsychischen, nicht ausgeräumt werden. Schmerzempfindungen werden grundsätzlich erstpersonell und damit subjektiv erlebt. Es fühlt sich auf eine bestimmte Art und Weise an Schmerzen zu empfinden. Dieser Gehalt ist sprachlich nicht kommunizierbar. Mit Ausnahme dieses subjektiven Erlebnisgehaltes kann der Inhalt von Schmerzempfindungen aber durchaus verbalisiert werden und ist deswegen nicht unbedingt privat.

Gezeigt hat die Analyse über das Verhältnis von Schmerz und Sprache ferner, dass das Reden über Schmerzempfindungen Auswirkungen auf den phänomenalen Erlebnisgehalt haben kann. Dies kann als ein weiterer Beleg für die enge Wechselwirkung zwischen physischen und psychischen Faktoren bei der Schmerzentstehung und verarbeitung gedeutet werden. Spricht jemand über seine Schmerzen, so löst er damit mentale Zustände aus, die wiederum das Schmerzerleben beeinflussen können.

Frage 5: Welche Art von Bewusstsein liegt vor, wenn jemand Schmerzen empfindet?

Es gibt unterschiedliche Auffassungen darüber, welche Arten von Bewusstsein aktual vorliegen müssen, damit ein Lebewesen Schmerzen empfinden kann. Diskutiert wird vor allem darüber, ob Schmerzen einer Person phänomenal bewusst sein können, ohne dass sie ihr zugriffsbewusst sind. Dann müsste es möglich sein, dass jemand Schmerzen empfindet, obwohl er seine Aufmerksamkeit nicht auf diese richtet. Gefühle und propositionale Einstellungen, wie Wünsche und Überzeugungen, kann eine Person haben, ohne dass sie ihr zugriffsbewusst sind. Schmerzen zeichnen sich grundsätzlich dadurch aus, dass sie als schmerzhaft erlebt werden. Unklar ist deswegen, ob auch sie derart unbewusst vorliegen können.

Antwort: Entgegen der Theorie Ned Blocks gehe ich davon aus, dass Schmerzen der Person, die sie empfindet, phänomenal und zugriffsbewusst sind. Schmerzen sind grundsätzlich schmerzhaft. Dass sie schmerzhaft sind, bedeutet zugleich, dass sie als unangenehm empfunden werden. Ein Zustand kann aber nur dann *als etwas* erlebt werden, wenn das erlebende Subjekt seine Aufmerksamkeit zumindest teilweise auf diesen Zustand richtet. Gefühle hingegen kann eine Person auch dann haben, wenn sie ihr nicht zugriffsbewusst sind. Zwar können auch Gefühle unangenehm sein, diese unterscheiden sich aber in anderen Punkten doch wesentlich von der Schmerzempfindung. Es kann beispielsweise sein, dass jemand Angst vor einem konkreten Ereignis hat, ohne sich dessen bewusst zu sein. Dies wird sich dann vermutlich darin äußern, dass er immer dann, wenn er an das Ereignis denkt, negative Gedanken hat und dass seine Grundstimmung insgesamt eher negativ ausfällt – so ist er vermutlich schneller reizbar, weniger geduldig und deutet alle Vorkommnisse negativ. Die Angst liegt hier also unbewusst vor und löst eine Anzahl von negativen Gedanken und Gefühlen aus. Ähnliches gilt für propositionale Einstellungen. Auch sie kann eine Person haben, ohne dass sie ihre Aufmerksamkeit auf diese richtet beziehungsweise ohne dass sie ihr zugriffsbewusst sind. Überzeugungen und Wünsche beispielsweise können in Gedanken und Handlungen einfließen, ohne dass sich die Person darüber bewusst ist, diese Überzeugungen und Wünsche zu haben. Schmerzempfindungen unterscheiden sich von Gefühlen und propositionalen Einstellungen nun wesentlich dadurch, dass sie einen *spezifischen* (schmerzhaften) Gehalt haben. Sie werden erstens im Körper empfunden und sind zweitens grundsätzlich unangenehm. Schmerzempfindungen sind, wie es bereits in der Antwort zu Frage 1 formuliert wurde, der Klasse der Empfindungen zugehörig. Empfindungen und auch Wahrnehmungen haben grundsätzlich einen *spezifischen Gehalt.* Es wird immer *etwas* wahrgenommen oder empfunden – beispielsweise die Röte eines Gegenstandes, ein Geräusch, Kälte, Wärme, Hunger oder eben auch Schmerz. Dass *etwas* wahrgenommen oder empfunden wird, bedeutet aber zugleich, dass das wahrnehmende oder empfindende Subjekt seine Aufmerksamkeit, zumindest teilweise, auf dieses *etwas* richtet und deswegen Zugriffsbewusstsein von diesem *etwas* hat. Alle Wahrnehmungen und Empfindungen werden phänomenal und zugriffsbewusst erlebt, weshalb die von Block getroffene Differenzierung zweier Bewusstseinsarten zunächst sinnlos erscheint. Durchaus hilfreich ist sie aber bei der Untersuchung von Gefühlen und propositionalen Einstellungen. Gefühle, Überzeugungen und Wünsche haben zwar einen Inhalt, dieser ist aber unspezifisch. Sie werden nicht immer als *etwas* erlebt, sondern können in Gedanken und Handlungen einfließen, ohne dass sich die denkende oder handelnde Person über deren Inhalt bewusst ist.

Die Analyse über das Verhältnis von Schmerz und Bewusstsein hat ferner gezeigt, dass wir über die neuralen Korrelate des Bewusstseins und dementsprechend auch über die neuralen Korrelate von Schmerzempfindungen zum jetzigen Zeitpunkt nur sehr wenig wissen. Infolgedessen ist die Beantwortung der Frage, ob komatöse Patienten oder andere Personen, die kein normales Schmerzverhalten zeigen und sich nicht äußern können, Schmerzen empfinden, aktuell nicht möglich. Da dem Gehirn die zentrale Rolle bei der Schmerzentstehung und -verarbeitung zukommt, muss die funktionelle Bildgebung gleichwohl als eine Methode verstanden werden, mit der das Schmerzphänomen sehr gut untersucht werden kann – solange die mit ihr durchgeführten Studien angemessen durchgeführt und die Ergebnisse korrekt interpretiert werden.

Die Ausführungen zu den Fragen, ob Schmerzen im Traum empfunden werden können und ob es möglich ist, wegen eines Schmerzes aufzuwachen, haben zudem noch einmal verdeutlicht, dass Schmerzempfindungen grundsätzlich das Vorliegen eines spezifischen physiologischen Zustandes erfordern. Wird jemand im Traum verletzt, so empfindet er nur dann Schmerzen, wenn sich sein Körper, gemeint ist sein realer Körper und nicht der geträumte Körper, in einem Zustand befindet, der normalerweise Schmerzen auslöst. Schmerzen können in Analogie dazu auch nicht imaginiert werden. Jemand der sich vorstellt, er würde sich mit einem Messer tief in den Arm schneiden, wird vielleicht zusammenzucken und die Augen zukneifen, er wird aber keinen Schmerz empfinden. Festgestellt wurde zudem: Da der Schlaf ein Zustand verminderten Bewusstseins ist und Schmerzen nur bewusst empfunden werden können, ist es nicht möglich, wegen eines Schmerzes aufzuwachen. Dass jemand aufwacht und unmittelbar Schmerzen empfindet, kann damit begründet werden, dass dem Schmerz physiologische Prozesse vorausgehen, die bereits im Schlaf auftreten, dazu führen können, dass die Person aufwacht und zur Folge haben, dass sie unmittelbar Schmerzen empfindet.

Frage 6: Sind Schmerzen lokalisierbar?

Rätselhaft sind Schmerzempfindungen ferner, weil sie zwar so erlebt werden als wären sie in einem Körperteil oder einer Körperregion, aber letztlich nicht dort verortet werden können, weil sie doch erst durch neurale Verarbeitungsprozesse zustande kommen. Phantomschmerzen, die in nicht mehr existierenden Körperteilen empfunden werden, verdeutlichen diese Lokalisationsproblematik sehr gut. Das Gehirn kann andererseits aber auch nicht problemlos als Ort des Schmerzes identifiziert werden, denn schließlich wird der Schmerz doch keineswegs so empfunden als wäre er dort. Je intensiver wir uns auf den Schmerz konzentrieren, umso deutlicher spüren wir ihn doch als Schmerz in einem Körperteil oder einer Körperregion.

Antwort: Bei der Erörterung der Lokalisationsfrage wurde vor allem auf die von Michael Tye entwickelten Theorien über das Schmerzphänomen zurückgegriffen. Tye vertritt einen repräsentationalistischen Ansatz. Er geht davon aus, dass Schmerzen einen repräsentationalen Gehalt haben. Schmerzen repräsentieren den

Zustand des schmerzenden Körperteiles. Phantomschmerzen und Schmerzen, die in Körperteilen empfunden werden, in denen keine Schädigung vorliegt, versteht er als Fehlrepräsentationen. Da Schmerzen erst durch neurale Verarbeitungsprozesse erzeugt werden, können sie nicht in den Körperteilen verortet werden, in denen sie empfunden werden. Ich stimme diesen Thesen Tyes zu und bezeichne meine Theorie deswegen selbst als repräsentationalistisch: Schmerzen haben einen repräsentationalen Gehalt, es gibt Fehlrepräsentationen und Schmerzen können nicht in den Körperteilen lokalisiert werden, in denen sie empfunden werden.

Nun führt Tye seine Theorie, die er selbst als starken Repräsentationalismus versteht, weiter aus: Er ist davon überzeugt, dass auch der phänomenale Gehalt der Schmerzempfindung letztlich vollständig repräsentational ist und dementsprechend gibt er das Gehirn als *Ort des Schmerzes* an. Diese Annahmen sind, meiner Meinung nach, nicht ausreichend belegt. Wir wissen nicht, wie genau der vollständige phänomenale Gehalt des Schmerzerlebens zustande gebracht wird und können Schmerzempfindungen daher weder als vollständig repräsentational betrachten noch das Gehirn problemlos als Ort des Schmerzes identifizieren. Ich vertrete, im Gegensatz zu Tye, einen schwachen Repräsentationalismus und gehe davon aus, dass wir einen Ort des Schmerzes nicht benennen können, gerade weil nicht belegt werden kann, dass der phänomenale Gehalt vollständig repräsentational ist.

Nicht in Vergessenheit geraten darf, dass zwischen Schmerzen, die den Zustand eines Körperteiles korrekt repräsentieren und den skizzierten Fehlrepräsentationen kein qualitativer Unterschied besteht. Der phänomenale Gehalt und damit die Intensität und Anfühleigenschaft des Schmerzes bemisst sich nicht daran, ob er mit einer physiologischen Schädigung oder einem spezifischen neuralen Aktivitätsmuster einhergeht. Eine Analogie zu visuellen Wahrnehmungen, die im Falle optischer Täuschungen durchaus falsch sein können, besteht nicht. Fehlrepräsentiert wird nicht der Schmerz, sondern der Zustand des Körperteiles. Annahmen über die eigenen Schmerzempfindungen sind unkorrigierbar: Wer überzeugt ist Schmerzen zu empfinden, hat diese auch, vorausgesetzt er verwendet den Begriff „Schmerz“ korrekt.

Frage 7: Was darf aus neuralen Korrelaten von Schmerzempfindungen abgelesen werden?

Schmerzempfindungen korrelieren mit spezifischen neuralen Mustern. Zur Frage steht allerdings, was wir aus solchen Korrelaten des Schmerzes ablesen dürfen. Inwieweit geben sie uns Aufschluss darüber, was Schmerzen sind und wie sie sich anfühlen? Unklar ist, warum sich ein spezifisches Muster neuraler Aktivität schmerzhaft anfühlt, ein anderes hingegen nicht. Unklar ist auch, wie das korrelative Verhältnis zwischen Schmerzempfindung und neuralem Zustand verstanden werden muss. Diskutiert wird darüber, ob Schmerzempfindungen und andere mentale Zustände auf neurale Zustände reduziert werden können.

Antwort: Diese Frage wurde teilweise bereits beantwortet. Schmerzen haben einen spezifischen phänomenalen Gehalt. Wenngleich Schmerzempfindungen grundsätzlich mit neuralen Prozessen korrelieren und ausgeschlossen werden kann, dass jemand, dessen Gehirn keine neurale Aktivität mehr zeigt, noch Schmerzen empfindet, so können wir doch nicht vollständig erklären, warum sich spezifische neurale Aktivitätsmuster schmerzhaft anfühlen, andere hingegen nicht. Es besteht deswegen eine Erklärungslücke, die prinzipiell nicht geschlossen werden kann. Wenn immer mehr Korrelationen zwischen Schmerzempfindungen und neuralen Zuständen aufgezeigt werden, dann trägt dies dazu bei die *easy problems*, wie David Chalmers sie nennt, nach und nach zu lösen. Das *hard problem* hingegen bleibt bestehen, solange wir nicht erklären können, wie phänomenales Erleben entsteht.

Frage 8: Erleben Menschen Schmerzen anders als Tiere?

Nicht nur Menschen sondern auch die meisten Tiere können Schmerzen empfinden. Da Menschen, im Gegensatz zu Tieren, selbstbewusste Wesen sind, steht allerdings zur Frage, ob sie Schmerzen in ganz anderer Art und Weise erleben. Unklar ist beispielsweise, ob psychosomatisch verursachte Schmerzen nur bei Menschen auftreten oder ob diese auch im Tierreich vorkommen.

Antwort: Dass alle Tiere, die über ein hinreichend entwickeltes Nervensystem verfügen schmerzempfindungsfähig sind, kann genauso wenig sinnvoll bezweifelt werden wie die Annahme, dass Menschen Schmerzen empfinden. Zwar wird das Problem des Fremdpsychischen mit Blick auf beide Spezies, Mensch und Tier, nicht ausgeräumt werden können. Letztlich können wir aber doch davon ausgehen, dass die meisten Menschen und Tiere schmerzempfindungsfähig sind. Wie in der Einleitung angekündigt, sollte in dieser Arbeit nicht erörtert werden, ob Tieren moralische Rechte zukommen, weil sie Schmerzen empfinden können und damit potenziell leidensfähig sind. Untersucht wurde vielmehr, ob Schmerzen eine spezielle anthropologische Bedeutung haben. Die Frage ‚Erleben Menschen Schmerzen anders als Tiere?' muss bejaht werden. Menschen und Tiere können Schmerzen zwar gleichermaßen empfinden, ihre Schmerzerlebnisse unterscheiden sich jedoch grundlegend. Die Differenzierung der Termini „Schmerzempfindung" und „Schmerzerlebnis" ist, wie sich gezeigt hat, für diese Überlegungen essentiell.

Die Schmerzempfindung zeichnet sich, wie mittlerweile deutlich geworden ist, dadurch aus, dass sie unangenehm ist und im Körper empfunden wird. Nicht nur Menschen, sondern auch Tiere empfinden, dieser Auffassung entsprechend, Schmerzen. Erstens empfinden sie Schmerzen als unangenehm, was vor allem aus ihrem Verhalten in Reaktion auf schmerzhafte Reize ablesbar ist. Zweitens empfinden sie Schmerzen im Körper. Dies zeigt sich unter anderem darin, dass sie das schmerzende Körperteil schonen, wenn es verletzt wurde. Schmerzempfindungen haben Tiere also in der gleichen Art und Weise wie Menschen. Die Schmerzempfindung kann nun Teil eines Schmerzerlebnisses sein. Grundlage des Schmerzerlebnisses ist die Schmerzempfindung, welche niemals einfach nur empfunden wird, sondern immer in ein Gesamterlebnis übergeht. Dieses Schmerzerlebnis ist sozusagen das Produkt eines Bewertungsprozesses. Tiere und Menschen haben Schmerzerlebnisse. Allerdings stehen ihnen unterschiedliche Bewertungskriterien, mittels derer die Schmerzempfindung zu einem Schmerzerlebnis verarbeitet wird, zur Verfügung. Während das Tier kein Selbstbewusstsein hat und nur simple kognitive Prozesse vollziehen kann, ist der Mensch ein selbstbewusstes, intelligentes Wesen. Wenn der Mensch Schmerzen empfindet, dann beurteilt er diese mittels ganz anderer Kriterien als das Tier. Der Mensch denkt beispielsweise darüber nach, mit welchen Folgen der aktual empfundene Schmerz verbunden ist, er überlegt, ob er als Symptom einer ernsthaften Erkrankung auftritt und er entwickelt infolgedessen möglicherweise Ängste und Sorgen. Solche Überlegungen fließen in den Bewertungsprozess und damit in das Schmerzerlebnis ein. Das Tier hingegen empfindet den Schmerz als unangenehm, es wird sich deswegen möglicherweise zurückziehen oder aggressiv reagieren und insgesamt wird es ein negatives Erlebnis haben. Es wird aber mit Sicherheit nicht darüber nachdenken, wo der Schmerz herkommt und mit welchen Folgen er verbunden ist, denn dazu ist es schlichtweg nicht fähig.

Untersucht wurde ferner die Frage, ob psychosomatisch verursachte Schmerzen nur bei Menschen oder auch im Tierreich vorkommen. Zwar belegen Studien, dass Tiere, die Stressoren ausgesetzt sind, intensiver auf schmerzhafte Reize reagieren als in stressfreien Situationen, was zunächst andeutet, dass es eine Verbindung zwischen psychischen Faktoren und dem Schmerzerleben gibt. Anzunehmen ist aber, dass eben diese psychischen Faktoren beim Menschen, aufgrund seiner kognitiven Überlegenheit, ganz anders gestaltet sind und dass Schmerzen beim Menschen viel eher durch psychische Faktoren verursacht werden können als beim Tier. Somatoforme Störungen beispielsweise gibt es im Tierreich vermutlich nicht.

Insgesamt konnte gezeigt werden: Weil der Mensch Selbstbewusstsein hat und über höhere kognitive Fähigkeiten verfügt, haben Schmerzen für ihn eine andere Bedeutung als für das Tier. Aufschlussreich ist in diesem Zusammenhang die Unterscheidung zwischen Schmerz und Leid. Schmerzen können für Menschen mit viel größerem Leid einhergehen als für Tiere, weil Menschen nicht nur den unangenehmen Schmerz selbst empfinden, sondern in Reaktion auf den Schmerz zugleich viele andere negative Gedanken und Gefühle entwickeln. Da Menschen in ein Verhältnis zu sich selbst treten, das heißt sich selbst und ihre Stellung in der Welt reflexiv betrachten können, erleben sie Schmerzen anders als Tiere. Sie empfinden ihren Schmerz ähnlich, aber sie erleben ihn in einer anderen – einer kognitiven – Dimension.

Frage 9: Wie wirken sich Schmerzempfindungen auf die Selbstbestimmung von Personen aus?

Menschen sind, zu vielen Zeitpunkten ihrer Existenz, Personen und damit selbstbestimmte Wesen. Schmerzen sind zwar teilweise durch Analgetika oder andere therapeutische Interventionen kontrollierbar. Vor allem chronische Schmerzen können sich aber insgesamt doch sehr negativ auf die Eigenschaft des Menschen selbstbestimmt leben und handeln zu können auswirken.

Antwort: Analysiert wurden in diesem Zusammenhang vor allem die Begriffe „Akzeptanz" und „Kontrolle". Festgestellt wurde erstens, dass es den Personen, die akzeptieren können, dass sie chronische Schmerzen haben, insgesamt besser geht als denjenigen, die die verzweifelte Suche nach der Ursache des Schmerzes nicht aufgeben können, alle ihre Aufmerksamkeit auf den Schmerz richten und ihr Leid dadurch vergrößern. Die Akzeptanz ist eine Möglichkeit die Selbstbestimmung zu erhalten. Gezeigt werden konnte zudem, dass Schmerzen, die kontrollierbar sind, sei es weil sie mit dem Beenden einer Aktivität nachlassen oder durch Analgetika gelindert werden können, als weniger unangenehm erlebt werden als solche, die sich der Kontrolle der schmerzempfindenden Person entziehen. Nicht in Vergessenheit geraten darf allerdings, dass es zum einen sehr schwierig sein kann, Schmerzen zu akzeptieren und zum anderen, dass nicht für alle Schmerzen Kontrollmechanismen zur Verfügung stehen. Es gibt Schmerzzustände, die weder mit medizinischen noch mit psychologischen Therapien verbessert werden können.

Frage 10: Können Schmerzen sinnvoll sein?

Bereits René Descartes hat darauf hingewiesen, dass akute Schmerzen eine Warn- und Belehrungsfunktion haben. Eine solche Funktion kann chronischen Schmerzen, jedenfalls denen, die nicht mit Schädigungen in den schmerzenden Körperregionen, sondern ausschließlich mit spezifischen neuralen Prozessen korrelieren, nicht zugesprochen werden. Zur Frage steht, ob chronische Schmerzen überhaupt einen Sinn beziehungsweise Zweck erfüllen.

Antwort: Chronische Schmerzen können in wenigen Einzelfällen sinnvoll sein. Nämlich dann, wenn sie psychosomatisch verursacht sind, das heißt, wenn sie mit negativen Gedanken, Gefühlen und Einstellungen in Verbindung stehen, die durch psychische Probleme oder auch durch schwierige Lebensumstände ausgelöst werden, die der Person, die sie hat, bislang aber nicht bewusst sind. In solchen Fällen können chronische Schmerzen eine Warn- und Belehrungsfunktion haben. Wenn jemand in Reaktion auf andauernde Schmerzen seine Lebensweise ändert und psychische Probleme damit erfolgreich löst, so sind Schmerzen durchaus sinnvoll. Sie verdeutlichen der schmerzempfindenden Person beispielsweise, dass sie so nicht weiterleben sollte, weil sie zu viel arbeitet, zu viele negative Gedanken hat und ständig unzufrieden ist. Natürlich sind die meisten chronischen Schmerzen nicht ausschließlich auf solche psychosozialen Faktoren rückführbar. Hinzu kommt, dass es nur wenigen Personen, die an psychosomatisch verursachten Schmerzen leiden, gelingt, die Schmerzen zu lindern, indem sie ihre Lebensweise und Einstellungsmuster verändern. Chronische Schmerzen sind dementsprechend nur in seltenen Fällen sinnvoll. In der Regel haben sie keinen Sinn oder Zweck und sind damit nutzlos.

Frage 11: Können Schmerzen mit Hilfe neurowissenschaftlicher Untersuchungsmethoden begutachtet werden?

Die Begutachtung von Schmerzzuständen ist mitunter notwendig. Sehr viele Menschen sind teilweise oder vollständig erwerbsunfähig, weil sie an chronischen Schmerzen leiden. Sie benötigen deswegen finanzielle Unterstützung, sowohl von staatlicher Seite als auch von Privatunternehmen, wie beispielsweise Versicherungen. Da die im Gesundheitssystem und im Rentensystem zur Verfügung stehenden Mittel knapp sind, ist eine gerechte Verteilung dieser dringend erforderlich. Denjenigen, die durch ihre Schmerzen am stärksten beeinträchtigt sind, sollte auch die größte Hilfestellung zukommen. Schmerzen müssen deswegen begutachtet werden. Zur Frage steht, ob dies mit Hilfe der funktionellen Bildgebung möglich ist.

Antwort: Da Schmerzempfindungen grundsätzlich mit spezifischen neuralen Aktivitätsmustern korrelieren, scheint die Schmerzbegutachtung mit Hilfe der funktionellen Bildgebung zunächst eine vielversprechende Methode zu sein. In fMRT- und PET-Studien konnten Informationen darüber zusammengetragen werden, wie Schmerzen im Gehirn entstehen und verarbeitet werden. Der aktuelle Stand neurowissenschaftlicher Forschung zum Thema Schmerz ist, wie bereits an unterschiedlichen Stellen deutlich wurde, beeindruckend und es ist wünschenswert, dass in diesem Feld in den nächsten Jahren viele weitere fMRT- und PET-Studien durchgeführt werden. Letztlich handelt es sich bei dem bislang zusammengetragenen Wissen über neurale Korrelate von Schmerzempfindungen aber um sehr grobe Informationen. Zwar konnte gezeigt werden, dass Schmerzempfindungen mit Aktivität in den Hirnregionen korrelieren, die der so genannten Schmerzmatrix zugeordnet werden. Da solche Aktivitätsmuster aber auch dann beobachtet werden können, wenn eine Person beispielsweise nur an Wörter denkt, die normalerweise mit Schmerzen assoziiert werden, ist es nicht möglich, aufbauend auf fMRT- oder PET-Daten festzustellen, ob eine Person Schmerzen empfindet oder diese nur vortäuscht. Da das menschliche Gehirn ein höchst komplexes Organ ist, dessen Funktionsweise wir Menschen, die wir doch selbst kognitiv begrenzt sind, vermutlich niemals gänzlich verstehen werden, sei dahingestellt, ob eine Begutachtung auf diesem Wege jemals möglich sein wird.

Nicht unproblematisch, aber doch wesentlich zuverlässiger, ist die Begutachtung auf Grundlage des Schmerzverhaltens. Schmerzempfindungen werden zwar grundsätzlich sehr subjektiv erlebt und nur die Person, die den Schmerz empfindet, kann wissen, wie sich ihr Schmerz anfühlt. Wenn wir das Verhalten einer Person aber über einen längeren Zeitraum sorgfältig beobachten, wobei von Psychologen und Juristen erstellte Fragebögen und Kriterienkataloge hilfreich sein können, dann ist es mitunter möglich festzustellen, ob jemand Schmerzen nur vortäuscht oder diese wirklich empfindet.

***

Diese elf Fragen und Antworten verdeutlichen, was Schmerzen eigentlich sind. Zwar ist es nicht möglich eine vollständige Erklärung darüber abzugeben, wie der phänomenale Gehalt von Schmerzempfindungen zustande kommt. Deutlich geworden ist aber, was ihn auszeichnet und durch welche Faktoren er beeinflusst wird. Ergebnis dieser Arbeit ist ferner, dass eine sinnvolle Schmerzdefinition, aufgrund der Komplexität und Vielschichtigkeit des Phänomens, nicht formuliert werden kann. Die von der IASP aufgestellte Definition, die häufig zitiert wird und international anerkannt ist, greift zwar wichtige Merkmale auf, sie kann aber letztlich nicht erklären, was Schmerzen sind. Dazu müsste sie teilweise modifiziert und außerdem durch sämtliche soeben hervorgehobene Charakteristika ergänzt werden. Es ist aber nicht möglich, alle diese Kriterien derart zusammenzuführen und anzuordnen, dass sie eine Schmerzdefinition bilden.

Abschließend möchte ich auf zwei in dieser Arbeit angesprochene, meiner Meinung nach sehr wichtige, begriffliche Unterscheidungen noch einmal hinweisen: Einerseits die Unterscheidung der Begriffe „Schmerz“ und „Leid“, andererseits die Differenzierung von „Schmerz“ und „Krankheit“.

Die Untersuchung hat gezeigt, dass die Termini „Schmerz“ und „Leid“ in enger Verbindung stehen. Zwar wurde der Begriff des Leides in dieser Arbeit nicht explizit analysiert, an vielen Stellen ist aber dennoch deutlich geworden, dass er als eine Art Oberbegriff fungiert, unter den Schmerzen, ebenso wie die an vielen Stellen angesprochenen negativen Gefühle, subsumiert werden können. Leiden kann ein Subjekt, weil es Schmerzen empfindet. Leiden kann eine Personen aber gleichermaßen, wenn sie negative Gefühle hat, die beispielsweise mit Angst, Verzweiflung, Trauer oder Enttäuschung einhergehen. Leiden kann ein Individuum außerdem auch dann, wenn es negative Gedanken und Gefühle hat, die mit keinem Ereignis in Verbindung zu stehen scheinen. So können depressive Menschen häufig nicht angeben, warum es ihnen schlecht geht und worauf sich ihre negativen Gedanken und Gefühle richten. In der Negativität des Leides besteht dabei kein Unterschied. Oben wurde die These aufgestellt, dass Schmerzen unangenehmer sind als alle anderen Empfindungen. Daraus darf aber nun nicht geschlussfolgert werden, dass Schmerzen generell die unangenehmsten mentalen Zustände sind. Sie sind zwar die unangenehmsten Empfindungen, es gibt aber eine ganze Reihe von Gefühlen, die durchaus als unangenehmer erlebt werden. Verdeutlicht hat dies die in dieser Arbeit durchgeführte Analyse über sich selbstverletzende Borderline-Patienten. Personen, die an einer BPS erkrankt sind und sich selbst verletzen, befinden sich, wie oben angedeutet, in einem sehr schlechten psychischen Zustand, welcher mit großem Leid einhergeht. Sie haben sehr unangenehme Gefühle, die häufig als besonders negativ erlebt werden, weil sie sich nicht auf eine Person oder ein vergangenes oder zukünftiges Ereignis richten, sondern unspezifisch und unkontrollierbar sind und zudem alle anderen Gefühle überlagern. Die selbst verursachten Schmerzen sind, wie oben bereits erläutert, zwar unangenehm, im Vergleich zu den vorherrschenden Gefühlen sind sie aber weitaus erträglicher und können das Leid des Borderline-Patienten für einen Moment verringern. Die Schmerzen sind spezifisch, weil sie in einem Körperteil empfunden werden. Zudem scheinen sie, weil sie selbst zugefügt werden, kontrollierbar zu sein. Hält die Schmerzempfindung an und wird dadurch unkontrollierbar, so wird auch sie Bestandteil des Leides.

Dargelegt werden konnte außerdem, dass die Begriffe „Schmerz" und „Krankheit" häufig vorschnell kombiniert verwendet werden. *Schmerzen empfinden* und *krank sein* kann, muss aber nicht, zusammenfallen. Jemand der Schmerzen empfindet kann krank sein und jemand der krank ist, kann Schmerzen empfinden. In dieser Untersuchung wurde dargelegt, dass Schmerzen zwar grundsätzlich unangenehm sind, aber mitunter in positive Gesamterlebnisse einfließen können. So dürfen die im Rahmen sportlicher Aktivitäten empfundenen Schmerzen beispielsweise nicht als Zeichen für das Vorliegen einer Erkrankung gedeutet werden. Umgekehrt gibt es viele lebensbedrohliche Erkrankungen, beispielsweise Krebserkrankungen, die erst in einem sehr fortgeschrittenen Stadium mit Schmerzen einhergehen. Dass von Schmerzempfindungen häufig vorschnell auf eine Erkrankung geschlossen wird, hat zur Folge, dass Schmerzen als wesentlich negativer bewertet werden als sie es mitunter sind. Akute Schmerzen können zwar eine Warn- und Belehrungsfunktion haben, dennoch sollten sie nicht grundsätzlich als Zeichen für lebensbedrohliche Krankheiten gedeutet werden.

Als wichtigstes Ergebnis der Untersuchung kann festgehalten werden, dass physische und psychische beziehungsweise körperliche und mentale Zustände in sehr enger Wechselwirkung stehen und dass eine klare Grenzziehung zwischen beiden nicht möglich ist. Fest steht, dass Schmerzen und alle anderen mentalen Zustände grundsätzlich mit neuralen Prozessen korrelieren. Schmerzen zeichnen sich gegenüber Gefühlen nun dadurch aus, dass sie im Körper empfunden werden und damit einen spezifischen Inhalt haben: sie repräsentieren den Zustand des schmerzenden Körperteiles. Sie sind der Person, die sie empfindet, zudem grundsätzlich bewusst. Gefühle hingegen kann eine Person unbewusst haben, gerade weil sie keinen solchen spezifischen Gehalt haben. Deutlich geworden ist im Laufe der Untersuchung aber, dass sich Empfindungen und Gefühle gegenseitig beeinflussen können, gerade weil sie beide mit neuralen Prozessen korrelieren. Schmerzen werden im Körper empfunden, aber erst durch neurale Verarbeitungsprozesse hervorgebracht. Gefühle werden zwar nicht interozeptiv erlebt und haben deswegen nicht immer einen spezifischen Inhalt, aber auch sie korrelieren mit neuralen Prozessen. Deswegen ist es nicht verwunderlich, dass eine enge Wechselwirkung zwischen Schmerzen und anderen mentalen Zuständen besteht: Schmerzen können durch negative Gefühle verstärkt oder sogar ausgelöst werden und umgekehrt können sich angenehme Gefühle positiv auf die Schmerzverarbeitung auswirken. Auf der anderen Seite können Schmerzen vor allem negative – in Einzelfällen sogar angenehme – Gefühle erzeugen, nämlich dann, wenn sie, sozusagen als Mittel zum Zweck, für ein positives Gesamterlebnis in Kauf genommen werden. Schmerzen sind weder rein körperliche, noch rein psychische Phänomene, sondern treten stets als Interaktion beider Komponenten auf.

Hieraus kann nun eine Schlussfolgerung, die als weiteres Ergebnis der Untersuchung und zugleich als Schlusswort der Arbeit betrachtet werden kann, gezogen werden: Dass Schmerzen und Gefühle in enger Interaktion stehen, weil beide mit neuralen Prozessen korrelieren, zeigt, dass eine interdisziplinäre Zusammenarbeit, vor allem von Philosophie und Neurowissenschaft, bei der Erforschung des Schmerzphänomens unerlässlich ist. Deutlich geworden ist erstens, dass der Einsatz neurowissenschaftlicher Untersuchungsmethoden dazu beitragen kann, solche Wechselwirkungen aufzuzeigen, weil davon ausgegangen werden muss, dass alle mentalen Zustände mit neuralen Prozessen korrelieren. Gezeigt werden konnte aber zweitens, dass Untersuchungen auf diesem Gebiet nur dann sinnvoll durchgeführt werden können, wenn die Vielfalt mentaler Zustände berücksichtigt und die zu untersuchenden Zustände differenziert betrachtet werden. Diese Arbeit, bei der es vor allem um die Überprüfung von Begriffen und Argumenten geht, fällt eindeutig in das Aufgabenspektrum der Philosophie. Nur wenn Einigkeit darüber besteht, was Schmerzen sind, können die dem Phänomen zugrunde liegenden neuralen Mechanismen untersucht werden. Wenn Neurowissenschaftler und Philosophen zusammenarbeiten, indem sie Fachwissen austauschen, Probleme erörtern und Studien gemeinsam planen, so werden sie das Wissen über die Wechselwirkungen zwischen Schmerzen und anderen mentalen Zuständen stetig vergrößern können. Zudem werden vermutlich weitere der *easy problems* gelöst werden können, wenn auf diesem Wege nach und nach Korrelationen zwischen mentalen und neuralen Zuständen aufgezeigt werden. Zusammenarbeiten müssen aber nicht nur Neurowissenschaftler und Philosophen. Gleiches gilt für Mediziner und Psychologen und zwar vor allem bei der Behandlung von Menschen, die an Schmerzen leiden. Schmerzen können einerseits durch die Vergabe von Medikamenten und die Durchführung von Operationen, andererseits aber auch durch Verhaltens- oder Gesprächstherapien gelindert oder beseitigt werden. Dass Schmerzen mit physiologischen Prozessen korrelieren, aber durch psychische Zustände verstärkt oder sogar verursacht werden können, gerät häufig in Vergessenheit. Das Leid der Personen, die dauerhaft Schmerzen empfinden, für die keine Ursache ausgemacht werden kann, könnte verringert werden, wenn das Wissen über psychophysische Wechselwirkungen bei der Schmerzentstehung und -verarbeitung, im akademischen Bereich, aber auch generell in der Gesellschaft, nicht einfach ignoriert würde.

Literaturverzeichnis

ALBRECHT, H. (1994): *Was ist Schmerz?* In: Wessel, K.F. (Hg.): Herkunft, Krise und Wandlung der modernen Medizin. Kulturgeschichtliche, wissenschaftsphilosophische und anthropologische Aspekte. Berliner Studien zur Wissenschaftsphilosophie und Humanontogenetik. Bd. 3. Bielefeld: Kleine Verlag, 378–387.

ALWARD, P. (2004a): *Is phenomenal pain the primary intension of pain?* In: Metaphysica 5(1), 15–28.

– (2004b): *Mad, Martian, but Not Mad Martian Pain.* In: Sorites 15, 73–75.

ARISTOTELES (1963): *Generation of Animals.* Griechisch-englisch. Hg. v. Arthur Leslie. London: Peck [zitiert als: Aristoteles *De generatione animalium*].

– (1995): *Über die Seele.* Griechisch-deutsch. Hg. v. Horst Seidl (Philosophische Bibliothek, 476). Hamburg: Meiner [zitiert als: Aristoteles *Über die Seele*].

AYDEDE, M. (2006): *Introduction.* In: Aydede, M. (ed.): Pain. New Essays on Its Nature and the Methodology of Its Study. Cambridge: MIT Press, 1–58.

– (2009): *Is feeling pain the perception of something?* In: The Journal of Philosophy 10, 531–567.

BAARS, B.J. (1988): *A cognitive theory of consciousness.* New York: Cambridge University Press.

BACH, D.R. / SCHMAHL, C. / SEIFRITZ, E. (2006): *Borderline und Schmerz. Selbstverletzungen sind meist nicht schmerzhaft.* In: Psychiatrie 4, 16–19.

BAIN, D. (2003): *Intentionalism and pain.* In: Philosophical Quarterly 53(213), 502–523.

– (2007): *The Location of Pains.* In: Philosophical Papers 36(2), 171–205.

– (2009): *McDowell and the presentation of pains.* In: Philosophical Topics 37(1), 1–24.

BALIKI, M.N. / BODGAN, P. / TORBEY, S. / HERRMANN, K.M. / HUANG, L. / SCHNITZER, T.J. / FIELDS, H.L. / APKARIAN, A.V. (2012): *Corticostriatal functional connectivity predicts transition to chronic back pain.* In: nature neuroscience. Online published, 1 July 2012.

BALLA, J.I. / MORIATIS, S. (1970): *Knights in armour: a follow-up study of injuries after legal settlement.* In: Medical Journal of Australia 2, 335–361.

BAUER, A.W. (1996): *Zwischen Symbol und Symptom. Der Schmerz und seine Bedeutung in der Antike.* In: Der Schmerz 10(4), 169–175.

BECKERMANN, A. (2008): *Analytische Einführung in die Philosophie des Geistes.* 3. Auflage. Berlin: de Gruyter.

BEECHER, H.K. (1959): *Measurement of Subjective Responses.* New York: Oxford University Press.

BENNETT, M. / HACKER, P.M.S. (Hg.) (2010): *Die philosophischen Grundlagen der Neurowissenschaften.* Darmstadt: Wissenschaftliche Buchgesellschaft.

BENTHAM, J. (1780): *An Introduction to the Principles of Morals and Legislation.* Herausgegeben von BURNS, J.H. und HART, H.L.A. (1970). London: The Athlone Press.

BERGSON, H. (1991): *Materie und Gedächtnis. Eine Abhandlung über die Beziehung zwischen Körper und Geist.* Hamburg: Meiner.

BESENDORFER, A. (2002): *Die Entwicklung und praktische Anwendung der Glasgow-Coma-Skala. Ein kritischer Blick auf eine etablierte Skala.* Stuttgart: Thieme.

BIERI, P. (1989): *Schmerz: Eine Fallstudie zum Leib-Seele-Problem.* In: PÖPPEL, E. (Hg.): Gehirn und Bewusstsein. Weinheim: Wiley-VCH, 125–134.

BLASIUS, W. (1978a): *Wesen, Geschichte und Behandlung des menschlichen Schmerzes.* In: Deutsches Ärzteblatt 37, 2094–2096.

– (1978b): *Wesen, Geschichte und Behandlung des menschlichen Schmerzes.* In: Deutsches Ärzteblatt. Erste Fortsetzung 38, 2164–2167.

BLOCK, N. (1983): *Mental Pictures and Cognitive Science.* In: Philosophical Review 92, 499–541.

– (1996): *Mental Paint and Mental Latex.* In: Philosophical Issues 7, 499– 541.

– (1997): *On a Confusion about a Function of Consciousness.* In: BLOCK, N. / FLANAGAN, O. / GÜZELDERE, G. (ed.): The nature of consciousness. Cambridge: MIT Press, 375–415.

– (2007): *Consciousness, Accessibility, and the Mesh between Psychology and Neuroscience.* In: Behavioral and Brain Sciences 30, 481–548.

BÖHME, G. (2008): *Ethik leiblicher Existenz.* Frankfurt a.M.: Suhrkamp.

BRADDON-MITCHELL, D. / Jackson, F. (1996): *Philosophy of mind and cognition.* Oxford: Blackwell.

BRODNIEWICZ, J. (1994): *Über das Schmerzphänomen. In der Sicht der Philosophie und den ausgewählten Humanwissenschaften: Psychologie und Kulturlehre.* Frankfurt a.M.: Peter Lang.

BROMM, B. (1999): *Schmerzspuren im Gehirn.* In: DGS – Zeitschrift für angewandte Schmerztherapie 15(2). URL http://www.schmerz-therapie-deutschland.de/-pages/zeitschrift/z2_99/art_202.html [01. August 2012].

BROMM, B. / PAWLIK, K. (Hg.) (2004): *Neurobiologie und Philosophie zum Schmerz.* Göttingen: Vandenhoeck & Ruprecht.

BROMM, B. / SCHAREIN, E. (1988): *Neurophysiologische Abbilder der Schmerzwahrnehmung – Probleme der Schmerzmessung.* In: Geßler, U. (Hg.): Schmerz als Phänomen. München: Dursti-Verlag, 64–83.

BROWN, J.E. / CHATTERJEE, N. / YOUNGER, J. / MACKEY, S. (2011): *Towards a Physiology-Based Measure of Pain: Patterns of Human Brain Activity Distinguish Painful from Non-Painful Thermal Stimulation.* In: PLoS ONE 6(9): e24124.

BUNDESÄRZTEKAMMER (1997): *Richtlinien der Bundesärztekammer zur Festlegung des Hirntodes.* URL http://www.bundesaerztekammer.de/downloads/Hirntodpdf.pdf [25. Mai 2011].

BUNDESMINISTERIUM FÜR BILDUNG UND FORSCHUNG (Hg.) (2001): *Chronischer Schmerz.* URL http://www.gesundheitsforschung-bmbf.de/_media/chronischer-_schmerz.pdf [25. Mai 2011].

BURGE, T. (1995): *Zwei Arten von Bewusstsein. In: Metzinger, T. (Hg.): Bewusstsein. Beitrage aus der Gegenwartsphilosophie.* Paderborn: Schöningh, 583–594.

BUYTENDIJK, F.J.J. (1948): *Über den Schmerz.* Übersetzt von Helmuth Plessner. Bern: Medizinischer Verlag Hans Huber.

CAYSA, V. (2006): *Vom Recht des Schmerzes. Grenzen der Körperinstrumentalisierung im Sport.* In: ACH, J.S. / POLLMANN, A. (Hg.): No body is perfect. Transcript Verlag: Bielefeld, 295–306.

CHALMERS, D. (1995): *Facing Up to the Problem of Consciousness.* In: Journal of Consciousness Studies 2(3), 200–219.

– (1996): *The Conscious Mind.* Oxford: Oxford University Press.

– (Hg.) (2002): *Philosophy of Mind: Classical and Contemporary Readings.* Oxford: Oxford University Press.

– (2010): *The Character of Consciousness.* Oxford: Oxford University Press.

CHRISTIANS, H. (1999): *Über den Schmerz: eine Untersuchung von Gemeinplätzen.* Berlin: Akademie Verlag.

CRAIG, E. (1993): *Was wir wissen können. Pragmatische Untersuchungen zum Wissensbegriff.* Frankfurt a.M.: Suhrkamp.

DALDORF, E. (2005): *Seele, Geist und Bewußtsein.* Würzburg: Königshausen & Neumann.

DAMASIO, A.R. (2004): *Descartes' Irrtum. Fühlen Denken und das menschliche Gehirn.* Berlin: List.

DARTNALL, T. (2001): *The Pain Problem.* In: Philosophical Psychology 14(1), 95–102.

DAVIDSON, P.O. (Hg.) (1980): *Angst, Depression und Schmerz.* München: Pfeiffer.

DAVIS, G.C. / BUCHSBAUM, M.S. / BUNNEY, W.E. (1979): *Analgesia to painful stimuli in affective illness.* In: American Journal of Psychiatrie 136, 1148–1151.

DAVIS, G.C. / BUCHSBAUM, M.S. / NABER, D. / PICKAR, D. / POST, R. / VAN KAMMEN, D. / BUNNEY, W.E. (1982): *Altered pain perception and cerebrospinal endorphins in psychiatric illness.* In: New York Academy of Science 398, 366–373.

DENNETT, D.C. (1994): *Philosophie des Bewusstseins.* Hamburg: Hoffmann und Campe.

DERBYSHIRE, S.W.G. (2008): *Fetal Pain: Do We Know Enough to Do the Right Thing?* In: Reproductive Health Matters 16(31), 117–126.

DERBYSHIRE, S.W.G. / WHALLEY, M.G. / OAKLEY, D.A. (2009): *Fibromyalgia pain and its modulation by hypnotic and non-hypnotic suggestion: An fMRT analysis.* In: European Journal of Pain 13, 542–550.

DESCARTES, R. (1969): *Über den Menschen.* 1632 verfasst. Nach der ersten französischen Ausgabe von 1664 übersetzt. Heidelberg: Verlag Lambert Schneider [zitiert als: Descartes *Über den Menschen*].

– (1972): *Meditationen. Über die Grundlagen der Philosophie mit sämtlichen Einwänden und Erwiderungen.* Nachdruck der ersten deutschen Gesamtausgabe von 1945. Hamburg: Meiner [zitiert als: Descartes *Meditationen*].

– (1997): *Discours de la méthode. Von der Methode des richtigen Vernunftgebrauchs und der wissenschaftlichen Forschung.* 1619 verfasst. Nach der ersten französischen Ausgabe von 1637 übersetzt von L. Gäbe, herausgegeben von G. Heffernan. Hamburg: Meiner [zitiert als: Descartes *Discours de la méthode*].

DEVINE, D.P. / MUEHLMANN, A.M. (2008): *Tiermodelle für selbstverletzendes Verhalten.* In: SCHMAHL, C. / STIGLMAYR, C. (Hg.): Selbstverletzendes Verhalten bei stressassoziierten Erkrankungen. Stuttgart: Kohlhammer, 39–60.

DILLER, H. (1962) (Hg.): H*ippokrates, Schriften. Die Anfänge der abendländischen Medizin.* Rowohlt: Reinbek.

DOENICKE, A. (Hg.) (1986): *Schmerz – Eine interdisziplinäre Herausforderung.* Berlin: Springer.

DOHRENBUSCH, R. (2007): *Begutachtung somatoformer Störungen und chronifizierter Schmerzen.* Stuttgart: Kohlhammer.

DOHRENBUSCH, R. / PIELSTICKER, A. (2011): *Begutachtung von Personen mit chronischen Schmerzen.* In: KRÖNER-Herwig, B. / FRETTLÖH, J. / KLINGER, R. / NILGES, P. (Hg.): Schmerzpsychotherapie. 7. überarbeitete Auflage. Berlin: Springer, 337–335.

DRETSKE, F. (1993): *Conscious experience.* In: Mind 102, 263–248.

– (1995): *Naturalizing the Mind.* Cambridge: MIT Press.

DSM-IV: *American Psychiatric Association: Diagnostic and Statistical Manual of Mental disorders. DSM-IV-TR. 4th Edition, Text Revision.* American Psychiatric Association, Washington.

EGLE, U.T. (2003): *Historische Entwicklung des Schmerzverständnisses.* In: EGLE, U.T. / HOFFMANN, S.O. / LEHMANN, K.A. / NIX, W.A. (Hg.): Handbuch chronischer Schmerzen. Stuttgart: Schattauer, 11–16.

EICKHOFF, S.B. / DAFOTAKIS, M. / GREFKES, C. / STÖCKER, T. / SHAH, N.J. / SCHNITZLER, A. / ZILLES, K. / SIEBLER, M. (2008): *fMRI reveals cognitive and emotional processing in a long-term comatose patient.* In: Experimental Neurology 214(2), 240–246.

EIPPERT, F. / FINSTERBUSCH, J. / BINGEL, U. / BÜCHEL, C. (2009): *Direct Evidence for Spinal Cord Involvement in Placebo Analgesia.* In: Science 326(5951), 404.

ENGELHARDT, D.v. (1999): *Krankheit, Schmerz und Lebenskunst. Eine Kulturgeschichte der Körpererfahrung.* München: Beck.

– (2000): *Der Schmerz in medizinhistorischer Sicht – empirische Dimensionen und kulturelle Zusammenhänge.* In: ENGELHARDT, D.v. / GERIGK, H.-J. / PRESSLER, G. / SCHMITT, W. (Hg.): Schmerz in Wissenschaft, Kunst und Literatur. Hürtgenwald: Guido Pressler Verlag, 103–122.

EPIKUR: *Briefe, Sprüche, Werkfragmente.* Griechisch/Deutsch. Übersetzt und herausgegeben von Hans-Wolfgang Krautz (1980). Stuttgart: Reclam.

FABREGA, H. / TYMA, S. (1976): *Language and Cultural Influences in the Description of Pain.* In: British Journal of Medical Psychology 49(4), 349–371.

FAYMONVILLE, M.-E. et al. (2004): *Zerebrale Funktionen bei hirngeschädigten Patienten.* In: Der Anaesthesist 12, 1195–1202.

FISCHER, J. (2006): *Der Identitätskern der Philosophischen Anthropologie (Scheler, Plessner, Gehlen).* In: KRÜGER, H.-P. / LINDEMANN, G. (Hg.): Philosophische Anthropologie im 21. Jahrhundert. Reihe Philosophische Anthropologie. Bd. 1. Berlin: Akademie Verlag, 63–82.

FLANGAN, O. (1992): *Consciousness reconsidered.* Cambridge: MIT-Press.

FLEISCHER, M. / HEPERTZ, C. (2009): *Phänomenologie und Epidemiologie selbstverletzenden Verhaltens.* In: SCHMAHL, C. / STIGLMAYR, C. (Hg.): Selbstverletzendes Verhalten bei stressassoziierten Erkrankungen. Stuttgart: Kohlhammer, 15–28.

FLOR, G. (2003): *Kortikale Reorganisation und Schmerz: Empirische Befunde und therapeutische Implikationen.* In: EINHÄUPL, K. / GASTPAR, M. (Hg.): Schmerz in Psychiatrie und Neurologie. Berlin: Springer, 32–48.

FLOR, H. / NIKOLAJSEN, L. / STAEHLIN JENSEN, T. (2006): *Phantom limb pain: a case of maladaptive CNS plasticity?* In: Nature Review Neuroscience 7, 873–881.

FREDE, U. (2007): *Herausforderung Schmerz. Psychologische Begleitung von Schmerzpatienten.* Lengerich: Pabst.

FREY, M. (2004): *Dysfunktionale Wahrnehmung emotionaler Gesichtsausdrücke bei Jugendlichen mit selbstverletzenden Verhaltensweisen.* Diplomarbeit. Psychologisches Insitut der Universität Heidelberg.

FREY, M. / CEUMERN-LINDENSTJERNA, I.-A. (2008): *Selbstverletzendes Verhalten und Emotionswahrnehmung.* In: BRUNNER, R. / RESCH, F. (Hg.): Borderline-Störungen und selbstverletzendes Verhalten bei Jugendlichen. Göttingen: Vandenhoeck & Ruprecht, 32–49.

FREYE, E. (2009): *Opioide in der Medizin.* Berlin: Springer.

FUCHS, T. (2000): *Leib, Raum, Person: Entwurf einer phänomenologischen Anthropologie.* Stuttgart: Klett-Cotta.

– (2008): *Leib und Lebenswelt: neue philosophisch-psychiatrische Essays.* Die graue Edition.

FUCHS, T. / VOGELEY, K. / HEINZE, M. (Hg.) (2007): *Subjektivität und Gehirn.* Berlin: Parados.

GALERT, T. (2004): *Vom Schmerz der Tiere.* Paderborn: Mentis.

GAZZANIGA, M.S. (2006): *The ethical brain: the science of our moral dilemmas.* New York: HarperCollins.

GEISSNER, E. (1990): *Psychologische Schmerzmodelle. Einige Anmerkungen zur Gate-Control-Theorie sowie Überlagerungen zu einem mehrfaktoriellen prozessualen Schmerzkonzept.* In: Der Schmerz 4, 184–192.

GEßLER, U. (Hg.) (1988): *Schmerz als Phänomen.* München: Dustri-Verlag.

GIORDANO, J. (2009): *The Neuroscience of Pain, and a Neuroethics of Pain Care.* In: Neuroethics 3(1), 89–94.

GÖBEL, H. (1988): *Über die Schwierigkeit einer umfassenden Definition des Phänomens Schmerz.* In: Der Schmerz 2, 89–93.

GOLDSTEIN, I. (1980): *Why People Prefer Pleasure to Pain?* In: Philosophy 55, 349–362.

GORMSEN, L. / ROSENBERG, R. / BACH, F.W. / JENSEN, T.S. (2010): *Depression, anxiety, health-related quality of life and pain in patients with chronic fibromyalgia and neuropathic pain.* In: European Journal of Pain 14, 127.e1–127.e8.

GRAHEK, N. (2001): *Feeling Pain and Being in Pain.* Volume 1 / Hanse Studies. Oldenburg: Bis.

GRÜNY, C. (2004): *Zerstörte Erfahrung. Eine Phänomenologie des Schmerzes.* Würzburg: Königshausen & Neumann.

– (2007): *Schmerz – phänomenologische Ansätze.* In: Information Philosophie. URL http://www.information-philosophie.de/?a=1&t=245&n=2&y=1&c=2 [25. Mai 2011].

HÄNZIG-BÄTZING, E. (1996): *Selbstsein als Grenzerfahrung. Versuch einer nichtontologischen Fundierung von Subjektivität zwischen Theorie (Hegel) und Praxis (Borderline-Persönlichkeit).* Berlin: Akademie Verlag.

HARDCASTLE, V.G. (1999): *The Myth of Pain.* Cambridge: MIT Press.

HEMPEL, C.G. / Oppenheim, P. (1984): *Studies in the Logic of Explanation.* In: Philosophy of Science 15, 135–175.

HERMANNI, F. / BUCHHEIM, T. (Hg.) (2006): *Das Leib-Seele-Problem. Antwortversuche aus medizinisch-naturwissenschaftlicher, philosophischer und theologischer Sicht.* München: Fink.

HEUER, C. (2009): *Nervenzelle und Gedächtnis.* In: Pharmakologie Journal vom 10. April 2009. URL http://pharmakologie.wordpress.com/2009/04/10/nervenzelle-und-gedachtnis/ [02. März 2010].

HILGRAD, E. (1986): *Divides consciousness.* 2. edition. New York: John Wiley.

HIPPOKRATES (1994): *Ausgewählte Schriften.* Übersetzt und herausgegeben von Hans Diller. Stuttgart: Reclam.

HODGES, M. / CARTER, W.R. (1969): *Nelson on Dreaming a Pain.* In: Philosophical Studies 20(3), 43–46.

HOFFMANN, W. (1956): *Schmerz, Pein und Weh. Studien zur Wortgeographie deutschmundartlicher Krankheitsnamen.* Giesen.

HONNEFELDER, L. / SCHMIDT, M.C. (Hg.) (2007): *Naturalismus als Paradigma. Wie weit reicht die naturwissenschaftliche Erklärung des Menschen?.* Berlin: Berlin University Press.

HOSSENFELDER, M. (1991): *Epikur.* Beck'sche Reihe Denker 520. München: Beck.

HUCHO, F. (2007): *Molekulare Medizin: Beispiel Schmerz.* In: HONNEFELDER, L. / SCHMIDT, M.C. (Hg.): Naturalismus als Paradigma. Wie weit reicht die naturwissenschaftliche Erklärung des Menschen?. Berlin: University Press, 264–268.

HUCKLENBROICH, P. (2007): *Krankheit – Begriffsklärung und Grundlagen einer Krankheitstheorie.* In: Erwägen – Wissen – Ethik 18(1), 1–14.

IASP (1986): *Pain Terms: A List with Definitions and Notes on Usage. Empfohlen von der International Association for the Study of Pain (IASP).* In: Pain 3, 216–221.

ILLES, J. / RACINE, E. / KIRSCHEN, M. (2006): *A picture is worth 1000 words, but which 1000?* In: ILLES, J. (ed.): Neuroethics. Defining the Issues in Theory, Practice and Policy. Oxford: Oxford University Press, 149–168.

JACKSON, F. (1977): *Perception.* Cambridge: Camridge University Press.

– (1986): *What Mary didn´t know.* In: Journal of Philosophy 83, 291–295.

– (2003): *Mind and Illusion.* In: O'HEAR, A. (ed.): Minds and Persons. Cambridge: Cambridge University Press, 251–271.

JÄNCKE, L. (2005): *Methoden der Bildgebung in der Psychologie und den kognitiven Neurowissenschaften.* Stuttgart: Kohlhammer.

JOCHIMS, A. / LUDÄSCHER, P. / BOHUS, M. / TREEDE, R.-D. / SCHMAHL, C. (2006): *Schmerzverarbeitung bei Borderline-Persönlichkeitsstörung, Fibromyalgie und Posttraumatischer Belastungsstörung.* In: Der Schmerz 2(20), 140–150

KAHANE, G. (2009): *Pain, Dislike and Experience.* In: Utilitas 21(3), 327–336.

– (2010). *Feeling Pain for the Very First Time: The Normative Knowledge Argument.* In: Philosophy and Phenomenological Research 80(1), 20–49.

KANT, I. (1798):: *III Der Streit der Facultäten in drey Abschnitten, 2 („Vom Schlafe").* In: WEISCHEDEL, W. (Hg.): Werke in Sechs Bänden, Wiesbaden 1960. Bd. 6, 382.

KANT, I.: *Gesammelte Schriften.* Begonnen von der Königlich Preußischen Akademie der Wissenschaften. 1. Abteilung Bd. I-IX. Berlin 1900–1955 [zitiert als: AA].

KASSUBEK, J. / JUENGLING, F.D. / ELS, T. / SPREER, J. / HERPERS, M. / KRAUSE, T. / MOSER, E. / LÜCKING, C.H. (2003): *Activation of a residual cortical network during painful stimulation in long-term postanoxic vegetative state: a O–H2O PET study.* In: Journal of the Neurological Sciences 212, 85–91.

KIM, J. (1998): *Philosophy of Mind.* Boulder: Westview Press.

KIRWILLIAM, S.S. / DERBYSHIRE, S.W.G. (2008): *Increased bias to report heat or pain following emotional priming of pain-related fear.* In: Pain 137, 60–65.

KOHLMANN, T. (2004): *Schmerz und seine soziale Beziehung.* In: BROMM, B. / PAWLIK, K. (Hg.): Neurobiologie und Philosophie zum Schmerz. Göttingen: Vandenhoeck & Ruprecht, 47–62.

KÖSSLER, H. (1988): *Traktat über den Schmerz.* In: GEßLER, U. (Hg.): Schmerz als Phänomen. München: Dustri-Verlag, 1–22.

KRANZ, D. / BOLLINGER, A. / NILGES, P. (2010): *Chronic pain acceptance and affective well-being: A coping perspective.* In: European Journal of Pain 14, 1021–1025.

KRIEGEL, U. (2006): *Consciousness: Phenomenal Consciousness, Access Consciousness, and Scientific Practice.* In: THAGARD, P. (ed.): Handbook of Philosophy of Psychology and Cognitive Science. Amsterdam: North-Holland, 195–217.

KRÖNER-HERWIG, B. / FRETTLÖH, J. / KLINGER, R. / NILGES, P. (Hg.) (2011): *Schmerzpsychotherapie.* 7. überarbeitete Auflage. Berlin: Springer.

KROSS, M. (1992): *Art. „Schmerz".* In: RITTER, J. / GRÜNDER, K. (Hg.): Historisches Wörterbuch der Philosophie. Darmstadt: Wissenschaftliche Buchgesellschaft. Bd. 8, 1315–1323.

KRUMMENACHER, P. / CANDIA, V. / FOLKERS, G. / SCHEDLOWSKI, M. / SCHÖNBÄCHLER, G. (2010): *Prefrontal cortex modulates placebo analgesia.* In: Pain 148(3), 368–374.

KRZOVSKA, M. (2009): *Neurologie.* 2. Auflage. München: Urban & Fischer.

KURTHEN, M. (1985): *Der Schmerz als medizinisches und philosophisches Problem.* Bamberg: Difo-druck.

– (1990): *Das Problem des Bewußtseins in der Kognitionswissenschaft.* Stuttgart: Thieme.

LANGE, E. (1993): *Angst und Erregung – Schmerz und Verstimmung – Therapeutische Strategien.* Leipzig: Barth Verlagsgesellschaft.

LANGLITZ, N. (2007): *Permutationen reinen Schmerzes. Zum Problem des Schmerzes ohne Läsion – von der Geburt der Klinik bis zur Dekade des Gehirns.* In: HÜRLIMANN, A. / BLUME, E. / SCHNALKE, T. / TYRADELLIS, D. (Hg.): Schmerz. Dumont: Köln, 209–216.

LANZERATH, D. (1998): *Art. „Krankheit".* In: Lexikon der Bioethik. Bd. 2, hrsg. im Auftrag der Görres- Gesellschaft v. KORFF, W. / BECK, L. / MIKAT, P. Gütersloh: Gütersloher Verlagshaus, 478–485.

– (2000): *Krankheit und ärztliches Handeln. Zur Funktion des Krankheitsbegriffs in der medizinischen Ethik.* Freiburg i.Br.: Alber.

– (2007): *Der Begriff der Krankheit. Biologische Dysfunktionen und menschliche Natur.* In: HONNEFELDER, L. / SCHMIDT, M.C. (Hg.): Naturalismus als Paradigma. Wie weit reicht die naturwissenschaftliche Erklärung des Menschen?. Berlin: Berlin University Press, 34–48.

LAUREYS, S. / DEMERTZI, A. / SCHNAKERS, C. / LEDOUX, D. / CHATELLE, C. / BRUNO, M.A. / VANHAUDENHUYSE, A. / BOLY, M. / MOONEN, G. (2009): *Different beliefs about pain perception in the vegetative and minimally conscious states: a European survey of medical and paramedical professionals.* In: Progress in Brain Research 177, 329–338.

LAUREYS, S. / FAYMONVILLE, M.E. / PEIGNEUX, P. / DAMAS, P. / LAMBERMONT, B. / DEL FIORE, G. / DEGUELDERE, C. / AERTS, J. / LUXEN, A. / FRANCK, G. / LAMY, M. / MOONEN, G. / MAQUET, P. (2002): *Cortical Processing of Noxious Somatosensory Stimuli in the Persistent Vegetative State.* In: NeuroImage 17, 732–741.

LE BRETON, D. (2003): *Schmerz. Eine Kulturgeschichte.* Berlin: Diaphanes.

LEVENKRON, S. (2004): *Der Schmerz sitzt tiefer. Selbstverletzung verstehen und überwinden.* Kösel-Verlag: München.

LEVINE, J. (1983): *Materialism and qualia: The Explanatory Gap.* In: Pacific Philosophical Quarterly 64, 354–361.

– (1993): *On leaving out what it's like.* In: DAVIES, M. / HUMPHREYS, G. (ed.): Consciousness: Psychological and Philosophical Essays. Oxford, 121–136.

LEVY, N. (2006): *Consciousness and the Persistent Vegetative State.* In: Neuroethics & Law Blog. 29 December 2006. URL http://kolber.typepad.com/ethics_law-_blog/2006/12/more_on_the_con.html [25. Oktober 2010].

LEWIS, C.S. (1995): *Über den Schmerz.* 3. Auflage. Gießen: Brunnen Verlag.

LEWIS, D. (1983): *Mad Pain and Martian Pain.* In: Philosophical Papers 1, 122–130.

– (1994): *Reduction of Mind.* In: GUTTENPLAN, S. (ed.): A companion to the philosophy of mind. Oxford: Blackwell.

LINDNER, V. (1995): *Das Erleben chronischer Schmerzzustände in seiner Auswirkung auf die allgemeine Existenz. Ein kritischer Erfahrungsbericht.* In: Nervenheilkunde 14, 268–271.

LYRE, H. (2002): *Informationstheorie. Eine philosophisch-naturwissenschaftliche Einführung.* München: Fink.

MCCRACKEN, L.M. / ZHAO-O'BRIEN, J. (2010): *General psychological acceptance and chronic pain: There is more to accept than the pain itself.* In: European Journal of Pain 14, 170–175.

MCGINN, C. (1982): *The Character of Mind.* Oxford: Oxford University Press.

– (1995): *Bewußtsein und Raum.* In: METZINGER, T. (Hg.): Bewußtsein. Beiträge aus der Gegenwartsphilosophie. Paderborn: Schöningh, 183–200.

MELZACK, R. (1978): *Das Rätsel des Schmerzes.* Stuttgart: Hippokrates-Verlag.

– (1987): The short-form McGill pain questionaire. In: Pain 30(2), 191–197.

MELZACK, R. / CASEY, K.L. (1968): *Sensory, motivational and central control determinants of chronic pain: A new conceptual model.* In: KENSHALO, D.R. (ed.): The Skin Senses. Springfield: Thomas, 432.

MELZACK, R. / TORGERSON, W.S. (1971): *On the language of pain.* In: Anesthesiology 34, 50–59.

MERLEAU-PONTY, M. (1966): *Phänomenologie der Wahrnehmung.* Berlin.

METZINGER, T. (Hg.) (2006a): *Grundkurs Philosophie des Geistes. Band. 1: Phänomenales Bewusstsein.* Paderborn: Mentis.

– (Hg.) (2006b): *Grundkurs Philosophie des Geistes. Band. 2: Das Leib-Seele-Problem.* Paderborn: Mentis.

MICHEL, C. / NEWEN, A. (2007): *Wittgenstein über Selbstwissen: Verdienste und Grenzen seiner Sprachspielepistemologie.* In: MÜLLER, T. / NEWEN, A. (Hg.): Logik, Begriffe, Prinzipien des Handelns. Paderborn: Mentis, 165–196.

MONTAIGNE, M. (1998): *Essais. Erste moderne Gesamtübersetzung von Hans Stilett.* In: Die andere Bibliothek. Frankfurt a.M.: Eichborn [zitiert als: Montaigne *Essais*].

MOORE, G.E. (1903): *The refutation of idealism.* In: Mind 12, 433–53.

MORRIS, D.B. (1996): *Geschichte des Schmerzes.* Frankfurt a.M.: Suhrkamp.

MORSCHITZKY, H. (2007): *Somatoforme Störungen. Diagnostik, Konzepte und Therapie bei Körpersymptomen ohne Organbefund.* 2. Auflage. Wien: Springer.

MÜLLER-BUSCH, H.C. (2002): *Vom Sinn und Unsinn der Schmerzen.* In: Medizin individuell 7, 8–9.

– (2004): *Kulturgeschichtliche Bedeutung des Schmerzes.* In: Basler, H.-D. / Franz, C. / Kröner-Herwig, B. / Rehfisch, H.-P. (Hg.): Psychologische Schmerztherapie. 5. Auflage. Berlin: Springer, 147–163.

– (2011): *Kulturgeschichtliche Bedeutung des Schmerzes.* In: KRÖNER-HERWIG, B. / FRETTLÖH. J. / KLINGER, R. / NILGES, P. (Hg.): Schmerzpsychotherapie. 7. überarbeitete Auflage. Berlin: Springer, 166–180.

NAGEL, T. (1974): *What is it like to be a bat?* In: Philosophical Review 83, 435–450.

– (1986): *The view from Nowhere.* Oxford: Oxford University Press.

– (1987): *Was bedeutet das alles? Eine ganz kurze Einführung in die Philosophie.* Stuttgart: Reclam.

NELSON, J.O. (1966): *Can One Tell That He Is Awake by Pinching Himself?* In: Philosophical Studies 17(6), 81–84.

NIETZSCHE, F. (2000): *Die fröhliche Wissenschaft.* 1982 erschienen, 1987 ergänzt. Stuttgart: Reclam [zitiert als: Nietzsche *Die fröhliche Wissenschaft*].

NILGES, P. / KÖSTER, B. / SCHMIDT, C.O. (2007): *Schmerzakzeptanz – Konzept und Überprüfung einer deutschen Fassung des Chronic Pain Acceptance Questionnaire.* In: Schmerz 21, 57–67.

NIX, W.A. (2003): *Neuropathischer Schmerz.* In: EGLE, U.T. / HOFFMANN, S.O. / LEHMANN, K.A. / NIX, W.A. (Hg.): Handbuch chronischer Schmerzen. Stuttgart: Schattauer, 62–68.

NIXON, M.K. / CLOUTIER, P.F. / AGGARWAL, S. (2002): *Affect regulation and addictive aspects of repetitive self-injury in hospitalized adolescents.* In: Journal of American Academic Child Adolecent Psychiatry 41(11), 1333–1341.

NOLAN, M.F. / WILSON, M.-C. (1995): *Patient-Controlled Analgesia: A Method for the Controlled Self-administration of Opioid Pain Medications.* In: Physical Therapy 75(5), 374–379.

NOORDHOF, P. (2001): *In Pain.* In: Analysis 61, 95–97.

– (2002): *More in Pain.* In: Analysis 62, 153–154.

NOPPER, R. (2003): *Von der Mikrotiterplatte zum Analgetikum – Schmerzforschung bei Bayer.* In: Einhäupl, K. / Gastpar, M. (Hg.): Schmerz in Psychiatrie und Neurologie. Berlin: Springer, 3–16.

NORTHOFF, G. (1997) (Hg.): *Neuropsychiatrie und Neurophilosophie.* Paderborn: Schöningh.

OESER, E. (2002): *Geschichte der Hirnforschung. Von der Antike bis zur Gegenwart.* Darmstadt: Wissenschaftliche Buchgesellschaft.

OGAWA S. / LEE, T.M. / KAY, A.R. / TANK D.W. (1990): *Brain magnetic resonance imaging with contrast dependent on blood oxygenation.* In: Proceedings of the National Academy of Sciences 87, 9868–9872.

OWEN, A.M. / COLEMAN, M.R. / BOLY, M. / DAVIS, M.D. / LAUREYS, S. / PICKARD, J.D. (2006): *Detecting Awareness in the Vegetative State.* In: Science 313, 1402.

PARASHKEV, N. / MASUD, H. (2007): *Comment on "Detecting Awareness in the Vegetative State".* In: Science 315(5816), 1221.

PERLER, D. / WILD, M. (2005): *Der Geist der Tiere – eine Einführung.* In: PERLER, D. / WILD, M. (Hg.): Der Geist der Tiere. Frankfurt a.M.: Suhrkamp, 10–76.

PLATON (1990): *Phaidon.* Bd. 3. Griechisch-deutsch. Hg. von Gunther Eigler. Dritte unveränderte Auflage. Darmstadt: Wissenschaftliche Buchgesellschaft [zitiert als: Platon *Phaidon*].

– (1991): *Politeia.* Bd. 4. Griechisch-deutsch. Hg. von Gunther Eigler. Zweite unveränderte Auflage. Darmstadt: Wissenschaftliche Buchgesellschaft [zitiert als: Platon *Politea*].

– (1991): *Timaios.* Bd. 7. Griechisch-deutsch. Hg. von Gunther Eigler. Zweite unveränderte Auflage. Darmstadt: Wissenschaftliche Buchgesellschaft [zitiert als: Platon *Timaios*].

PLESSNER, H. (1975): *Die Stufen des Organischen und der Mensch. Dritte unveränderte Auflage.* Berlin: de Gruyter.

PLUM, F. / JENNETT, B. (1972): *Persistent vegetative state after brain damage. A syndrome in search of a name.* In: Lancet 1, 734–737.

PLUM, F. / POSNER, J. (1966): *The diagnosis of stupor and coma.* Philadelphia: Saunders.

– (1983): *The diagnosis of stupor and coma.* Philadelphia: Saunders.

POPPER, K. / ECCLES, J. (1977): *The self and its brain: an argument for interactionism.* New York: Springer.

RAGER, G. (2000): *Ich und mein Gehirn. Persönliches Erleben, verantwortliches Handeln und objektive Wissenschaft.* Grenzfragen. Bd. 26. Freiburg: Alber.

RAVENSCROFT, I. (2008): *Philosophie des Geistes. Eine Einführung.* Stuttgart: Reclam.

REGENBOGEN, A. / MEYER, U. (Hg.) (1997): *Wörterbuch der philosophischen Begriffe.* Hamburg: Meiner.

RENZ, U. (2003): *Klar, aber nicht deutlich. Descartes' Schmerzbeispiele vor dem Hintergrund seiner Philosophie.* In: ANGEHRN, E. / BAERTSCHI, B. (Hg.): Der Körper in der Philosophie. Bern: Haupt Verlag, 149–165.

RESCH, F. (1998): *Hilft Selbstverletzung dem verletzten Selbst?* In: Zeitschrift für analytische Kinder- und Jugendlichen-Psychotherapie 29, 71–85.

RÖMELT, J. (2006): *Schmerztherapie zwischen Patientenautonomie und ärztlichem Gewissen. Private Schmerzbewältigung an den Grenzen medizinischer Behandlung und religiöse Sinndeutung.* In: Zeitschrift für Ethik in der Medizin. 52(3), 269–274.

ROSENTHAL, D. (2002a): *Explaining consciousness.* In: CHALMERS, D. (ed.): Philosophy of Mind: Classical and Contemporary Readings. New York: Oxford University Press, 406–421.

– (2002b): *How many kinds of consciousness?* In: Consciousness and Cognition 11, 653–665.

RYLE, G. (1949): *The Concept of Mind.* Chicago: University of Chicago Press.

SANDKÜHLER, J. (2001): *Schmerzgedächtnis. Entstehung, Vermeidung und Löschung.* In: Deutsches Ärzteblatt 98(42), A2725–A2730.

SANDWEG, R. (Hg.) (2004): *Chronischer Schmerz und Zivilisation. Organstörungen, psychische Prozesse und gesellschaftliche Bedingtheiten.* Göttingen: Vandenhoeck & Ruprecht.

SAUERBRUCH, F. / WENKE, H. (1961): *Wesen und Bedeutung des Schmerzes.* Berlin: Junker & Dunnhaupt.

SAVIGNY, E.v. (1996): *Der Mensch als Mitmensch. Wittgensteins Philosophische Untersuchungen.* München: dtv.

SCARRY, E. (1987): *The Body in Pain: The Making and Unmaking of the World.* Oxford: Oxford University Press.

SCHABER, P. (2006): *Haben Schmerzen einen Wert?* In: SCHÖNBÄCHLER, G. (Hg.): Schmerz: Perspektiven auf eine menschliche Grunderfahrung. Zürich: Chronos, 215–226.

SCHAIBLE, H.-G. (2003): *Pathophysiologie des Schmerzes.* In: EINHÄUPL, K. / GASTPAR, M. (Hg.): Schmerz in Psychiatrie und Neurologie. Berlin: Springer, 17–31.

SCHANDRY, R. (2003): *Biologische Psychologie.* München: Beltz PVU.

SCHMAHL, C. / BOHUS, M. (2003): *Schmerzwahrnehmung bei Patienten mit Borderline-Persönlichkeitsstörung.* In: EINHÄUPL, K. / GASTPAR, M. (Hg.): Schmerz in Psychiatrie und Neurologie. Berlin: Springer, 85–92.

SCHMAHL, C. / BOHUS, M. / ESPOSITO, F. / TREEDE, R.-D. / DI SALLE, F. / GREFFRATH, W. / LUDAESCHER, P. / JOCHIMS, A. / LIEB, K. / SCHEFFLER, K. / HENNING, J. / SEIFRITZ, E. (2006): *Neural Correlates of Antinociception in Borderline Personality Disorder.* In: Archives of General Psychiatry 63, 659–667.

SCHMIDT, C.O. / FAHLAND, R.A. / KOHLMANN, T. (2011): *Epidemiologie und gesundheitsökonomische Aspekte des chronischen Schmerzes.* In: KRÖNER-HERWIG, B. / FRETTLÖH, J. / KLINGER, R. / NILGES, P. (Hg.): Schmerzpsychotherapie. 7. überarbeitete Auflage. Berlin: Springer, 16–25.

SCHMIDT, F. / SCHAIBLE, H.-G. (2006) (Hg.): *Neuro- und Sinnesphysiologie.* 5. Auflage. Heidelberg: Springer.

SCHMIDT, J. / SCHUSTER, L. (Hg.) (2003): *Der entthronte Mensch. Anfragen der Neurowissenschaften an unser Menschenbild.* Paderborn: Mentis.

SCHMIDT, M.C. (2006): *Schmerz und Leid als Dimension des menschlichen Selbstverhältnisses. Philosophische und theologische Aspekte.* In: Zeitschrift für Ethik in der Medizin 52(3), 225–237.

SCHMITZ, B. (2000): *Wittgenstein über Sprache und Empfindung – eine historische und systematische Darstellung.* Paderborn: Mentis.

– (2003): *Die Beziehung zwischen Schmerzempfindung und Schmerzausdruck. Eine Wittgensteinsche Perspektive.* In: ANGEHRN, E. / BaErtschi, B. (Hg.): Der Körper in der Philosophie. Bern: Haupt Verlag, 167–179.

SCHNAKERS, C. / FAYMONVILLE, M.-E. / LAUREYS, S. (2009): *Ethical Implications: Pain, Coma, and Related Disorders.* In: Encyclopedia of Consciousness 1, 243– 250.

SCHÖNBÄCHLER, G. (Hg.) (2007): *Schmerz. Perspektiven auf eine menschliche Grunderfahrung.* Zürich: Chronos Verlag.

SCHOPENHAUER, A. (1998): *Die Welt als Wille und Vorstellung.* München: Deutscher Taschenbuch Verlag.

SCHRAMME, T. (2000): *Patienten und Personen. Zum Begriff der psychischen Krankheit.* Frankfurt a.M.: Fischer.

SCHÜRMANN, V. (2006): *Positionierte Exzentrizität.* In: Krüger, H.-P. / Lindemann, G. (Hg.): Philosophische Anthropologie im 21. Jahrhundert. Reihe Philosophische Anthropologie. Bd. 1. Berlin: Akademie Verlag.

SEARLE, J. (1990): *Consciousness, explanatoty inversion and cognitive science.* In: Behavioral and Brain Sciences 13, 589–595.

SHEA, N. / BAYNE, T. (2010): *The Vegetative State and the Science of Consciousness.* In: British Journal for the Philosophy of Science 61, 459–484.

SHOEMAKER, S. (1994): *Phenomenal character.* In: Nous 28, 21–38.

SIMONIS, W. (2001): *Schmerz und Menschenwürde.* Würzburg: Königshausen & Neumann.

SNOWDON, P. (2010): *On the what-it-is-like-ness of experience.* In: Southern Journal of Philosophy 48(1), 8–27.

SOMBORSKI, K. / BINGEL, U. (2010): *Funktionelle Bildgebung in der Schmerzforschung.* In: Der Schmerz 4, 385–399.

SPRANGER, T.M. (2007): *Neurowissenschaften und Recht.* In: Jahrbuch für Wissenschaft und Ethik 12. Berlin: de Gruyter, 161-178.

STALNAKER, R. (2002): *What is it like to be a zombie?* In: Gendler, T. / Hawthorne, J. (ed.): Conceivability and Possibility. New York: Oxford University Press.

STAUDACHER, A. (2002): *Phänomenales Bewußtsein als Problem für den Materialismus. Quellen und Studien zur Philosophie.* Bd. 56. Berlin: de Gruyter.

STERN, J. / AUFENBERG, C. / JEANMONOD, D. (2007): *Der Widerhall von Nervenschädigungen und Schuldgefühl im Elektroenzephalogramm. Eine neurochirurgische Fallstudie zu Gehirn-Oszillationen bei chronischen Schmerzen.* In: SCHÖNBÄCHLER, G. (Hg.): Schmerz. Perspektiven auf eine menschliche Grunderfahrung. Zürich: Chronos Verlag, 131–160.

STUMPF, C. (1928): *Gefühl und Gefühlsempfindung.* Leipzig: Verlag von Johann Ambrosius Barth.

STURMA, D. (1998): *Philosophie des Geistes.* In: Pieper, A. (Hg.): Philosophische Disziplinen. Ein Handbuch. Leipzig: Reclam, 257–280.

– (Hg.) (2001): *Person: Philosophiegeschichte, Theoretische Philosophie, Praktische Philosophie.* Paderborn: Mentis.

– (2003): *Autonomie. Über Personen, Künstliche Intelligenz und Robotik.* In: CHRISTALLER, C. / WEHNER, J. (Hg.): Autonome Maschinen. Wiesbaden: Westdeutscher Verlag, 38–55.

– (2005): *Philosophie des Geistes.* Leipzig: Reclam.

– (Hg.) (2006): *Philosophie und Neurowissenschaften.* Frankfurt a.M.: Suhrkamp.

– (2007): *Freiheit im Raum der Gründe. Praktische Selbstverhältnisse und die neurophilosophische Herausforderung.* In: HONNEFELDER, L. / SCHMIDT, M.C. (Hg.): Naturalismus als Paradigma. Wie weit reicht die naturwissenschaftliche Erklärung des Menschen?. Berlin: University Press, 138–153.

– (2008): *Philosophie der Person. Die Selbstverhältnisse von Subjektivität und Moralität.* Paderborn: Mentis.

SUMNER, L.W. (1999): *Welfare Happiness & Ethics.* Oxford: Oxford University Press.

TALAIRACH, J. / TOURNOUX, P. (1988): *Co-Planar stereotaxic atlas of the human brain. 3Dimensional proportional system: an approach to the cerebral imaging.* New York: Thieme.

TANNER, J. (2007): *Zur Kulturgeschichte des Schmerzes.* In: SCHÖNBÄCHLER, G. (Hg.): Schmerz. Perspektiven auf eine menschliche Grunderfahrung. Zürich: Chronos Verlag, 51–76.

TARAU, R. / Burst, M. (2009): *Chronischer Schmerz.* Köln: Deutscher Ärzte-Verlag.

TEASDALE, G. / JENNETT, B. (1974): *Assessment of coma and impaired consciousness: A practical scale.* In: The Lancet 2, 81–84.

TEICHERT, D. (2006): *Einführung in die Philosophie des Geistes.* Darmstadt: Wissenschaftliche Buchgesellschaft.

TER HARK, M. (1990): *Beyond the inner and the outer. Wittgenstein´s philosophy of psychology.* Dordecht: Kluver Academic Publishers.

THEYSOHN et al. (2010): *Influence of Acupuncture on Pain Modulation during Electrical Stimulation: An fMRI Study.* URL http://www.sciencedaily.com/releases/-2010/11/101130100357.htm [05. August 2011].

TÖLLE, T. / Flor, H. (2006): *Kapitel „Schmerz".* In: FÖRSTL, H. / HAUTZINGER, M. / ROTH, G. (Hg.): Neurobiologie psychischer Störungen. Berlin: Springer.

TREEDE, R.-D. / MAGERL, W. (2003): *Zentarle nozizeptive Neurone und Bahnen.* In: EGLE, U.T. / HOFFMANN, S.O. / LEHMANN, K.A. / NIX, W.A. (Hg.): Handbuch chronischer Schmerzen. Stuttgart: Schattauer, 35–54.

TYE, M. (1995): *Ten Problems of Consciousness: A Representational Theory of the Phenomenal Mind.* Cambridge: MIT-Press.

TYE, M. (2002): *On the Location of a Pain.* Analysis 62(2), 150–153.

– (2006): *Another Look at Representationalism about Pain.* In: AYDEDE, M. (ed.): Pain. New Essays on Its Nature and the Methodology of Its Study. Cambridge: MIT Press, 99–120.

UNSCHULD, P.U. (1996): *Schmerz als Faktum und Gefühl.* In: Perinatal-Medizin 8(3), 100–106.

VALERIUS, G. / SCHMAHL, C. (2008): *Neurobiologie der Borderline-Persönlichkeitsstörung.* In: BRUNNER, R. / RESCH, F. (Hg.): Borderline-Störungen und selbstverletzendes Verhalten bei Jugendlichen. Göttingen: Vandenhoeck & Ruprecht, 11–30.

VALET, M. / SPRENGER, T. / TÖLLE, T.R. (2010): *Untersuchungen zur zerebralen Verarbeitung von Schmerzen mit funktioneller Bildgebung. Somatosensorische, affektive, kognitive, vegetative und motorische Aspekte.* In: Der Schmerz 2, 114–121.

VANGULICK, R. (1989): *What difference does consciousness make?* In: Philosophical Topics 17, 211–230.

VENDRELL FERRAN, I. (2008): *Die Emotionen. Gefühle in der realistischen Phänomenologie.* Philosophische Anthropologie 6. Berlin: Akademie Verlag.

VOGELEY, K. / BARTELS A. (2006): *Repräsentation in den Neurowissenschaften.* In: SANDKÜHLER, H.J. (Hg.): Repräsentation – Theorien, Formen, Techniken. Schriftenreihe der von der Volkswagenstiftung geförderten Forschungsgruppe Repräsentation, 99–113.

– (2011): *The Explanatory Value of Representations in Cognitive Neuroscience.* In: NEWEN, A. / BARTELS, A. / JUNG, E.M. (ed.): Knowledge and Representation. Paderborn: Stanford & Mentis-Verlag, 143–164.

VOSSENKUHL, W. (2003): *Ludwig Wittgenstein.* Becksche Reihe Denker 532. Frankfurt a.M.: Suhrkamp.

WALTER, H. (Hg.) (2005): *Funktionelle Bildgebung in Psychatrie und Psychotherapie.* Stuttgart: Schattauer.

WATSON, J.B. (1913): *Psychology as the behaviorist views it.* In: Psychological Review 20, 158–177.

WEISS, T. / RICHTER, M. / ECK, J. / STRAUBE, T. / MILTNER, W.H.R. (2010): *Do words hurt? Brain activation during the processing of pain-related words.* In: Pain 148(2), 198–205.

WELTGESUNDHEITSORGANISATION (1993): *Internationale Klassifikation psychischer Störungen ICD-10.* Deutsche Ausgabe herausgegeben von DILLING, H. / MOMBOUR, W. / SCHMIDT, M.H. 2. Auflage. Bern: Huber [zitiert als: WHO].

WESSEL, K.F. (Hg.) (1994): *Herkunft, Krise und Wandlung der modernen Medizin. Kulturgeschichtliche, wissenschaftsphilosophische und anthropologische Aspekte.* Berliner Studien zur Wissenschaftsphilosophie und Humanontogenetik. Bd. 3. Bielefeld: Kleine Verlag.

WETZKE, M. / BEHRENS, L. (2007): *Basics Bildgebende Verfahren.* München: Urban & Fischer Bei Elsevier.

WIECH, K. / KALISCH, R. / WEISKOPF, N. / PLEGER, B. / STEPHAN, K.E. / DOLAN, R.J. (2006): *Anterolateral Prefrontal Cortex Mediates the Analgesic Effect of Expected and Perceived Control over Pain.* In: The Journal of Neuroscience 26(44), 11501–11509.

WILD, M. (2006): *Die anthropologische Differenz.* Berlin: de Gruyter.

– (2008): *Tierphilosophie zur Einführung.* Hamburg: Junius.

WITTGENSTEIN, Ludwig (1975): *Philosophische Untersuchungen.* Dritte Auflage. Frankfurt a.M.: Suhrkamp [zitiert als: PU].

WOLF, J.-C. (1992): *Tierethik. Neue Perspektiven für Menschen und Tiere.* Freiburg: Paulus.

WUNDT, W. (1913): *Grundriss der Psychologie.* Leipzig: Alfred Kröner Verlag.

WYLLER, T. (2005): *The Place of Pain in Life.* In: Philosophy 80(3), 385–393.

ZIMMERMANN, M. (2004a): *Die Ontogenese des Schmerzes beim Menschen: Schmerzempfindlichkeit des Menschen und Neugeborenen.* In: BROMM, B. / PAWLIK, K. (Hg.): Neurobiologie und Philosophie zum Schmerz. Göttingen: Vandenhoeck & Ruprecht, 99–116.

– (2004b): *Der chronische Schmerz. Epidemiologie und Versorgung in Deutschland.* In: Der Orthopäde 33, 508–514.

Abkürzungsverzeichnis

ALS	Amyotrophe Lateralsklerose
BOLD	Blood Oxygen Level Dependent
BPS	Borderline-Persönlichkeitsstörung
CSQ	Coping Strategies Questionaire
CT	Computertomographie
DGN	Deutsche Gesellschaft für Neurologie
DGPM	Deutsche Gesellschaft für Psychosomatische Medizin und Psychotherapie
DGSS	Deutsche Gesellschaft zum Studium des Schmerzes
EEG	Elektroenzephalographie
fMRT	funktionelle Magnetresonanztomographie
GCS	Glasgow Coma Scale
IASP	International Association for the Study of Pain
MCS	Minimally Conscious State
MEG	Magnetenzephalographie
MPFC	medialer präfrontaler Kortex
MPQ	Mc Gill Pain Questionaire
MRT	Magnetresonanztomographie
PCA	Patient Controlled Analgesia
PET	Positronenemissionstomographie
PMC	prämotorischer Kortex
PVS	persistent vegetative state
S I	primärer somatosensorischer Kortex
S II	sekundärer somatosensorischer Kortex
SF-MPQ	Short-form McGill Pain Questionnaire
SPECT	Single Photon Emissions Computertomographie
VS	vegetative state
ZNS	zentrales Nervensystem

Personenindex